博和文丛

思想史论

坐忘

—— 从庄子到二程

朱韬 —— 著

光明日报出版社

图书在版编目（CIP）数据

"坐忘"思想史论：从庄子到二程 / 朱韬著. --

北京：光明日报出版社，2023.3

ISBN 978 - 7 - 5194 - 7113 - 2

Ⅰ.①坐…　Ⅱ.①朱…　Ⅲ.①修养 - 研究　Ⅳ.

①B825

中国国家版本馆 CIP 数据核字（2023）第 059782 号

"坐忘"思想史论：从庄子到二程

"ZUOWANG" SIXIANG SHILUN：CONG ZHUANGZI DAO ERCHENG

著　　者：朱 韬	
责任编辑：陆希宇	责任校对：蔡晓亮
封面设计：小宝工作室	责任印制：曹 净

出版发行：光明日报出版社

地　　址：北京市西城区永安路 106 号，100050

电　　话：010 - 63169890（咨询），010 - 63131930（邮购）

传　　真：010 - 63131930

网　　址：http：//book. gmw. cn

E - mail：gmrbcbs@ gmw. cn

法律顾问：北京市兰台律师事务所龚柳方律师

印　　刷：北京建宏印刷有限公司

装　　订：北京建宏印刷有限公司

本书如有破损、缺页、装订错误，请与本社联系调换，电话：010 - 63131930

开　　本：170mm×240mm	
字　　数：308 千字	印　　张：16.5
版　　次：2023 年 3 月第 1 版	印　　次：2023 年 3 月第 1 次印刷
书　　号：ISBN 978 - 7 - 5194 - 7113 - 2	
定　　价：68.00 元	

"博知文丛"弁言

　　尝闻黔地之文教，始于后汉道真。迄至阳明，则学风承嗣，渐自广布。考其古典学脉，有清以降，不断涌现之西南宿学鸿钜，耕耘于经史典章、天文地理、风雅辞赋间，堪疏明义，上下通达，其献绩可谓不绝如缕。遑论建国之后，自大学庠序间，不断滋播而出的古典文教种穰，敷宏华夏遍地。

　　本书系，正膺此文教源流，瞀妄以中西古典经籍为钩索之沉隐，托身林城香樟，步趋古典复兴之后浪，战战兢兢，一如南明河畔，躬身谨取一瓢自饮，亦如，文明复兴之幡帜下，一段迎风击筑，奔赴各自灵魂之弑的，"不复还"之途。

　　而古典学域，西人疏于华夏，乃存狭义之希腊罗马实证专域，更携语文学之内力规训，引致今日古典复兴，稍存"本体工夫"歧义。然较兹中西，考据义理、实证问题，实则渊脉同生，共襄助力，如互为榫卯之人类行为的"四因"。故而，本文丛之选题不拘绳墨，但以探究之整全为鹄的。

　　昔日，孔子寻道于周畿，行前尝谓南宫敬叔曰："吾闻老聃博古知今，通礼乐之原，明道德之归，则吾师也，今将往矣。"是时，辩辞雍扎，道阻弗受，祸福旦夕。子欲以文教之温恭，匡社稷之废兴。然德如孔子者，亦欲寻博古知今之师，而后礼乐道德之义昌明。谨受此教，本文丛之后学，慕效前贤，试于通雅典籍间，访师求索，撷揽博知整全于万一。

贵州师范大学西方古典文明研究中心 初识

CONTENTS 目　录

绪论／1

一、研究背景及意义／1

二、研究现状／3

三、研究方法／13

四、研究思路与内容／13

第一章　庄子"坐忘"义辨析／15

第一节　"忘仁义""忘礼乐"解／16

一、"坐忘"寓言文本辨正／16

二、"忘"之意蕴／22

三、"仁义""礼乐"所指／24

第二节　"隳肢体、黜聪明，离形去知"解／33

一、"隳肢体、黜聪明"与"离形去知"的关系／33

二、"一受其成形"的痛苦／37

三、"聪明"与"知"／41

第三节　"同于大通"与"化则无常"／46

一、何谓"大通"／47

二、"同则无好，化则无常"／50

三、"坐忘"与"逍遥游"／55

第四节　何谓"坐忘" / 59

一、解"坐" / 61

二、"坐忘"与"心斋" / 69

三、"坐忘"与"吾丧我" / 75

第二章　魏晋玄学对"坐忘"修养境界义的发展 / 85

第一节　郭象"坐忘"思想研究 / 86

一、郭象对"坐忘"修养方法义的消解 / 86

二、"坐忘"与"内圣外王" / 90

三、"坐忘自得" / 94

四、"坐忘而后能应务" / 97

小结 / 100

第二节　韩康伯"坐忘遗照"研究 / 102

一、"坐忘遗照"出处 / 102

二、韩康伯"坐忘"义辨析 / 104

三、韩康伯"遗照"义辨析 / 109

四、韩康伯"坐忘遗照"义辨析 / 117

余论 / 119

第三章　道教对"坐忘"修养方法义的发展 / 127

第一节　方术化的"坐忘" / 127

一、"众术"中的"心斋坐忘" / 128

二、"斋"中的"心斋坐忘" / 132

三、"存思"与"坐忘" / 138

第二节　"坐忘"与重玄思潮 / 143

一、重玄学溯源 / 144

二、成玄英对"坐忘"的理解 / 154

三、王玄览以"坐忘""舍形入真" / 160

第三节　性命双修视野下的"坐忘" / 170

一、《天隐子》的内在矛盾 / 171

二、云本《坐忘论》将"坐忘"系统化 / 174

三、石刻本《坐忘论》："坐忘"是"求道之阶" / 178

四、钟吕金丹道体系下的"坐忘" / 180

第四章 "坐忘"与儒释修养论 / 189

第一节 "坐忘"与"禅" / 189

一、"禅"义溯源 / 190

二、"枯木死灰"与"灰身灭智" / 196

三、"枯木龙吟" / 204

第二节 "坐忘"与"静坐" / 208

一、"二程""静坐"说的渊源 / 209

二、"二程"对"静坐""坐忘"的矛盾评价 / 211

三、"二程"对佛教修养论的批判 / 217

结论 / 227

参考文献 / 233

绪 论

一、研究背景及意义

　　本书的研究对象——"坐忘"，首先是修养论层面的问题，而修养论正是中国哲学思想的特色所在。2018 年第二十四届世界哲学大会在北京举办，大会的主题为"学以成人"。"所谓学，是兼赅知行的"①，"学以成人"兼"知""行"二义，在中国思想文化传统中，即指人人皆可通过一定的理论认知和实践方法达到、完善"理想人格"。"学"之"知""行"，即今天所谓"认识论"与"修养论"的问题，庄子正是在"齐物"的认识的基础上，通过"坐忘"的修养方法，得以"逍遥游"，也就是将"知"落实到"行"。众所周知，先秦时期是中国思想文化史上的高峰，庄子更是这座高峰上独树一帜的一位大思想家，其修养论也是中国修养论的重要源头，因此研究庄子修养论是对中国哲学思想特色认识的深化。同时，需要说明的是，学界常将"心斋"和"坐忘"作为庄子修养论的代表，本书选择"坐忘"而非"心斋"作为考察对象，是因为"坐忘"更能体现"庄之所以为庄者"②，而且从庄学

---

　　① 张岱. 中国哲学大纲 [M]. 北京：中华书局，2017：6-7.
　　② 此说取于冯友兰先生。冯友兰先生曾言："庄之所以为庄者，突出地表现于《逍遥游》和《齐物论》两篇之中。这两篇恰好也都在郭象本的内篇之内。但是我认为郭象本内篇中的有些篇，例如《人间世》，就不完全代表庄之所以为庄者。《人间世》所讲的'心斋'和《大宗师》所讲的'坐忘'就不同。'坐忘'是代表庄之所以为庄者，'心斋'就不然。"（参见冯友兰. 中国哲学史新编：上卷 [M]. 北京：人民出版社，1998：401.）

史上看，"坐忘"也较"心斋"更受青睐，有更多的相关诠释文本可供研究。①

其次，从考察三教（道教、佛教、儒教）关系的角度来讲，"坐忘"也极具代表性。南北朝时期，"坐忘"被道教人士接受，并将之改造为道教众多炼养方术的一种。随着道教义理研究的逐渐深入，道教人士对"坐忘"的认识也在不断变化；东汉时期佛教传入中国，借鉴老庄思想展开译经活动，"坐忘""槁木死灰"等术语便借此机会进入佛教视野，而"坐忘""槁木死灰"等带有特定思想内涵的理论术语一旦被借用，本身也就代表着思想上的交流，站在特定立场的借用，必然要以赋予其新的意义为前提；又因"坐忘"是庄子借孔子和颜回之口讲述的，所以儒者对"坐忘"颇有好感，在构建自身学术理论时也常借用"坐忘"。"坐忘"受到儒释道三家广泛关注，承载着儒释道三家在修养论层面的独特思考，因此选择"坐忘"作为研究个案，用以观察儒释道三家思想的交流沟通及其所反映出的三教思想关系，具有重要学术价值。

最后，选择"坐忘"作为思想史的考察，是对现代庄学学术史研究的回应。近年来，《庄子》学术史的研究呈现两种路径：一者注重考察庄子思想与历代学术思潮的发生、发展之间的互动关系；② 一者注重考察具体的庄子核心观念在历史上的流衍。③ 选择庄子"坐忘"作为思想史考察的切入点，是以上述两种《庄子》学术史的研究路径为背景，既注意庄子"坐忘"对各个思潮形成和发展起的作用，又注意辨析在不同思潮中"坐忘"被赋予的新意义，进而厘清"坐忘"思想在中国思想学术史上的发展轨迹，揭示以修养论为特色的中国哲学思想在追寻意义问题上所作出的努力。

---

① "心斋"在庄子思想体系中虽然也占有重要地位，但冯友兰、张恒寿两位先生怀疑"心斋"与《管子》四篇思想相似，认为其并非庄子思想的特色所在，笔者部分同意此观点。而且，从古代学术史上看，"心斋"的展开也不及"坐忘"充分。需要说明的是，当代台湾庄学研究建立在"气论"复兴的基础之上，我国台湾学者对"心斋"极其重视，若以近代庄学为研究重点，"心斋"则较"坐忘"更具代表性。

② 代表性的著作如熊铁基. 中国庄学史 [M]. 北京：人民出版社，2013；方勇. 庄子学史 [M]. 增补版. 北京：人民出版社，2017；李宝红，康庆. 二十世纪中国庄学 [M]. 长沙：湖南人民出版社，2006；马晓乐. 魏晋南北朝庄学史论 [M]. 北京：中华书局，2012.

③ 代表性的著作如陈少明. 《齐物论》及其影响 [M]. 北京：北京大学出版社，2004；邓联合. "逍遥游"释论 [M]. 北京：北京大学出版社，2010. 李凯. 庄子齐物思想研究 [M]. 北京：中国社会科学出版社，2018；李智福. 内圣外王：郭子玄王船山章太炎三家庄子学勘会 [M]. 北京：中国社会科学出版社，2019.

二、研究现状

学界目前尚没有对"坐忘"作整体学术史考察，多关注个案的"坐忘"，并主要集中在考察庄子"坐忘"和唐代道教"坐忘"。下面以涉及"坐忘"思想的人物、著作时代先后为序，对研究现状略作简单梳理。

（一）庄子的"坐忘"思想

庄子的"坐忘"是古往今来的注庄、解庄者都无法绕开的话题，但众说纷纭，莫衷一是，向称难解。本小节拟从学界争论较多的三个问题展开论述。

1. 庄子"坐忘"寓言的"仁义""礼乐"先后次序

清末以来，马叙伦、刘文典、王叔岷等学者主张"坐忘"寓言文本有误①，应该为先"忘礼乐"，进而"忘仁义"，文献依据在《淮南子·道应》②，其理论依据在于"礼乐"是"有形"，"仁义"是"无形"③；"道家以礼乐为仁义之次……礼乐，外也。仁义，内也。忘外以及内，以至于坐忘"④。这种以"坐忘"寓言"忘仁义""忘礼乐"先后次第应该互倒的观点，得到了当代不少学者的认同。⑤ 不过，也有学者对此表示否定，如近代学者刘武就

---

① 据笔者所见，马叙伦《庄子义证》较早关注此问题，其注"回忘礼乐矣"，称"伦按：《淮南·道应训》，上句作'礼乐'，此句作'仁义'，宜据改"。（参见马叙伦. 庄子义证·庄子天下篇述义 [M]. 杭州：浙江古籍出版社，2019：197.）

② "颜回谓仲尼曰：'回益矣。'仲尼曰：'何谓也？'曰：'回忘礼乐矣。'仲尼曰：'可矣，犹未也。'异日复见，曰：'回益矣。'仲尼曰：'何谓也？'曰：'回忘仁义矣。'"（参见刘文典. 淮南鸿烈集解 [M]. 北京：中华书局，1997：404.）

③ "礼乐有形，固当先忘；仁义无形，次之，坐忘最上。今'仁义''礼乐'互倒，非道家之指矣。"（参见刘文典. 庄子补正 [M]. 北京：中华书局，2015：228.）

④ "案《淮南子·道应篇》'仁义'二字与'礼乐'二字互易，当从之。《老子》三十八章云：'失道而后德，失德而后仁，失仁而后义，失义而后礼。'《淮南子·本经篇》：'知道德，然后知仁义之不足行也。知仁义，然后知礼乐之不足修也。道家以礼乐为仁义之次，文可互证。礼乐，外也。仁义，内也。忘外以及内，以至于坐忘。'"（参见王叔岷. 庄子校诠 [M]. 北京：中华书局，2007：266.）

⑤ 如杨国荣先生言："从逻辑上看，礼乐较仁义而言似更为外在，就此而言，由忘礼乐而忘仁义，似更合乎逻辑的进展。"（参见杨国荣. 庄子的思想世界 [M]. 北京：北京大学出版社，2006：112.）持此见者还有陈鼓应、陈霞等学者，参见陈鼓应. 庄子今注今译 [M]. 第2版. 北京：中华书局，2009：225-226；陈霞. "相忘"与"自适"——论庄子之"忘" [J]. 哲学研究，2012（8）.

旗帜鲜明地反对刘文典、王叔岷等人依据《淮南子》改动《庄子》原文，他认为"仁义"是内在于"我"，自己以什么样的态度对待"仁义"，与其他人、事全不相干，只需要与自己交涉，所以较为简单；而"礼乐"是世俗的代表，如果以不同于世俗的姿态身处于世，需要承受世俗的责难，所以实践起来更难。刘武以"忘"的难易程度有别，主张应该先易后难，先"忘仁义"后"忘礼乐"，进而认为"淮南误倒，当据此以正之也"①。刘武"忘"之实践的难易说，与南宋褚伯秀的注解颇为相似②。除刘武外，钟泰亦主张不应改动庄子的原文，他指出"礼乐"有两种理解，一者从施行处讲，指服饰、礼仪等外在，也就是王叔岷与杨国荣所强调的"礼乐"是外在的；一者从源头上说，认为"礼乐"是"仁义"的源头，生发出"仁义"，而庄子所讲的"坐忘"寓言就是取"礼乐"的第二种认识，因此庄子"坐忘"寓言先忘"仁义"再忘"仁义"之源头"礼乐"，自有其理，故而文本无误。③

以上可以看到"坐忘"寓言"忘仁义""忘礼乐"的先后次第问题，确实存在争议。依笔者之见，《淮南子·道应》所引"坐忘"寓言并不可靠，据之改动庄子原文更需谨慎，后文将对此展开详细论述。

2. "坐忘"是境界还是方法？

学界一般认为庄子的"坐忘"兼具方法与境界两义。④ 不过，近年来吴根友教授发表《〈庄子〉"坐忘"非"端坐而忘"》⑤ 一文，主张"坐"不应该理解为身姿动作，而应该理解为"无故"，也就是说庄子的"坐忘"实际

① 王先谦. 庄子集解·庄子集解内篇补正 [M]. 刘武，补正. 沈啸寰，点校. 2版. 北京：中华书局，2012：574－575.

② "仁义本乎心，心致虚则忘之易。礼乐由乎习，习既久，则忘之难。"（参见褚伯秀. 南华真经义海纂微 [M]. 方勇，点校. 北京：中华书局，2018：298.）

③ 钟泰. 庄子发微 [M]. 上海：上海古籍出版社，2002：164.

④ 如钱穆先生言："'坐忘'……庄子理想人生之最高境界也……循庄子之修养论，而循至于极，可以使人达至于一无上之艺术境界。"（参见钱穆. 庄老通辨 [M]. 北京：九州出版社，2011：331 页.）刘笑敢言："庄子的心斋、坐忘、外物等修养方法与气功类锻炼方法也有明显关系""庄子哲学逻辑论证的中心是如何达到'心斋''坐忘''见独'的境界。"（参见刘笑敢. 庄子哲学及其演变 [M]. 北京：中国人民大学出版社，2010：3，197.）

⑤ 吴根友，黄燕强. 《庄子》"坐忘"非"端坐而忘" [J]. 哲学研究，2017（6）.

上是指"无故而忘"①，描绘的是一种与道相通、自由自在的心灵境界，没有修行工夫论的意思。吴根有教授的论文发表之后，学界也有反对的声音，张荣明教授便主张"在《庄子》书中，'坐忘'是一种重要的修行方式，古今学者言之凿凿"，并批评吴根友教授的观点是对"史料的任意诠释"②。张荣明教授对吴根友教授的批评不可谓不严厉，但批评的论据却不够充分。

事实上，对于"坐忘"究竟是方法，还是境界的问题，郑开教授也曾表示过疑惑③，为了澄清此问题，我们在后文将详细讨论。

3. "坐忘"与"吾丧我""心斋"的关系

"坐忘"与"吾丧我"的关系，学界观点基本一致。如钱穆先生言，"'吾丧我'，又曰：'嗒焉似丧其耦。''丧我'即'坐忘。'"④ 张默生先生指出"堕肢体，即形若槁木也。黜聪明，即心若死灰也"，"坐忘"即"丧我"的意思。⑤ 谢阳举先生也表示，"超越之极限是'坐忘'，要忘掉仁义、礼乐、是非之心，达到离形去智，形若槁木，心若死灰"⑥。

"坐忘"与"心斋"的关系则争议较多。⑦ 有的学者认为"心斋"是

_____

① 最早将"坐忘"理解为"无故而忘"的或为曾国藩。按吴根友教授所说："近人严复、马其昶、钱穆、王叔岷等人在训解'坐忘'时，曾引曾国藩的'无故而忘'说，但他们均未指明曾注的出处。笔者查阅了曾氏全集，亦未有发现，但找到曾氏以'无故'解释'坐'字，这应是其'无故而忘'说的依据。"（参见吴根友，黄燕强.《庄子》"坐忘"非"端坐而忘"［J］. 哲学研究，2017（6）.）

② 张荣明. 当代中国哲学史研究批判［J］. 管子学刊，2019（1）.

③ "在某种程度上，'坐忘'与'中庸'一样，我们不知道它究竟是种方法还是个境界，或者二者都有，既作为一种方法具有指导意义，同时又作为境界代表个人修养的标尺。"（参见郑开. 庄子哲学讲记［M］. 南宁：广西人民出版社，2016：123.）

④ 钱穆. 庄老通辨［M］. 北京：九州出版社，2011：331.

⑤ 张默生. 庄子新释［M］. 北京：新世界出版社，2007：147－148.

⑥ 谢阳举. 道家哲学之研究［M］. 西安：陕西人民出版社，2003：285.

⑦ 沈丽娟将近代学者对"心斋"与"坐忘"关系的认识总结为四种类型："（一）强调心斋在前，坐忘在后；（二）强调坐忘在前，心斋在后；（三）统合起来，不分先后，两者是同一工夫，互相共存，不分轩轾；（四）另类的看法，把心斋排除在庄学之外。"（参见沈丽娟. 庄子修养工夫论研究［D］. 嘉义：南华大学，2008：71－75.）其中，持"坐忘"在前、"心斋"在后观点的学者，沈丽娟仅列举时晓丽一人，时晓丽言："坐忘、心斋和虚静直指本心，专就心上下功夫。既是庄子理想的生存境界，也是这一境界实现的必经之路。划分为两个阶段，坐忘是对心灵的净化，是我的第一步；心斋与虚静是第二步骤，在澄明的心境中突破时空、生死、物我的界限，实现审美人生"（转引自沈丽娟. 庄子修养工夫论研究［D］. 嘉义：南华大学，2008：72 页）。笔者所见甚狭，未见他人再持此论，故仅转引时晓丽观点于此，不再另作讨论。

"坐忘"的前置功夫，如陈鼓应先生即主张"'心斋'着重在叙说培养一个最具灵妙作用的心之机能，'坐忘'则更进一步提示出空灵明觉之心所展现出的大通境界"①。张文江教授的观点与陈鼓应先生一致，他认为庄子讲修养论是从"心斋"入手，到达"坐驰"，"坐驰"精妙而高明，然而还是有待，"坐忘"才是最终的修行目的。② 多数学者主张"坐忘"与"心斋"表达的是相同的境界，如张默生明确地说："'坐忘'与'心斋'是异词同义"③。与这些观点有所区别的是冯友兰、张恒寿两位先生，冯、张两位先生主张"心斋"不是庄子的思想，而是稷下宋、尹学派的修养方法。④ 两位先生敏锐地指出"坐忘"富有庄学特色，而"心斋"则与稷下道家关系密切，确属有见。

笔者认为，即便"心斋"非庄子原创，但它出现在《庄子·人间世》已说明庄子对它的认可，故而不应将"心斋"排除在庄子思想之外，而要着重说明"心斋"与"坐忘"两种修养论之间究竟是什么关系，这也是我们后文要讨论的重点。

（二）两汉魏晋南北朝的"坐忘"

西汉初期，黄老道家虽然势力极大，但黄老学的发展与应用主要在政治层面，对道家的修养论创见不多。少数涉及"坐忘"思想的如《淮南子》将

---

① 陈鼓应. 老庄新论 [M]. 北京：商务印书馆，2008：257.

② 张文江. 《庄子》内七篇析义 [M]. 上海：上海人民出版社，2012：232.

③ 张默生. 庄子新释 [M]. 北京：新世界出版社，2007：148。杨国荣先生对此问题的态度较为谨慎，没有直言二者一致，而是表示"坐忘"与"心斋"是庄子所讲得道进程的两个同等重要的范畴，"都同时展开为一个涵养的过程"。（参见杨国荣. 庄子的思想世界 [M]. 北京：北京大学出版社，2006：120.）

④ 冯先生指出"坐忘"与"心斋"，"这两种方法，以前的人都认为是一样的。其实这两种方法，完全是两回事。'心斋'的方法是宋尹学派的方法……'坐忘'的方法是靠否定知识中的一切分别，把它们都'忘'了，以达到一种心理上的混沌状态，这是真正的庄子学派的'方法'"。（参见冯友兰·中国哲学史论文二集 [M]. 上海：上海人民出版社，1962：295－296.）在《中国哲学史新编》有相近内容，文字略有差别。（参见冯友兰. 中国哲学史新编：上卷 [M]. 北京：人民出版社，1998：422－423.）张恒寿先生怀疑《庄子·人间世》前三章"属于战国晚期宋、尹学派的作品"，"心斋"寓言"仲尼和颜回的回答，最后归于'唯道集虚'，'耳目内通而外于心知'，和《白心》《心术》等篇中所说的道理互相一致，正是《天下》篇所说'情欲寡浅，以别囿为始'等论点的进一步阐发"。（参见张恒寿. 庄子新探 [M]. 武汉：湖北人民出版社，1983：97－100.）

"槁木死灰"作为得道真人的境界表现①，稍晚一些的严遵《老子指归》也表达了这种倾向②，董仲舒的《春秋繁露》曾将"志如死灰"作为对"君"的期待、要求。③但这些对"坐忘"的发挥稍显简略，尚不成系统。

魏晋时期，《庄子》一书成为文人士族瞩目的焦点，连带着"坐忘"也得到了更多的关注。此时，最值得关注的庄学研究者无疑是郭象，按陆德明的说法："唯子玄所注特会庄生之旨，故为世所贵。"④初唐成玄英依《庄子注》作《庄子疏》，成玄英对"坐忘"的理解不可避免地受到郭象的影响；唐代云本《坐忘论》⑤直接引用郭象对"坐忘"的注解⑥，足见云本《坐忘论》对郭象《庄子注》思想的吸收。郭象《庄子注》对"坐忘"的诠释是"坐忘"思想发展不可或缺的重要环节，值得重视。

笔者所见，最早对郭象"坐忘"思想作出专文论述的是日本学者中野达。中野达认为庄子在"坐忘"寓言中所讲"境界的转换所运用的具体方法和实

---

① 《淮南子·精神》："所谓真人者，性合于道也……正肝胆，遗耳目，心志专于内，通达耦于一。居不知所为，行不知所之，浑然而往，逯然而来。形若槁木，心若死灰，忘其五藏，损其形骸。不学而知，不视而见，不为而成，不治而辩。感而应，迫而动，不得已而往，如光之耀，如景之放，以道为循，有待而然。抱其太清之本而无所容与，而物无能营。廓惝而虚，清靖而无思虑……"（参见刘文典. 淮南鸿烈集解 [M]. 北京：中华书局，1997：227–228.）

② 《老子指归》："心志玄玄，形容睦睦，卧如死尸，立如槁木。不思不虑，若无所识，使物自然，令事自事"，"和气流通，宇内童蒙，无知无欲，无事无功。心如木土，志如死灰，不睹同异，不见吉凶。"（参见严遵. 老子指归 [M]. 王德有，点校. 北京：中华书局，1994：81，83.）

③ 《春秋繁露·立元神》："君人者，国之元，发言动作，万物之枢机。枢机之发，荣辱之端也。失之豪厘，驷不及追。故为人君者，谨本详始，敬小慎微，志如死灰，安精养神，寂莫无为。"（参见苏舆. 春秋繁露义证 [M]. 钟哲，点校. 北京：中华书局，1992：166–167.）

④ 陆德明. 经典释文 [M]. 张一弓，点校. 上海：上海古籍出版社，2012：22.

⑤ 《正统道藏》收有同名异本的《坐忘论》两种：一本在《正统道藏·太玄部》，署"司马承祯子微撰"（参见坐忘论 [M] //正统道藏：第22册. 北京：文物出版社；上海：上海书店；天津：天津古籍出版社，1988：892.）；一本在《正统道藏》所收《云笈七签》卷九十四，无署名（参见张君房. 云笈七签 [M]. 李永晟，点校. 北京：中华书局，2003：2043.）。一直以来，此《坐忘论》被当作唐代上清高道司马承祯所撰，自朱越利先生撰文对其著作权归属提出质疑后，引起学界关注。笔者亦怀疑此本非司马承祯所撰，故为求稳妥，笔者在本书中不将其归于司马承祯名下。因《云笈七签》所收《坐忘论》源于宋本，应是现存《坐忘论》最早版本（参见朱越利.《坐忘论》作者考 [M] //道教考信集. 济南：齐鲁书社，2014.），故本文暂以云本《坐忘论》称之。

⑥ 《大宗师注》："夫坐忘者，奚所不忘哉！既忘其迹，又忘其所以迹者，内不觉其一身，外不识有天地，然后旷然与变化为体而无不通也。"参见郭庆藩. 庄子集释 [M]. 王孝鱼，点校. 3版. 北京：中华书局，2012：290。云本《坐忘论》："夫坐忘者，何所不忘哉！内不觉其一身，外不知乎宇宙，与道冥一，万虑皆遗，故庄子云'同于大通'。"（参见张君房. 云笈七签 [M]. 李永晟，点校. 北京：中华书局，2003：2045.）

践性技巧也一点不明确"，其实践性是在"丧我""心斋"等表达相同境界的寓言中体现的，"《庄子》中的坐忘，由天籁寓言中的丧我可知，它是由伴随呼吸法的一种坐法所达到的一种最高体验境界"。但郭象在解释"丧我""心斋"时，却没有使用"坐忘"一词。有鉴于此，中野达将郭象"坐忘"思想的特质总结为："第一，郭象认为坐忘与动静行坐没有关系，而是圣人在惯常状态中摒弃了偏执自我的一种独特境界，他借南郭子綦丧我和槁木死灰的状态解释了圣人的这种境界；第二，圣人坐忘是一种无为自得的境界，是通过万物的自生、自化、自得状态完成的，在这里郭象也是借神人寓言解释的；第三，总的来说，郭象认为圣人的坐忘是'冥内'和'游外'的统一，所谓'游外'就是入世或治世的活动，同时在内外一体的境界中忘记了迹（名教）和所以迹（自然）。由此看来，在郭象思想中，坐忘被观念化和理想化，成为一种内圣外王的自然和名教统一的思想治世状态。"①

康中乾教授的观点则与中野达不同②。康教授认为庄子"'坐忘'法实质上是对人心或意念的心理导引和训练，即把心或意念导入到随'气'或随'数'而流动的自然流中，以达到'离形去知，同于大通'的天人合一、物我一体的效果"，但"坐忘"法限制、弱化了"心"的作用，有其局限；"坐忘"也"并不能为一般的普通人所用，因为忙碌于谋生的芸芸众生是无暇来'坐'和'忘'的"；"当最后达到了'坐忘'时，礼乐、仁义这些社会的礼仪规范统统就被忘掉、抛弃了，这实际上是把人的社会性消解掉了，把人倒退到一般的动物世界中，这样，即使得到了这种'坐忘'境界，又有何现实的作用和价值呢？"康教授认为郭象的"玄冥"思想是对庄子"坐忘"思想的继承与发展，而且因为郭象处理和操作的是社会关系，所以比庄子的"坐

---

① 中野达.《庄子》郭象注中的坐忘 [J]. 牛中奇，译. 宗教学研究，1991（Z1）.

② 康中乾教授说从表面上看，郭象"玄冥"之境似乎不及庄子"坐忘"丰富、深刻，"郭象似乎是对这种'玄冥'境界的直接指认，而没有获得的过程，似乎也没有理论上的论述和说明""'玄冥'之境的获得似乎是没有方法和途径的，似乎不可捉摸和琢磨，是有一些神秘色彩的"（参见康中乾. 从庄子到郭象——《庄子》与《庄子注》比较研究 [M]. 北京：人民出版社，2013：341.）。后文又说，实际上并非如此。

忘"境界更为现实且具备可操性，也就比庄子"坐忘"思想更加丰富、深刻。①

中野达认为，在郭象思想中"坐忘被观念化和理想化"，也就是说缺少操作性，主要表现为修养境界；而康中乾教授认为郭象将庄子的"坐忘"思想发展得更为现实且更具操作性。从以上来看，两位学者的观点无疑是对立的，需要进一步讨论。②

韩康伯对"坐忘"的理解，对后世也有极大影响，却没有得到学界的关注。韩康伯将《系辞》"阴阳不测之谓神"注为："夫唯知天之所为者，穷理体化，坐忘遗照。至虚而善应，则以道为称。不思而玄览，则以神为名。"③但韩康伯此处的注解并不清晰，"坐忘遗照"一语中的"遗照"所指为何，以及"坐忘遗照"与"至虚而善应""不思而玄览"之间的关系，尚需仔细分辨。

东晋名僧支道林、慧远都曾论及"坐忘"。支道林有"迈轨一变，同规坐忘"的说法④，慧远法师也曾借"尸居坐忘"比喻"念佛三昧"⑤。学界对此部分也曾有关注，但稍显简略，如吴根友教授认为，"译经者有时也把静坐、

---

① 康中乾. 从庄子到郭象——《庄子》与《庄子注》比较研究［M］. 北京：人民出版社，2013：336 - 348.

② 黄圣平对郭象"坐忘"思想也进行了专门研究，不过，遗憾的是黄教授的文章虽然晚出，却没有回应中野达、康中乾两位学者对郭象"坐忘"认识的分歧。黄教授认为"虚通心境与修持方法、体'道'心性与现实发用，以及由'内圣'而'外王'的一体贯通，是《庄子》'坐忘'论思想的基本理论结构"，但从学术史上看，庄子自己并没有明确提出"内圣外王"，"内圣外王"是庄子后学融汇诸家思想继而为批判各家所设立的标的，如李智福言，"'内圣外王'之本意，此语显然是对庄、儒（包括思孟学派）、黄老派、刑名家等各家各派思想之汇合而集诸家之大成，很难说是单纯某某派"（参见李智福. 内圣外王：郭子玄王船山章太炎三家庄子学勘会［M］. 北京：中国社会科学出版社，2019：11.）。因此，笔者认为从"内圣外王"的角度去诠释"坐忘"，是郭象的创见。黄教授还主张，"在郭象思想中，'坐忘'是一种修持方法，是一种外在形态，也是一种内在心境"，而笔者以为"外在形态"和"内在心境"也就是身心状态，即"境界"，换言之，黄教授的说法仍然可用修养方法和修养境界含摄，也就是说黄教授主张郭象的"坐忘"既是方法也是境界，这一点与康中乾教授的观点相近，故而笔者不再予以单独回应。黄圣平. 郭象"坐忘"论思想析微［J］. 武陵学刊，2020（3）.

③ 周易正义［M］. 王弼，注. 孔颖达，疏. 卢光明，李申，整理. 北京：北京大学出版社，2000：319.

④ 支道林. 阿弥陀佛像赞并序［M］//石峻，楼宇烈，方立天，等. 中国佛教思想资料选编：第一册. 北京：中华书局，2014：69.

⑤ 慧远. 念佛三昧诗集序［M］//石峻，楼宇烈，方立天，等. 中国佛教思想资料选编：第一册. 北京：中华书局，2014：98.

坐禅等同于'坐忘'，这就使得一些道家学者、道士们认为，坐忘与坐禅相通。佛教法师就曾借用'坐忘'一词来指称静坐、坐禅"①。相比支道林、慧远对"坐忘"的零星表达，早期佛教特别重视"槁木死灰"之说的现象值得注意，他们将"槁木死灰"认作佛教的修行境界，最早或与佛经翻译有关。学界对佛陀苦行的经典文献②与经典造像③已有不少研究，但将佛教内部对苦行态度的认知转变与庄子"槁木死灰"的理解相联系的研究，笔者尚未得见，本书有意以此为出发点，加以探讨。

（三）隋唐诸家对"坐忘"的认识

唐代儒释道对"坐忘"都有所发挥，其中又以道教对"坐忘"思想的诠解最为系统。目前，学界对唐代"坐忘"思想的研究，多依托于道教人物、典籍的个案研究，并且多是作为道教人物修道思想的一个方面，未能集中探讨，对唐代道教"坐忘"思想发展的演变也缺少系统梳理。

初唐道士成玄英对"坐忘"的注解很有新意，但学界关注较少。强昱教授在研究成玄英《庄子疏》时，曾在成玄英修养论下设"坐忘"小节，但似对成玄英"坐忘"思想的特殊性未能全面揭示。④ 成玄英所作《老子道德经义疏》是现今留存的较早用"坐忘"注解《道德经》的著作，为后世注解《道德经》开创了新的思路，如《唐玄宗御制道德真经疏》即遵循了成玄英的理解，这一点也被学界所忽视。

王玄览一生出入术数、方技、道、佛，最终融汇道佛修行特色，创造性地提出以"坐忘"达到"舍形至真""解形至道"为终极归宿的修养论，是道教心性修养论极具代表性的人物。学界对王玄览的"坐忘"思想没有专篇论述，只是在对王玄览的整体思想或修道论思想叙述时有所提及。⑤ 而且学者

---

① 吴根友，黄燕强.《庄子》"坐忘"非"端坐而忘"[J]. 哲学研究，2017（6）.

② 刘震."菩萨苦行"文献与苦行观念在印度佛教史中的演变 [J]. 历史研究，2012（2）.

③ 李雯雯. 释迦牟尼成佛前的苦行像 [J]. 收藏家，2016（8）.

④ 强昱. 从魏晋玄学到初唐重玄学 [M]. 上海：上海文化出版社，2002.

⑤ 如李刚将"坐忘"视为王玄览最为推崇的修道方法。（参见李大华，李刚，何建明. 隋唐道家与道教 [M]. 广州：广东人民出版社，2011：199 - 204.）

多将"灭知见""定慧"双修视为王玄览"坐忘"思想的一部分。① 而据现存道教文献记载，以"定慧"解"坐忘"是云本《坐忘论》的特点，此前并无，学者比照云本《坐忘论》思想体系，试图对王玄览的"坐忘"依样理解，恐不合实际。

唐代道教对"坐忘"思想的发挥，以《天隐子》、云本《坐忘论》、石刻本《坐忘论》最多，而且这三篇文本都被传与司马承祯有关，需要仔细辨析。

最早引起学界关注的是《天隐子》的著述权问题，其不外乎两种观点：一者认为《坐忘论》与《天隐子》思想内容互补，是姊妹篇，《天隐子》也是司马承祯作品；② 一者认为《坐忘论》与《天隐子》思想主旨不一，《天隐子》非司马承祯作品。③ 但《天隐子》的文本组成本身比较复杂，《正统道藏》收录的《天隐子》改动较大，以往学者多不经过拣别而直接根据《正统道藏》本展开研究，忽略了很多关键问题。似应先分析《天隐子》的文本结构，继而按照文本的实际情况，分别讨论每一部分与司马承祯的关系。

近年来，王屋山紫微宫有一篇以司马承祯口吻记述的石刻本《坐忘论》，受到学界关注。石刻本指责云本《坐忘论》为唐代道士赵坚所作，继而产生了这两篇文本的著作权问题。朱越利、中嶋隆藏、郑灿山等学者信服石刻本的说法，认为石刻本才是司马承祯的作品，云本《坐忘论》是道士赵坚所作④；美国学者科恩认为石刻本《坐忘论》是司马承祯的早期口授传本⑤；贾晋华教授则认为石刻本《坐忘论》是刻碑的女道士柳凝然所作。⑥ 但通过分

---

① 参见朱森溥. 玄珠录校释 [M]. 成都：巴蜀书社，1989：21 - 22.

② 参见卿希泰. 司马承祯的生平及其修道思想 [J]. 宗教学研究，2003 (1).

③ 参见彭运生. 论《天隐子》与司马承祯《坐忘论》的关系 [J]. 中国哲学史，1998 (4)；何建明. 道教"坐忘"论略——《天隐子》与《坐忘论》关系考 [C] //宗教研究 (2003). 北京：中国人民大学出版社，2004；神塚淑子. 道教经典的形成与仏教 [M]. 名古屋：名古屋大学出版会，2017.

④ 朱越利.《坐忘论》作者考 [M] //道教考信集. 济南：齐鲁书社，2014：58 - 59；中嶋隆藏.《坐忘论》的"安心"思想研究 [C] 乔清举，译//道家文化研究：第7辑. 上海：上海古籍出版社，1995；中嶋隆藏.《道枢》卷二所收《坐忘篇》下和王屋山唐碑文《坐忘论》——《道枢》卷二所收《坐忘篇》上、中、下小考订补 [C]. 刘韶军，译//熊铁基. 第三届全真道与老庄学国际学术研讨会论文集. 武汉：华中师范大学出版社，2017.

⑤ LIVIA KOHN. Seven steps to the Tao—Sima Chengzhen's Zuowanlun [M]. St. Augustin：Steyler Verlag，1987。

⑥ JINHUA JIA. Gender, Power, and Talent—The Journey of Daoist Priestesses in Tang China [M]. Van Couver：Columbia University Press，2018。

析石刻本《坐忘论》文本，笔者认为它不可能是司马承祯所作，而与道士吴筠有关。除对三篇《坐忘论》的作者归属有非常大的分歧，学界对这三篇《坐忘论》的核心思想讨论得也并不充分，实际上三篇文本所展示的"坐忘"思想有着极大的不同，此点后文将详述。

唐末五代时期的钟吕金丹道已经是比较成熟的性命双修理论，在钟吕金丹道的炼养理论中"坐忘"已经退居次要地位，乃至虽然以"内观坐忘"并提，但在实际的论述中，是以"内观"为主，而对"坐忘"的内容阐述较少。学界对此也缺乏研究。

（四）儒释修养论与"坐忘"的关系

在佛教方面，大乘佛典传入中国之后，很多大乘经典直接批判早期佛教强调"槁木死灰"的修行理论，并将此视为分判大乘、小乘的依据之一。如北魏菩提流支所译《金刚仙论》以大乘立场，指责"小乘人断三界烦恼尽分段生死，灰身灭智，入无余涅槃"[1]；隋初智顗大师《金刚般若经疏》"小乘涅槃灰身灭智为无余，大乘以累无不尽、德无不圆名为无余"[2]；而到了完全中国化的禅宗，禅师们主张参"枯木龙吟"[3]，这是在原先以大乘立场批判小乘修养论的基础上所作的进一步深化。禅宗禅师"枯木龙吟"的说法与庄子"坐忘""槁木死灰"说的本义更为接近，这一点也为学界所忽视。

在佛道教的影响下，很多儒家学者也采用"静坐"的修养方法，但为理学作出开拓性贡献的"二程"不满足于此，他们既批判"静坐"，又以儒家"主敬"说重新定义"静坐"。而"二程"的"静坐"说与"坐忘"的关系亦极为密切，这一点也需要辨析。

① 金刚仙论［M］. 菩提流支，译//大正新修大藏经：第25册. 影印本. 台北：新文丰出版公司，1984：864.

② 智顗. 金刚般若经疏［M］//大正新修大藏经：第33册. 影印本. 台北：新文丰出版公司，1984：77.

③ 曹山本寂. 抚州曹山元证禅师语录［M］. 慧印，校订//大正新修大藏经：第47册. 影印本. 台北：新文丰出版公司，1984：529.

三、研究方法

1. 学术史与思想史相结合

思想的诞生需要学术的土壤，学术史的研究可以凸显思想史的鲜活生命力；考辨每一个具体思想范畴的学术渊源、流衍，可以避免主观认定所谓学术"创见""特色"；尊重思想长河中每一个时代、每一位思想者的贡献，这是思想史研究的当然之责。

2. 语文学①与思想史相结合

近年来多有学者主张将语文学与思想史、哲学史的研究有机结合起来，"其方法论旨趣在于：切入哲学思想语境以及制度语境之中，深入挖掘思想观念的来龙去脉；分析哲学语词与概念之间的思想逻辑"②，这既是为探明中国传统思想、哲学产生的底层逻辑，也是为构建世界性思想、哲学奠定更可靠的理论基石。③

四、研究思路与内容

研究"坐忘"思想史，首先要辨析庄子"坐忘"的本义。澄清学界对"坐忘"寓言"忘仁义""忘礼乐"先后次第的误解，进而指明"堕肢体、黜聪明""离形去知、同于大通"等内容的具体意蕴，在此基础上，分析作为修养方法的"坐忘"和修养境界的"坐忘"究竟是什么关系。

其次，在学术史的脉络上，重点探讨"坐忘"思想的新发展。通过对学术史的梳理可以看到，对"坐忘"作出全新解释的主要是魏晋玄学家和道教徒，二者对"坐忘"的诠解又有不同的侧重。以郭象、韩康伯为代表的玄学家主要发展了"坐忘"的修养境界义，而道教徒则主要发展了"坐忘"的修养方法义。本书第二、三章将集中讨论郭象、韩康伯、道教对"坐忘"的新

---

① 笔者此处所说的语文学，包括传统的文献学、训诂学，也包括现代意义上的语词分析。

② 郑开. 新考证方法发凡——交互于思想史与语文学之间的几个例证 [J]. 同济大学学报，2020（1）.

③ 参见叶树勋. 从"自""然"到"自然"——语文学视野下"自然"意义和特性的来源探寻 [J]. 人文杂志，2020（2）.

诠解，以便把握"坐忘"在中国思想史上的发展演变。

最后，"坐忘"与佛教"禅"、理学"静坐"的关系也值得重视。东汉时期佛教传入中国，借鉴老庄思想翻译佛典，并以粗浅的比附形式展开了交流，"禅"与"坐忘"便是其中一例。在佛教、道教思想的影响下，很多儒家学者采用"静坐"这一形式修养身心，而"静坐"与"坐忘"关系亦极为密切。本书第四章将考察"坐忘"与"禅""静坐"的关系，尝试描绘更为立体的儒释道思想交流图景。

第一章

庄子"坐忘"义辨析

"坐忘"是庄子思想的重要组成部分,受到后世好道者、庄学阐释者的关注。又因"坐忘"的具体内容是庄子假借孔子、颜回对话展开,故而历代儒者对"坐忘"也极为重视。① 除儒、道之外,佛教在描述自己修养方法、修养境界时也常借"坐忘"作比。② 正因为诸家对"坐忘"的援引和发挥,本书才有成立的可能,在探究"坐忘"思想的流衍之前,先对庄子"坐忘"本义作一番考察,当是题中应有之义。本章拟从庄子"坐忘"寓言文本"忘仁义""忘礼乐"的先后次第问题谈起,继而对庄子"仁义""礼乐"所指作出说明;分析"堕肢体、黜聪明"与"离形去知"的关系,厘清"肢体""聪明""形""知"的确切含义;最后在比较"心斋""吾丧我"与"坐忘"异同的基础之上,对"坐忘"究竟是方法还是境界予以说明。

---

① 如《论语·先进篇》"回也其庶乎屡空"一语,后世儒者便常以颜回"坐忘"为据,将"屡空"解为"心空"。(具体可参阅甘详满. 经典:诠释转换与意义生长——以《论语》"回也其庶乎屡空"之注疏为例 [C] //儒家典籍与思想研究:第5辑. 北京:北京大学出版社,2013:41-56.) 杨儒宾亦称:"后世学者(包含理学家)理解的颜回形象,往往来自庄子所说的'心斋''坐忘'。"(参见杨儒宾. 儒门内的庄子 [M]. 台北:联经出版社,2016:133.)

② 王勃以"泊乎坐忘遗照,返寂归真"评价支道林、慧远学识风范(参见王勃. 益州绵竹县武都山净慧寺碑 [M] //董浩. 全唐文. 北京:中华书局,1983:1864.);释复礼以"菩萨能游戏神通,坐忘致远",盛赞诸佛、菩萨之能(参见释复礼. 十门辩惑论 [M] //大正新修大藏经:第52册. 影印本. 台北:新文丰出版公司,1984:551.);南宋临济宗虚堂智愚借助"要须如颜子坐忘,始有做工夫分"描述禅学实践(参见妙源. 虚堂和尚语录 [M] //大正新修大藏经:第47册. 影印本. 台北:新文丰出版公司,1984:1050.)。

第一节 "忘仁义""忘礼乐"解

"坐忘"一语出自《庄子·大宗师》。在本篇中，庄子讲述了颜回经过"忘仁义""忘礼乐"，最终"坐忘"体道的修养历程。但近代以来有学者主张通行本《庄子》"坐忘"寓言文本有误，应该先"忘礼乐"后"忘仁义"。这个观点一经提出便得到了广泛响应。目前学界对庄子"坐忘"的研究，也多基于此点展开论述，并有将此视为庄学研究共识的态势。① 不过，笔者认为此观点的主要论据存在问题，不足以推翻通行本"坐忘"寓言的文本顺序，而且"坐忘"寓言"忘仁义""忘礼乐"的先后次第，与庄子独特的认识论相互呼应，未可轻易变动，接下来便对此作出说明。

一、"坐忘"寓言文本辨正

（一）《淮南子·道应》所引"坐忘"寓言经过了改动

近代学者马叙伦、刘文典、王叔岷等依据《淮南子》所引"坐忘"寓言文本，指出通行本《庄子》"坐忘"寓言文本顺序有误，如王叔岷先生言："《淮南子·道应篇》'仁义'作'礼乐'，下'礼乐'作'仁义'，当从之。"② 这也是主张通行《庄子》"坐忘"寓言文本有误者依赖的最重要的文献依据。《淮南子·道应》所引"坐忘"寓言为：

颜回谓仲尼曰："回益矣。"仲尼曰："何谓也?"曰："回忘礼乐矣。"仲尼曰："可矣，犹未也。"异日复见，曰："回益矣。"仲尼曰："何谓也?"曰："回忘仁义矣!"仲尼曰："可矣，犹未也。"异日复见，曰："回坐忘矣。"仲尼遽然曰："何谓坐忘?"颜回曰："隳肢体，黜聪明，离形去知，洞于化通，是谓坐忘。"仲尼曰："洞则无善也，化则无常矣。而夫子荐贤，丘请从之后。"故老子曰："载营魄抱一，能无离乎，专气致柔，能如婴儿乎!"③

---

① 如绪论提及的陈鼓应、杨国荣、陈霞等学者都在自己的相关论著中采纳了此观点。
② 王叔岷. 庄子校诠 ［M］. 北京：中华书局，2007：266.
③ 刘文典. 淮南鸿烈集解 ［M］. 北京：中华书局，1997：404.

与通行本"坐忘"寓言相比，《淮南子》所引"坐忘"寓言，主要有三处不同：其一，"仁义""礼乐"顺序互易；其二，通行本作"同于大通"，《淮南子》所引作"洞于化通"；其三，通行本作"而果其贤乎，丘也请从而后也"，《淮南子》所引作"而夫子荐贤，丘请从之后"。前两处都为学者所注意，但关注"坐忘"文本问题的学者常常忽略第三处不同。也恰恰从这一处不同可以看到《淮南子》所引"坐忘"寓言经过了改动，并非可靠传本。

在通行本"坐忘"寓言中，"而果其贤乎，丘也请从而后也"，原是颜回讲自己"坐忘"后，孔子对颜回的赞赏之语。其中两处"而"均同"尔"，如成玄英言"而，汝也"①，皆指颜回。但在《淮南子》所引"而夫子荐贤，丘请从之后"，原两处"而"，仅存一处，所留前之"而"，义近于表递进或转折的连词，所略后之"而"以"之"字代。"夫子荐贤"一语，许慎注②为："荐，先也。回入贤。"③ 许注似指此句义为："而夫子先贤，丘也请从而后也"，即孔子称颜回为"夫子"。今人也多以《淮南子》此处"夫子"为颜回，如张双棣先生言："此'夫子'盖谓颜回，孔子意为'汝能坐忘，先贤于我，吾欲从汝之后而学之矣'。"④ 也有学者对"夫子"二字表示怀疑，如何宁言："'而果其贤乎！'乃仲尼之言斥颜回，此'夫子'二字不可解。疑'夫'字后人所加，'而子荐贤'谓颜回先入贤者之域"⑤。

尽管张双棣、何宁两位先生对"夫子"所指的认识不同，但二人均认为《淮南子》此处表达的是颜回"先"贤于孔子之义。两位先生所突出之"先"义，实际上均由许慎"荐，先也"得出。清代校勘名家顾广圻疑许注，"'回先入贤'脱先字。"⑥ 依顾之意，此处许注原文应为"回先入贤"。吴承仕则

① 郭庆藩. 庄子集释 [M]. 王孝鱼, 点校. 3 版. 北京：中华书局, 2012：291.

② 关于《淮南子·道应训》的作者，刘文典先生言："此篇叙目无'因以题篇'字，乃许慎注本。"参见刘文典. 淮南鸿烈集解 [M]. 北京：中华书局, 1997：378.

③ 刘文典. 淮南鸿烈集解 [M]. 北京：中华书局, 1997：404.

④ 张双棣. 淮南子校释 [M]. 北京：北京大学出版社, 1997：1283.

⑤ 何宁. 淮南子集释 [M]. 北京：中华书局, 1998：878. 何宁先生言："'而果其贤乎！'乃仲尼之言斥颜回"，或本于吴承仕，但笔者认为欠妥，"而果其贤乎"的"果"，即"确实"，其义承颜回两言己进益，孔子均答曰"犹未也"，而颜回"坐忘"，则孔子称其"果"有进益，并非斥责，而是赞许。

⑥ 转引自何宁. 淮南子集释 [M]. 北京：中华书局, 1998：878.

称"景宋本'入'作'人'，朱本'入'作'先'。承仕案'荐，先'者，以声训。夫子斥回，故言回先贤。作'入'作'人'并非"①。吴之解亦针对许注所发，他认为许慎以"先"释"荐"，是以声训②，故许慎"回入贤"，当为"回先贤"。

但笔者疑"夫子"，既非如许慎等人认为的指"颜回"，也非何宁以为的"夫"为后人所添，且许慎以"先"释"荐"，笔者浅陋，未见其他典籍有此解，或如吴承仕所言为声训，然过于迂曲。要言之，"夫子荐贤"，是对庄子原文"而果其贤乎"的注解，"夫子"即注解者所称之孔子；"荐"，为"进""推举"之义，而非训为"先"。

若用现代标点对此段内容断句，则为：

仲尼曰："洞则无善也，化则无常矣。"而夫子荐贤。"丘请从之后。"

这段文字与通行本《庄子》相较，话语逻辑明显出现中断，或为撰写者一时不察，将原应注解之言误入所引篇章所致。即便此处并非如笔者所言是将注解误羼，而确如前辈学者所言《淮南子》"夫子"当为颜回，也足见此处内容是经过了《淮南子》编撰者的改动，而非据某一传本《庄子》抄录。

《淮南子》多用庄子之文，虽存有不少庄文之旧，如《庄子·达生》"达命之情者，不务知之所无奈何"，《淮南子·诠言》《淮南子·泰族》"知"均作"命"③，但更多的是《淮南子》编撰者按照自己的理解以及说理的需要，对所引内容作出改动，其改动者，或是对难解之处直接以训诂义替换，或是直接化用以求文理晓畅。同样是上文此例，《淮南子·诠言》称"通命之情者，不忧命之所无奈何"，《淮南子·泰族》称"知命之情者，不忧命之无奈何"，将庄文之"达"替换为"通""知"，将庄文之"不务"替为"不忧"，也足见《淮南子》的改动痕迹。

---

① 转引何宁. 淮南子集释［M］. 北京：中华书局，1998：878.

② 吴承仕言许慎以"荐"为"先"，是以"声训"，应指二字古韵相同，"先"古音为"心文"切，"荐"古音为"从文"切。（参见郭锡良. 汉字古音手册［M］. 北京：北京大学出版社，1986：207，219.）

③ "案《弘明集·正诬论》引知作命，是也。《养生主》篇郭注：'达命之情者，不务命之所无奈何也'。即用此文，知亦命。'达命之情者，不务命之所无奈何'.与上文'达生之情者，不务生之所无以为.'两命与两生字对言。淮南子诠言篇、泰族篇知亦并作命。"（参见王叔岷. 庄子校诠［M］. 北京：中华书局，2007：69.）

另如《淮南子·原道》作"天地之永，登丘不可为修，居卑不可为短"，本于《庄子·徐无鬼》"天地之养也一，登高不可以为长，居下不可以为短"，文意相同，用字则别，实为《淮南子》将《庄子》文字作了训诂替换①；再如《淮南子·道应》篇首太清问无穷之事本于《庄子·知北游》，改动极为明显，其将《庄子·知北游》"吾知道之可以贵、可以贱、可以约、可以散，此吾所以知道之数也"扩展为"吾知道之可以弱、可以强，可以柔，可以刚，可以阴、可以阳、可以窈、可以明，可以包裹天地，可以应待无方。此吾所以知道之数也"；又有《淮南子·诠言》所言"五者无弃而几向方"，本于《庄子·齐物论》"五者圆而几向方"②，《淮南子》以"无弃"释庄子之"圆"，而入己之正文。

以上可以看到，从"而夫子荐贤"一语，已可证《淮南子·道应》所引"坐忘"寓言已然经过编撰者改动。除此处有明显改动痕迹的"坐忘"寓言外，并无其他古典文献可以佐证通行本"坐忘"寓言文本有误，故据之称"坐忘"寓言"忘仁义""忘礼乐"应互倒，恐未妥当。

（二）以"道家"惯例不能推定《庄子》文本

认定"坐忘"寓言"仁义""礼乐"互倒的前辈学者，除以《淮南子·道应》文本为据，还常以《老子·第三十八章》为据，如王叔岷先生便称：

《老子》三十八章云："失道而后德，失德而后仁，失仁而后义，失义而后礼。"（《庄子·知北游篇》亦有此文。）《淮南子·本经篇》："知道德，然

---

① "案'天地之养'，与下文'以养耳目鼻口'之养异义。养借为羕，《淮南子·原道篇》养作永，义同。《尔雅·释诂》：'永、羕，长也。'《大戴礼·夏小正》：'五月，时有养日；十月，时有养夜。'《传》并云：'养，长也。'养亦羕之借字，与此同例。'天地之养也一'，犹言'天地之长也齐'，一犹齐也，《淮南子·原道篇》：'一度循轨'，高注：'一，齐也。'盖天地之长无极，故以天地之长言之，则'登高不可为长，居下不可以为短'，长、短俱泯矣。此齐长短之说，亦即齐物之理也。"（参见王叔岷. 庄子校诠［M］. 北京：中华书局，2007：926.）再如："然正由淮南以养为永，乃存此养字之义。自淮南而后，无知此养字之义者矣。"（参见王叔岷. 庄学管窥［M］. 北京：中华书局，2007：73.）庄子之"养"究竟是否解为"长"，而与《淮南子》"永"字同义，或可有不同观点，不过，已足见《淮南子》引文改字确非潦草成文，但这种匠心独运之处，或时切中肯綮，或时有画蛇添足，狗尾续貂之嫌，也需注意。

② "《说文》：'圆，圜，全也。'全则无所弃矣。窃疑《淮南》以'无弃'释《庄子》之园字耳。"（参见王叔岷. 庄子校诠［M］. 北京：中华书局，2007：76－77.）

后知仁义不足行也。知仁义，然后知礼乐之不足修也。"（《文子·下德篇》亦有此文。）道家以礼乐为仁义之次，文可互证。礼乐，外也。仁义，内也。忘外以及内，以至于坐忘。①

王叔岷先生认为《庄子·知北游》《淮南子·本经》《文子·下德》也引用了《老子·第三十八章》的内容，便认为这些"道家"代表都认同"以礼乐为仁义之次"②。不过，现代学术研究多主张，秦汉时期"道家"作为一个整体学派的观点才出现，先秦并没有一个确实的"道家"学派。将老子、庄子、文子（辛研）等思想家划入同一个学派，然后说明他们思想的一致性，对我们理解作为个体的思想家思想创见鲜有帮助，反而会掩盖很多问题。

前文已证《淮南子·道应》所引"坐忘"寓言文字是经过改动的。而《淮南子·道应》的写作模式在《淮南子》一书中也颇为特殊，整篇的行文结构都是先引用一段典故或寓言，再以《老子》文句结尾申明其旨，全篇是以老子思想为准绳。③以王叔岷先生为代表的诸位学者，以《老子》所记为据，认定庄子"坐忘"寓言所载有误，而我们反认为《淮南子》之所以会将"坐忘"寓言"仁义""礼乐"互倒，正是以《老子》"失道而后德，失德而后仁，失仁而后义，失义而后礼"为据，改动了庄子原文。王叔岷等先生所依循的"道家"思路，正与《淮南子》的编撰者相合，故有此误会。

《庄子·天道》有段文字，或可以证庄子原文"坐忘"寓言先"忘仁义"、后"忘礼乐"顺序无误：

---

① 王叔岷. 庄子校诠 [M]. 北京：中华书局，2007：266.

② 刘文典先生主张，"'仁义''礼乐'互倒，非道家之指矣"，也是以"道家"共旨来立论，但其言"礼乐有形"，"仁义无形"，应遵由"有"到"无"的先后次第忘之，似是以老子"有生于无"的观点为据，与王叔岷先生的论据不同。（参见刘文典. 庄子补正 [M]. 北京：中华书局，2015：228.）

③ 《淮南子·道应》很多用来申说老子意蕴的引用，并不妥帖。如："罔两问于景曰：'昭昭者，神明也？'景曰：'非也。'罔两曰：'子何以知之？'景曰：'扶桑受谢，日照宇宙，昭昭之光，辉烛四海。阖户塞牖，则无由入矣。若神明，四通并流，无所不极，上际于天，下蟠于地，化育万物而不可为象，俛仰之间而抚四海之外。昭昭何足以明之！'故老子曰：'天下之至柔，驰骋天下之至坚。'"（参见刘文典. 淮南鸿烈集解 [M]. 北京：中华书局，1997：411.）《齐物论》《寓言》两篇也载有罔两与景的寓言，与此段内容不同，不知《淮南子》所引本于何典。不过，其论"神明"的内容，与《鹖冠子》所论"神明"有相近之处。研读罔两与景的对话，其义是讲"神明"有上天入地、化育万物的妙用，原与老子"天下之至柔，驰骋天下之至坚"毫不相关，但《淮南子》的编撰者，却似乎是认为"神明"有"柔"的属性，这一点恐难让人信服。

夫子曰："夫道于大不终，于小不遗，故万物备……极物之真，能守其本，故外天地，遗万物，而神未尝有所困也。通乎道，合乎德，退仁义，宾礼乐，至人之心有所定矣。"

或有学者认为此处"通乎道，合乎德，退仁义，宾礼乐"一句，与《老子·第三十八章》"失道而后德"顺序、含义一致，然而事实并非如此。《老子·第三十八章》是批判天下无道、人心沦丧，对人的禁锢愈演愈烈，"礼者，忠信之薄，而乱之首"是对"礼"的强烈抨击，整章的基调是批判性的，是对世道人心的沦丧痛心疾首。①

而《庄子·天道》"通乎道，合乎德，退仁义，宾礼乐"一句，"宾，为'摈'之借字，言摈弃礼乐也"②，"退""摈"与庄子常用的"外""遗""遣""忘"等同义，体现出了庄子修养论的特色。③ 整段话是借"夫子"④之口描述"至人"的修养状态，这里的"退仁义，摈礼乐"在儒家看来是负面的，在庄子这里却是不断向上的，与"坐忘"寓言所述的"忘仁义""忘礼乐"不只先后次序一致，表达的意思也一致。再者，此段所列"外天地""遗万物"的先后次序与《庄子·大宗师》南伯子葵问道女偊中的"外天下""外物"的次序同样一致，足见其有所本。

关于《庄子》文本形成的讨论可谓汗牛充栋，较为大家接受的看法是内篇为庄子所作，外篇、杂篇为庄子弟子或后学所作。《庄子·天道》篇的这段论述即便不是庄子本人所作，也是更为接近庄子时代的弟子、后学所作，他们比《淮南子》的编撰者更有机会看到庄子本人的著述。所以，这段与"坐忘"寓言形式编排、思想内涵都一致的文献材料，是更有说服力的《庄子》文本内证，没有理由舍此内证，反而根据一个经过改动的汉代《淮南子》引述去更改《庄子》文本，更不能根据《老子·第三十八章》这样的"非庄"内容去主观改动庄文。

---

① 这一段内容也是近年来争论《老子》是否晚出的焦点，此处不多做议论，相关讨论可参阅刘笑敢. 老子古今：五种对勘与析评引论 [M]. 北京：中国社会科学出版社，2006：396 – 405.

② 张默生. 庄子新释 [M]. 北京：新世界出版社，2007：224.

③ "退""摈"相当于"外""遗""忘"的用法，整部《庄子》也仅此一例，较为特殊。

④ "注家多谓此夫子即老子。按本篇或谓庄子后学所作，然则此夫子未必非庄子也。"（参见张默生. 庄子新释 [M]. 北京：新世界出版社，2007：224.）

王叔岷先生认同《淮南子》所引"坐忘"寓言"仁义""礼乐"互倒,与否定《淮南子》将"同于大通"改为"洞于化通"的理由一致,都是认为此为"道家"之惯例。依此"惯例",王叔岷先生还主张《庄子·应帝王》"众雌而无雄,而又奚卵焉"一语,应从《淮南子·览冥》作"众雄而无雌",将雌、雄二字互易,因"道家以雌为贵,《老子》所谓'知其雄,守其雌,为天下谿'是也"①。我们认为,若无其他更可靠的依据,仅仅依照所谓"道家"惯例,只怕并不能做如上更改。所谓"道家"之共名下的诸位思想家,实有各自不同的思想特点,常被人认为秉承了老子真意的庄子,与老子展现的风貌并不相同,这一点将是我们本书所秉持的学术宗旨。

总结以上,《淮南子·道应》所引"坐忘"寓言经过了编撰者改动,不足以成为证明通行本"坐忘"寓言文本顺序有误的依据;将老庄视为道家一脉,再以老子对道、德、仁、义、礼的认识,与庄子"坐忘"寓言互证,也忽略了老庄思想的差别;且《庄子·天道》所载"通乎道,合乎德,退仁义,宾礼乐"与"坐忘"寓言"忘仁义""忘礼乐"次序一致,可为庄文内证。故笔者认为,"坐忘"寓言应遵循通行本先"忘仁义"后"忘礼乐"的次第,而不应改动。

二、"忘"之意蕴

不管是"坐忘",还是"忘仁义""忘礼乐",具体所指虽有不同,但均建立在庄子之"忘"的基础上。庄子所谓"忘",与常人所理解的"忘"不同,常人所谓"忘"以"不识"为义②,是应"识"而主体没有能力"识",其消极意味显而易见。而庄子之"忘",即不执着,是将干扰人之"自然"的"事""物"放一边,悬置起来、隔离开,不做评判、不做理会,非实在意义上的消除。这种"忘"是通向"道"的桥梁,不只没有消极的意味,反是最正面的运用。将本义为消极指向的"忘",作为积极义运用,是庄子的"狂言"(或曰"卮言"),与老子"正言若反"的思维逻辑相近。

---

① "案雌、雄二字当互易,道家以雌为贵,《老子》所谓'知其雄,守其雌,为天下谿'是也。《淮南子·览冥篇》正作'众雄而无雌'。"(《原道篇》:'圣人守清道而抱雌节。'亦贵雌之证。)卵谓卵化也,《淮南子》卵正作化。"(参见王叔岷. 庄子校诠 [M]. 北京:中华书局,2007:289.)
② 《说文解字》言:"忘,不识也,从心,从亡。"

常有人以"忘记"来注解庄子之"忘",虽亦强调庄子之"忘"的特殊性,但对理解庄子思想仍有误导之嫌。若从语文学的角度来讲,"忘"由"亡""心"上下叠加组成,其义可取"无心"。所谓"无心",在一般用法中也是消极语义,如"无心之失""某人做事无心"等语,都取消极义,而在庄学体系中,"无心"也是积极用法。《庄子·天地》开篇有"《记》曰:'通于一而万事毕,无心得而鬼神服'",《记》为何典,已不可考,"无心得而鬼神服",按王叔岷先生言:"《人间世》篇:'夫徇耳目内通,而外于心知,鬼神来将舍。'文意相近。"① 此处之"无心"自然当作积极语义理解。②《庄子·知北游》有啮缺问道于被衣,被衣有"媒媒晦晦,无心而不可与谋"之言,即指得道者"懵懵懂懂的样子"③,"没有心机而不可谋议"④,此处"无心"也应作为积极语义理解。⑤ 郭象解《庄子·大宗师》题曰:"虽天地之大,万物之富,其所宗而师者,无心也。"⑥ 其"无心"即指"忘"。有鉴于此,笔者亦用"无心"理解庄子之"忘","忘"即无心,无心于某"物",某"物"实未尝无⑦,此即言"忘"确非实在意义上的消除。此处所谓"物",与庄子"齐物"之"物"的用法相同,既指客观实在之物,也指主观之"事""理"。⑧

---

① 王叔岷. 庄子校诠 [M]. 北京:中华书局,2007:414.

② 同篇老子教导孔子"凡有首有趾、无心无耳者众"的"无心",则为消极用语。

③ 曹础基. 庄子浅注 [M]. 北京:中华书局,2014:388.

④ 陈鼓应. 庄子今注今译 [M]. 2版. 北京:中华书局,2009:605.

⑤ "盖庄生之人生终极理想,夫亦一'适'字可以括之。而其所以达此之工夫,则曰'无心',曰'忘'。"(参见钱穆. 庄老通辨 [M]. 北京:九州出版社,2011:336.)

⑥ 郭庆藩. 庄子集释 [M]. 王孝鱼,点校. 3版. 北京:中华书局,2012:229.

⑦ 这种说法很容易让人联想到魏晋南北朝时期的"心无宗",玄佛合流时期僧人对庄子多有援引,以"心无"解"空",或即魏晋僧人受庄子的启发,故而有此相近之处。崔大华先生说:"'心无'义之所以背离般若的根本观点,这是因为它的观念根源深深地扎在庄子思想的土壤里,实际上是一种中国思想。"(参见崔大华. 庄学研究 [M]. 北京:人民出版社,1992:502. 人民出版社1992年版,第502页。)张松辉先生也认为"心无宗不完全符合佛义,却与庄子思想一致。"庄子"通过'心养',达到'坐忘',忘却天地,忘却万物,忘却自身。忘却的目的又是什么呢? 那就是做到让'万物无足以铙心者,故静也'","《庄子》多处表达的思想就是万物真实存在,通过心理修养,忘却万物的存在,以此来免除万物(如利害、生死等)对内心平静的搅扰。很明显,心无宗的理论基础与目的与庄子思想完全一致。"(参见张松辉. 庄子研究 [M]. 北京:人民出版社,2009:271.)

⑧ 杨国荣先生称,"从精神活动及意识活动的角度看,'忘'的特点是有而无之,亦即将已融合于主体精神世界并入其中的内容加以消除"。(参见杨国荣. 庄子的思想世界 [M]. 北京:北京大学出版社,2006:112.)

在庄文中,与"忘"相类的还有"丧""外""遗"等词汇,它们之间交替使用,又以"忘"出现得最为频繁。这些词汇的意义完全相同,交替使用,或与先秦时篇章韵语、节奏等有关,可使文风活泼,以免流于呆板,这无疑也是庄子文风的重要特色。①

三、"仁义""礼乐"所指

前文厘清了"坐忘"寓言"忘仁义""忘礼乐"的文本次第,也说明了庄子之"忘"可解为"无心",那么现在的问题是,庄子所讲的"仁义""礼乐"究竟何指?古今学者对庄子"坐忘"寓言中"仁义""礼乐"的理解,常常存在两种倾向,一者拆字为训,一者过于抽象化。前者典型的如郭象,其注曰"仁者,兼爱之迹,义者,成物之功","礼者,形体之用,乐者,乐生之具"②。后者作抽象化理解的多是现代学者,将"仁义""礼乐"直接理解为社会规范。③拆字为训,不合庄文原义,不足为凭,而过于抽象化,则会脱离庄子思想的生存土壤,下文便围绕此问题作出说明。

----

① 罗安宪教授认为,庄子之"忘""外""丧"不同,将"丧"解释为"忘"是对"丧"的一种曲解,"'忘'的本义是超越、不拘泥于、不限定于某一种状态;'丧'的本义则是原来有而后丢弃掉。""'忘'不是不存在,而是没有束缚之感的一种恰到好处的存在,是一种舒适、自在的存在。而'丧'只是原有而丧失,原有而丢弃,更无舒适、自在的意义。""'外'作为一个动词,即是置之度外,置之不顾。'外'作为一个概念,在庄子哲学中处于'丧'与'忘'之间:'忘'是有而不觉其有;'丧'是有而丢弃;'外'是有而置之不顾。从语气上来讲,'丧'的语气最重,'外'次之,'忘'较前二者为轻。"参见罗安宪.庄子"吾丧我"义解 [J].哲学研究,2013 (6).

② 郭象言:"仁者,兼爱之迹;义者,成物之功。爱之非仁,仁迹行焉;成之非义,义功见焉;存夫仁义,不足以知爱利之由无心,故忘之可也。"(参见郭庆藩.庄子集释 [M].王孝鱼,点校.3 版.北京:中华书局,2012:288-289。)在这里,郭象认为"仁"是人实施"兼爱"之后留下的能被人看到的有形迹象;"义"是人"成物"之后留下的可向人称道的功劳;但有所谓"仁""义"的迹象被人察觉,这不是最高的"仁"义";如果追求能被人察觉、称引的"仁""义",就忽略了"爱物""利物"纯是"大道"无心而为、自然而然。天地对万物的爱、成、利、养都是自然而然,不造作、不自以为功,以老子所说的"生之,畜之,长之,育之,亭之,毒之,养之,覆之"以及"太上,不知有之",最为接近。故郭象将"仁""义"视为需要忘掉的"功迹"。郭象对"礼乐"的注解,有些让人费解,其言:"礼者,形体之用,乐者,乐生之具。忘其具,未若忘其所以具也。"他似乎是认为"礼乐"是人之生存所需要、所依赖的用具,而之所以有"礼乐",是因为有"身体"的存在,也就是郭象所说的"所以迹"。

③ 如杨国荣先生认为,"礼乐、仁义表现为文明的社会规范及品格""构成了人存在的社会文化伦理背景""忘仁义、礼乐,意味着疏离社会文化背景,由文明的约束回归自然的形态""对庄子而言,消除社会文化背景的影响,还具有外在的性质,因此,仅仅'忘仁义''忘礼义',虽'可矣',但'犹未也'"。(参见杨国荣.庄子的思想世界 [M].北京:北京大学出版社,2006:112-113。)

（一）"仁义"为"是非"之代指

先秦时期，对"仁义""礼乐"关注最多的是儒家学者，而儒家又是庄子回应的最重要的对手之一。但正如前文所说的，不能因为庄子被后世归为"道家"，便以"道家"共旨反推庄子思想。同理，也不能将儒家所讲的"仁义""礼乐"，直接比附庄子思想。林希逸已言："盖庄子仁义二字只为爱恶。凡此字义，皆与圣贤不同。"① 我们虽不认同林希逸所说的庄子之"仁义""只为爱恶"，但其言庄子对"仁义""礼乐"的认识与儒家不同，无疑是正确的。因此，最妥帖的办法仍是回到庄子文本，来看庄子对"仁义""礼乐"的理解。在内七篇，庄子常将"仁义"与"是非"并言，如：

自我观之，仁义之端，是非之涂，樊然淆乱，吾恶能知其辩！（《庄子·齐物论》）

意而子见许由，许由曰："尧何以资汝？"意而子曰："尧谓我：汝必躬服仁义而明言是非。"许由曰："而奚来为轵？夫尧既已黥汝以仁义，而劓汝以是非矣。汝将何以游夫遥荡恣睢转徙之涂乎？"（《庄子·大宗师》）

在内七篇中，墨家思想没有得到具体的呈现②，它更多的是作为一个与儒家争论的指代符号，儒墨谁"是"谁"非"，并非庄子讨论的重点。因此，庄子提及"仁义"，也并非为了忠实地呈现儒家思想，而是将其作为争论"是非"者的指代。

《庄子·天下》总结庄子思想，其中有"不谴是非"一语，《说文解字》言"谴，谪问也"，成玄英亦释"谴，责也"③，意指庄子不责问是非，更确切地说是指庄子"无心"于是非，"忘"是非。明人孙月峰在注"坐忘"时说："忘仁义只是去是非，心忘礼乐，则全然不拘束矣。"④ 孙月峰没有从儒家对"仁义"的见解诠释庄子所谈之"仁义"，且注意到了在庄子笔下"仁义"是对"是非"的指代，这当然是正确的思路，但他又以"全然不拘束"

---

① 林希逸. 庄子鬳斋口义校注 [M]. 周启成，校注. 北京：中华书局，1997：123.

② 从《庄子·天下》"墨子虽独能任，奈天下何"等评价来看，庄子后学对墨家学说并非决然批判，而是充满了同情.

③ 郭庆藩. 庄子集释 [M]. 王孝鱼，点校. 3 版. 北京：中华书局，2012：1094.

④ 转引自宣颖. 南华经解 [M]. 曹础基，点校. 广州：广东人民出版社，2008：59.

释"忘礼乐"，则尚嫌不够透彻。① 王夫之言："先言仁义，后言礼乐者，礼乐用也，犹可寓之庸也，仁义则成乎心而有是非，过而悔，当而自得，人之所自以为君子而成其小者也。"② 王夫之用《庄子·齐物论》思想诠解"仁义""礼乐"颇有见地，以"成乎心而有是非"解"仁义"也把握住了庄子之旨，但其试图再以《庄子·齐物论》"为是不用而寓诸庸"解"礼乐"，认为庄子视"礼乐"比"仁义"有"用"，故而先"忘仁义"后"忘礼乐"，则是为比附自己"天下惟器"③ 的主张，不足为凭。值得注意的是孙月峰、王夫之均以"是非"解庄子之"仁义"，而且王夫之还点出了"坐忘"与《庄子·齐物论》的关系。在《庄子·齐物论》中，庄子确实对"儒墨之是非"有一段代表性的论述，其称：

　　故有儒墨之是非，以是其所非而非其所是。欲是其所非而非其所是，则莫若以明。

　　庄子指出儒墨两家均以己为"是"而对方为"非"，庄子在这里主张用"莫若以明"来解决儒墨的"是非"争论。后文尚有许多与此相类的表述，如：

　　物无非彼，物无非是。自彼则不见，自知则知之。故曰：彼出于是，是亦因彼。彼是方生之说也。虽然，方生方死，方死方生；方可方不可，方不可方可；因是因非，因非因是。是以圣人不由而照之于天，亦因是也。

　　是亦彼也，彼亦是也。彼亦一是非，此亦一是非，果且有彼是乎哉？果且无彼是乎哉？彼是莫得其偶，谓之道枢。枢始得其环中，以应无穷。是亦一无穷，非亦一无穷也。故曰：莫若以明。

　　名实未亏而喜怒为用，亦因是也。是以圣人和之以是非而休乎天钧，是之谓两行。

　　"是""非"还可以表述为"可"与"不可"、"然"与"不然"、"成"与"亏"、"成"与"无成"、"类"与"不类"，如：

　　可乎可，不可乎不可。道行之而成，物谓之而然。恶乎然？然于然。恶乎不然？不然于不然。物固有所然，物固有所可。无物不然，无物不可。故

---

　　① 孙月峰以"全然不拘束"释"忘礼乐"，很容易让人想起憨山大师所说的："言忘礼乐，则不拘拘于世俗也。"（参见释德清. 庄子内篇注 [M]. 黄署晖，点校. 上海：华东师范大学出版社，2009：137.）

　　② 王夫之. 老子衍·庄子通·庄子解 [M]. 王孝鱼，点校. 北京：中华书局，2009：143.

　　③ 王夫之. 周易外传 [M]. 北京：中华书局，2009：203.

为是举莛与楹，厉与西施，恢诡谲怪，道通为一。

果且有成与亏乎哉？果且无成与亏乎哉……若是而可谓成乎，虽我亦成也；若是而不可谓成乎，物与我无成也。是故滑疑之耀，圣人之所图也。为是不用而寓诸庸，此之谓"以明"。

今且有言于此，不知其与是类乎？其与是不类乎？类与不类，相与为类，则与彼无以异矣。

从以上所引可以看到，庄子在《庄子·齐物论》不断地变换表达方式来探讨"是"与"非"的问题①，但如果庄子对于"是"与"非"的怀疑、批

① 以上部分均出自《庄子·齐物论》，可以看到这些内容都是在反复地讨论"是""非"的问题，也有如"以明""寓诸庸"等语重出，那么为什么会如此呢？这个问题放开来讲实际上是《庄子》成书的问题，集中到《庄子·齐物论》一篇，则是《庄子·齐物论》究竟是否是一篇结构严谨、层次分明、逻辑条理清晰的完整篇章。学者多以为《庄子·齐物论》首尾呼应、行文安排巧妙，如林希逸言："此篇立名，主于齐物论，末后却撰出两个譬喻，如此其文绝奇，其义又奥妙，人能悟此，则又何是非之可争！即所谓死生无变于己，而况利害之端之意。首尾照应，若断而复连，若相因而不相续，全是一片文字。笔势如此起伏，读得透彻，自有无穷之味。"（参见林希逸. 庄子鬳斋口义校注[M]. 周启成，校注. 北京：中华书局，1997：45.）林赞庄行文之奇、运思之妙，虽常有浮夸之嫌，但其言《庄子·齐物论》首尾照应，却也与古今学者相契。如陈静教授也称《庄子·齐物论》"无论从思路上看还是从文气上看，都是一篇相当完整的论文"（参陈静. "吾丧我"——《庄子·齐物论》解读[J]. 哲学研究，2001（5）.）. 不过，也有学者认为《庄子·齐物论》"形式上没有严格的逻辑结构，很多段落的意思也相对独立""阅读的时候从任何地方开始，似乎都无问题"（参见陈少明.《齐物论》及其影响[M]. 北京：北京大学出版社，2004：26.）. 陈少明教授将《庄子·齐物论》总结为齐是非、齐万物、齐物我三义，三义在《庄子·齐物论》篇章交错出现，故而陈少明教授主张《庄子·齐物论》"不能单纯按行文顺序分析，而是要学会循环往复阅读"，"对文本的思想内容做逻辑的重构". 罗安宪教授则批评陈少明教授以《庄子·齐物论》"文字、结构本无次序可言的观点，只是对其义理文路的不明晓"，"《齐物论》一文是有着严格的逻辑次序的"，"《齐物论》以南郭子綦'吾丧我'始，而以庄子化蝶为终。始与终不仅首尾照应，而且化蝶正是'吾丧我'的真实写照"."《齐物论》由'吾丧我'开始，进而言及丧什么、如何丧、丧我之后如何"。参见罗安宪. 庄子"吾丧我"义解[J]. 哲学研究，2013（6）. 笔者认为，《庄子·齐物论》虽有屩杂之段落，如《释文》"'夫道未始有封'崔云，《齐物》七章，此连上章，而班固说在外篇"（参见郭庆藩. 庄子集释[M]. 王孝鱼，点校. 3版. 北京：中华书局，2012：90.），张恒寿先生便认为，"六合之外，圣人存而不论""六合之内，圣人论而不议。春秋经世，先王之志，圣人议而不辩"等语是"调和儒、道思想的议论"（参见张恒寿. 庄子新探[M]. 武汉：湖北人民出版社，1983：53.），但从"吾丧我""庄周梦蝶"前后照应来看，确实也经过了审慎的安排，有着自身的逻辑结构，然而这些逻辑结构究竟是庄本人的，还是后辈弟子编撰的，则难以确知。如以上笔者所引内容，则更类似于各种讨论"是""非"问题的语段串联，林希逸所说的"若断而复连"已有此见。故而笔者认为，我们今日所看到的《庄子·齐物论》在整体篇章上有一定的逻辑结构，篇章由数个核心论题组成、层层推进，最终完成"吾丧我"与"化蝶"的全文照应，但每一个核心论题内部的具体展开则并不完全层次分明，也就是说组成核心论题的各段文字，很可能是庄子与后学对核心论题的片段式讨论，最后因为是讨论同样的问题，而连缀在一起。

判仅仅停留于此，则庄子无以被誉为伟大的思想家。诚如谢阳举先生所言："庄子哲学最大的贡献首先就在于奠立了一种深刻怀疑的方法，这是打破教条、转向重建的基础"，"怀疑外界事物，怀疑确定的知识之可能，怀疑有是非标准，怀疑自我认知能力本身，该怀疑的在这里都摆上了哲学的试验台。"①

（二）"礼乐"为"同是"之代指

在批判儒、墨执着于"是""非"之争后，庄子进一步怀疑、进一步反思追问：为什么会有"是""非"之争，"是""非"是如何产生的？

啮缺问乎王倪曰："子知物之所同是乎？"曰："吾恶乎知之！""子知子之所不知邪？"曰："吾恶乎知之！""然则物无知邪？"曰："吾恶乎知之！虽然，尝试言之。庸讵知吾所谓知之非不知邪？庸讵知吾所谓不知之非知邪？且吾尝试问乎女：民湿寝则腰疾偏死，鳅然乎哉？木处则惴栗恂惧，猨猴然乎哉？三者孰知正处？民食刍豢，麋鹿食荐，蝍蛆甘带，鸱鸦耆鼠，四者孰知正味？猿猵狙以为雌，麋与鹿交，鳅与鱼游。毛嫱丽姬，人之所美也；鱼见之深入，鸟见之高飞，麋鹿见之决骤。四者孰知天下之正色哉？自我观之，仁义之端，是非之涂，樊然淆乱，吾恶能知其辩！"

"同是"并非"是非"之"是"。"是非"之"是"，是指评价行为中的具体决断，而"同是"则指作为评价体系的标准，是具体决断的依据，也就是王倪所说的"正处""正味""正色"之"正"。"同是"与"正"是庄子对"是非"之争的进一步追问，庄子由"是非"之争，进而反思事事物物是否能以一个完全同一的标准去评判。古有儒墨之"是非"，今有中西之"是非"。当我们争论"是非"时，已经建立起了一个绝对正确的评价标准，但这个标准真的存在吗？在上文所引中，庄子不囿于一家一派的对话，而是遍寻世间，跨越族裔、种群，乃至升天入水，"悬置自我中心的感觉论"，"悬置了人类中心的感觉论"②，连问"正处""正味""正色"皆不可得，既体现了庄子深刻的怀疑精神，也展现了真正的非人类中心视野。

---

① 谢阳举. 老庄道家与环境哲学的会通研究［M］. 北京：科学出版社，2014：85.
② 谢阳举. 道家哲学之研究［M］. 西安：陕西人民出版社，2003：197.

相较于庄子对于"同是",对于是否存在一个放之四海而皆一的评价标准的怀疑,儒家的评价标准则具体展现为"礼乐"。翻开儒家典籍,"非礼也"可以说是出现最为频繁的评价用语①。这一点在《庄子》内篇中也得到了体现,其言:

子桑户、孟子反、子琴张三人相与友,曰:"孰能相与于无相与,相为于无相为?孰能登天游雾,挠挑无极,相忘以生,无所终穷?"三人相视而笑,莫逆于心,遂相与友。莫然有间而子桑户死,未葬。孔子闻之,使子贡往侍事焉。或编曲,或鼓琴,相和而歌曰:"嗟来桑户乎!嗟来桑户乎!而已反其真,而我犹为人猗!"子贡趋而进曰:"敢问临尸而歌,礼乎?"二人相视而笑曰:"是恶知礼意!"(《庄子·大宗师》)

子桑户死,孟子反、子琴张"或编曲,或鼓琴,相和而歌"。与之形成鲜明对比的是孔子,"子食于有丧者之侧,未尝饱也。子于是日哭,则不歌"(《论语·述而》)。孟子反、子琴张"临"子桑户之尸而歌而笑,是至交之间的默契。而子贡所遵守的则是儒家"临丧不笑""望柩不歌""居丧不言乐"(《礼记·曲礼下》)的"礼乐"制度。② 历代注解多以此处是庄子强调"死生"不过是"气"之聚散,体现庄子对生死的达观态度。③ 这种理解当然没有错,但忽略了庄子之所以在这里用"游乎天地之一气"来打破人们对于"生死"的标准看法,实际上是基于他对儒家将"礼乐"固化为一套评价标准的反思。人多以为庄子此处全为寓言,但实际上,庄子所讲的"或编曲,或鼓琴,相和而歌"一事,或有所本。

---

① 如"非礼勿视,非礼勿听,非礼勿言,非礼勿动"(《论语·颜渊》);"尔车,非礼也"(《左传·襄公十年》);"二名,非礼也"(《公羊传·定公六年》);"送女逾竟,非礼也"(《谷梁传·桓公三年》);"大夫之私觌,非礼也"(《礼记·郊特牲》)。

② 《礼记·檀弓》载:"祥而缟,是月禫,徙月乐。"指在"大祥"和"禫祭"祭祀之后,三年之丧的凶礼结束,"徙月乐"即下个月准许举行吉礼用"乐"。虽然郑玄、王肃对"大祥"之后是同月还是隔月举行"禫祭"有所争议,但均认可在"大祥""禫祭"的丧礼相关祭祀结束后,才准许用"乐",也就是说依照儒家的理想礼制,整个丧礼期间是不允许用"乐"的。

③ 郭象注:"若疣之自悬,赘之自附,此气之时聚,非所乐也。若痈之自决,痬之自溃,此气之自散,非所惜也。死生代谢,未始有极,与之俱往,则无往不可,故不知胜负之所在也。"(参见郭庆藩. 庄子集释 [M]. 王孝鱼,点校. 第3版. 北京:中华书局,2012:275.)

"编曲"历来有二解，或以"曲"为"薄席"，或以"曲"为"歌曲"。① 史载"勃以织薄曲为生，常为人吹箫给丧事"，司马贞《索隐》言："勃本以织蚕薄为生业也。"②《说文解字》云："茁，蚕薄也。"《说文解字注》称："《幽风》，《毛传》曰：'豫畜萑苇，可以为曲也。'《月令·季春》：'具曲植筥筐。'注曰：'曲，薄也。'《方言》：'薄，宋、魏、陈、楚、江、淮之间谓之茁，或谓之曲，自关而西谓之薄，南楚谓之蓬薄。'案曲与茁同，曲部云，或说曲，蚕薄也。是许兼用此二形。"③ 依段之意，曲、薄相通，曲是"萑苇"编织的器具，但并不专指养蚕之器具。④

从庄子所说孟子反二人在丧事"编曲""鼓琴""和歌"，周勃以"织薄曲"为生且在丧事上吹奏乐器来看，"编曲""织薄曲"也应与丧事相关，盖如王闿运所言："编曲，以藁葬也。"⑤《后汉书·马援传》载，马援生前武功卓越，极受恩宠，死后被人上奏诋毁，妻儿惧怕，"不敢以丧还旧茔，裁买城西数亩地槀葬而已"，注曰："槀，草也。以不归旧茔，时权葬，故称槀"⑥。"槀葬"与"藁葬"同，注为"权葬"，草草埋葬之意，后世也多沿用此意。

需要说明的是，"权葬"、草草埋葬等意，是由以"藁"葬人之本义延伸而来。"藁"是一种茎直立中空的草本植物，可编织成席，《荀子·正名》有："屋室、庐庾、葭藁蓐、尚机筵，而可以养形。"杨倞言："庐，草屋也。庾，屋如廪庾者。葭，芦也。以庐庾为屋室，葭藁为席蓐，皆贫贱人之所居也。"⑦ 贫贱之人不只生时用"萑苇""葭藁"等编织的席褥，死时也是用这些芦苇编织的薄席下葬。马援之"槀葬"自然并非如此寒酸，而是借用此意。

---

① 参见崔大华. 庄子歧解 [M]. 郑州：中州古籍出版社，1988：257 – 258.

② 司马迁. 史记·卷五十七·绛侯周勃世家 [M]. 北京：中华书局，1982：2065.

③ 许慎. 说文解字注 [M]. 段玉裁，注. 上海：上海古籍出版社，1981：44.

④ "萑苇"是"两种芦类植物：蒹长成后为萑，葭长成后为苇"。（参见汉语大词典编纂处. 汉语大词典 [M]. 上海：上海辞书出版社，2007：12961.）

⑤ 转引自崔大华. 庄子歧解 [M]. 郑州：中州古籍出版社，1988：257.

⑥ 范晔. 后汉书·卷二十四·马援列传 [M]. 北京：中华书局，1965：846.

⑦ 王念孙更正曰："'屋室'盖'局室'之误，'庐庾'盖'芦廉'之误"，"局室，谓促狭之室。"以上皆转引自王先谦. 荀子集解 [M]. 北京：中华书局，1988：432. "屋室、庐庾、葭藁蓐、尚机筵"，是指局促的屋室，芦编的门帘，藁织的褥席，破旧的几桌（"尚"为"牐"之误，通"敝"），（参见楼宇烈. 荀子新注 [M]. 北京：中华书局，2018：471 – 472.）

周勃从事的生计活动，或即今日所说之丧葬业，为穷苦人家编织下葬之薄席用具，兼且以吹奏箫的方式襄助丧乐挽歌。① 关于挽歌的起源，吴承学先生推断，先秦已有"作为送葬歌曲的挽歌"，只是"比较原始而随意"，在先秦儒家所制定的礼制中"丧和歌是相冲突的"，而之所以如此，盖因儒家典籍所载的礼制"是儒家的理想礼制"，"与民间风气或许不同，各地的习俗也未必完全一致"，"先秦时代儒家的礼制并没有普遍的规范性"，"《论语》说孔子'于是日哭，则不歌'，这种记载反而说明孔子所处时代存在'有丧而歌'的现象，孔子的行为保存古礼而与世俗差别很大，因此显得特殊才有必要特别记载下来"②。吴承学先生之说可从。

根据以上推断，孟子反、子琴张"编曲"，或指二人为朋友编织下葬的薄席，以薄席下葬与儒家礼乐制度所规定的繁复的绞衾、棺椁使用情况形成了鲜明对比③。也就是说，庄子所讲的在丧礼上鼓琴、和歌并非全属寓言，而是

---

① 针对周勃"常为人吹箫给丧事"，"《集解》如淳曰：'以乐丧家，若俳优。'瓒曰：'吹箫以乐丧宾，若乐人也。'《索隐》'《左传》'歌虞殡'，犹今挽歌类也。歌者或有箫管'。"（参见司马迁. 史记·绛侯周勃世家 [M]. 北京：中华书局，1959：2065.）西汉桓宽《盐铁论》对其时丧葬风气有所批评，其称："古者，邻有丧，舂不相杵，巷不歌谣。孔子食于有丧者之侧，未尝饱也。子于是日哭，则不歌。今俗因人之丧以求酒肉，幸与小坐而责辨，歌舞俳优，连笑伎戏。"（参见王利器. 盐铁论校注 [M]. 北京：中华书局，1992：353－354.）桓宽批评当时丧葬以酒肉宴请来宾，并有歌舞俳优，展现了作为理想的丧葬制度和现实情况的反差。联系到当下则更容易理解，我国现各地丧葬习俗差异极大，有些地方庄严肃穆，有些地方则载歌载舞，且均言不如此则为不孝。

② 吴承学. 汉魏六朝挽歌考论 [J]. 文学评论，2002（3）.

③ 按照儒家礼制，根据逝世者的不同身份，所用棺椁大小、材质、重数、装束均有不同规定，如《礼记·檀弓上》："天子之棺四重，水兕革棺被之，其厚三寸，柚棺一，梓棺二，四者皆周"；《礼记·丧大记》："君大棺八寸，属六寸，椑四寸；上大夫大棺八寸，属六寸；下大夫大棺六寸，属四寸；士棺六寸……君盖用漆，三衽三束。大夫盖用漆，二衽二束。士盖不用漆，二衽二束"；《庄子·天下》："天子棺椁七重，诸侯五重，大夫三重，士再重"；《荀子·礼论》："天子棺椁十（七）重，诸侯五重，大夫三重，士再重"。赵化成先生通过考古发现和文献对比，认为《庄子·天下》《荀子·礼论》所说的"'天子棺椁七重'应为'三椁四棺'，'诸侯五重'应为'二椁三棺'，'大夫三重'应为'一椁二棺'，'士再重'应为'一椁一棺'"（参见赵化成：《周代多重棺椁制度研究》，《国学研究》第5卷，北京大学出版社1998年版）。关于以服衾装殓，按儒家礼制有小敛、大敛之分，如《礼记·丧大记》："小敛于户内，大敛于阼。君以簟席，大夫以蒲席，士以苇席。小敛，布绞，缩者一、横者三。君锦衾，大夫缟衾，士缁衾，皆一。衣十有九称……大敛，布绞，缩者三，横者五，布衿二衾，君、大夫、士一也。"相关研究可参阅张闻捷. 从墓葬考古看楚汉文化的传承 [J]. 厦门大学学报，2015（2）.

有民间"礼乐"制度为原型。① 当时底层民众在生活中实际实践的"丧"礼制度，不仅不禁"乐"，更不会耗巨资采买棺椁。正是因为庄子了解乃至亲身经历的是与儒家理想礼制全然不同的丧"礼"标准，才促使庄子思考是否有一套放之四海而皆准的"礼乐"规范，进而将其理论化为对作为评价标准的"同是"的怀疑。

总结以上，前辈学者在注解"坐忘"寓言时，虽已注意到从丧礼所代表的"礼乐"制度来理解庄子对"礼乐"的态度，但过于强调"礼乐"作为一种规范对人的束缚，继而将"忘仁义""忘礼乐"的先后次第理解为是按照修养难易程度排列，而忽视了庄子的认识论理路。② 笔者认为"坐忘"寓言的"忘仁义""忘礼乐"的先后次第，与庄子在《齐物论》中由批判"是非"，再推至批判"同是"的认识逻辑是一致的。

庄子将自己由怀疑"是""非"，进而通过对"是""非""并行对照、不断衍推"以"掌握'道枢'"的方法，称为"两行"。"两行"即庄子的认识方法，或称逻辑原理，而"道枢""以明"即"两行"所要达到的认识目

---

① 有研究者认为汉初黄老思想的盛行影响了汉代民间的丧葬音乐形态（参见李宏峰. 汉代丧仪音乐中礼、俗关系的演变与发展［D］. 北京：中国艺术研究院，2004：7－10.），但很可能情况正好相反，不是黄老思想影响了民间丧葬习俗，而是民间流行的丧葬制度影响了庄子。

② 如刘武言："仁义之施由乎我，礼乐之行拘于世。由乎我者，忘之无与人事；拘于世者，忘之必骇俗情。是以孟孙之达，且进世知；孟、琴之歌，遂来面诮。此回所以先忘仁义而后忘礼乐，盖先易而后难也。"（参见王先谦. 庄子集解·庄子集解内篇补正［M］. 刘武，补正. 沈啸寰，点校. 2 版. 北京：中华书局，2012：574－575.）刘武提及的"孟孙之达"，也是《庄子·大宗师》寓言，寓言同样借助孔子与弟子颜回的问答展开。颜回见孟孙才有善处丧之名，但无处丧之情状而怪之，与子贡责孟孙反、子琴张在丧礼上临尸而歌，所采用的是同一套"礼乐"准则。而较早以修养难易来理解"忘仁义""忘礼乐"先后次第的是南宋道士褚伯秀，其言："仁义本乎心，心致虚则忘之易。礼乐由习习，习既久，则忘之难。"（参见褚伯秀. 南华真经义海纂微［M］. 方勇，点校. 北京：中华书局，2018：296.）褚伯秀认为庄子之所以设置"仁义"在先、"礼乐"在后，是以修行"忘"的难易程度排列的。褚伯秀的解释或与其道士身份有关。作为一名道士，他有修行入定的实践经验，故称"心致虚则忘之易"。褚伯秀所言"习既久"的"习"，似不能简单地理解为"习俗"，而应理解为"习气"，这与褚伯秀生活在南宋理学笼罩的思想氛围下有关。

的，或称"标准"。① "两行"的认识方法和"道枢""以明"的认识目的，合而言之，即庄子的认识论，② "坐忘"寓言的"忘仁义""忘礼乐"即在"两行"认识方法的指导下达到"道枢""以明"等认识目的的具体实践。需要说明的是，"仁义""礼乐"所指代的"是非""同是"，在《庄子·齐物论》尚有更进一层的形而上的追溯，即在"未始有物"一段，二者分别对应"未始有物"一段中的"有是非""有封"，此内容将于后文再述。

第二节 "隳肢体、黜聪明，离形去知"解

前文将"坐忘"寓言的"忘仁义""忘礼乐"的次第问题，归结为庄子对于"是非""同是"的怀疑，也就是从《庄子·齐物论》的认识论进路思考"坐忘"寓言。按照"坐忘"寓言的推进，下文将对"隳肢体，黜聪明，离形去知"作出解释。

一、"隳肢体、黜聪明"与"离形去知"的关系

在分判"隳肢体、黜聪明"与"离形去知"的关系之前，有必要考察学术史上对此部分内容认识的分歧。郭象将"隳肢体，黜聪明，离形去知"解

---

① "整个《庄子》是以怀疑为逻辑起点和思想方法的，可以说庄子思想反过来说实际上是怀疑的产物。庄子是借助怀疑达到不疑，通过'两行'建立不可怀疑的'大道'的开放哲学……庄子不仅打破了独断论，而且走向了一种特殊的自然化认识论的道路，这就是确立了'道枢'和'莫若以明'的标准"；"《庄子·齐物论》对是非的反思有内在逻辑结构，这就是'两行'。它是理解'齐物论'的黄金钥匙。庄子提出的逻辑理由合乎开放的、动态的、多元的认识论，也是合乎世界存在和价值特性的"；"'两行'亦即'因是因非，因非因是'，即并行对照、不断推衍，这是掌握'道枢'，即道的枢纽"；"庄子的'两行'，是怀疑和瓦解非此即彼的两极判断之争的逻辑原理，也是庄子维护大道和自然的至上性，保存世界的丰富性、动态性的根本认识论机制。《庄子·齐物论》本质上也是要百家走出门派之争，踏上逻辑化和认识论化的道路。"（参见谢阳举. 老庄道家与环境哲学的会通研究［M］. 北京：科学出版社，2014：87，92，92，93.）笔者对"两行""道枢"的认识即秉于谢阳举先生。

② 郑开教授认为"莫若以明"的"这种'明'乃是真正的洞见，庄子又称之为'真知'"，庄子"所谓'真知'未必是客观知识（或即物理知识），而是诉诸主体内在精神体验的主客混合的知识，也就是说，'真知'从本质上说乃是精神境界的呈现"，"以'神明'为内在特征的道家知识论也是一种独具特色的理论样式"，"它一方面将感性素材和知性范畴摒弃在外，另一方面又把直觉、灵感和精神体验囊括在内"。（参见郑开. 道家形而上学研究［M］. 北京：中国人民大学出版社，2018：160－161；郑开. 道家著作中的"视觉语词"例释［J］. 思想与文化，2016（1）.）

释为："内不觉其一身，外不识有天地。"① 依郭义，"肢体""形"是"内""身"的指代，"聪明""知"是"外""天地"的指代。特别需要注意的是，郭象并未视"黜聪明""去知"是对"内"对"心"的修养，而是指对外部世界的认识。② 不过，后世注解未遵郭象，而是多依成玄英，学者多以为此处成玄英疏与郭象注义同，实际上并非如此。成玄英疏曰：

> 虽聪属于耳，明关于目，而聪明之用，本乎心灵。既悟一身非有，万境皆空，故能毁废四肢百体，屏黜聪明心智者也。

> 外则离析于形体，一一虚假，此解堕肢体也。内则除去心识，怳然无知，此解黜聪明也。既而枯木死灰，冥同大道，如此之益，谓之坐忘也。③

成玄英之解，有两个特点：第一，将"堕肢体"与"离形"视为同义，"黜聪明"与"去知"视为同义；第二，以"肢体""形"为虚假之"境""外"，以"聪明""知"为"心识"、为内。就成解之第一点而言，郭象之解虽较为简略，但依郭义，应与成解无异，后世学者也多对此表示赞同。④ 而就成解之第二点而言，看似仍以"内""外"作解，实与上文所述郭象之解正相反，前所说后世多遵成解，即指成以"肢体""形"为外，而以"聪明""知"为内。⑤ 成玄英之解受佛教解"空"影响，以"身"为外，析外境无有自性，一一虚假，实为"空"，以"心"为内，为主体的认识之能，亦应泯

---

① 郭庆藩. 庄子集释 [M]. 王孝鱼，点校. 3版. 北京：中华书局，2012：290.

② 憨山之解近于郭象。憨山亦视"肢体""形"为"身""我"，将"聪明""知"为"知见"，"言身知俱泯，物我两忘"。（参见释德清. 庄子内篇注 [M]. 黄曙晖，点校. 上海：华东师范大学出版社，2009：137.）

③ 郭庆藩. 庄子集释 [M]. 王孝鱼，点校. 3版. 北京：中华书局，2012：290. 崔宜明在认可"离形去知"与"堕肢体，黜聪明"所指一致的基础上，进一步言："关于坐忘的内涵，堕肢体即离形，即'坐'，黜聪明即去知，即'忘'"，恐非是。（参见崔宜明. 生存与智慧 [M]. 上海：上海人民出版社，1996：135.）

④ 《庄子·在宥》有"堕尔形体，吐尔聪明"一说。另，同成玄英之解者，如林希逸："离形，堕枝体也；去知，黜聪明也"（林希逸. 庄子鬳斋口义校注 [M]. 周启成，校注. 北京：中华书局，1997：123.）；赵以夫："堕肢体，离形也。黜聪明，去智也"（褚伯秀. 南华真经义海纂微 [M]. 方勇，点校. 北京：中华书局，2018：296.）；林云铭、宣颖之解亦持此论。视二者有区别的，则有宋人林自，其言"盖堕黜犹出乎勉强，离去则自然矣"（褚伯秀. 南华真经义海纂微 [M]. 方勇，点校. 北京：中华书局，2018：296.）。林自将"离形去知"视为较"堕肢体，黜聪明"更进一层的境界，似是根据之前"忘仁义""忘礼乐"的次第递升的逻辑而来的，并无可靠的证据。

⑤ 陈鼓应先生讲"离形去知"是"求破除身心内外的束缚"，与成玄英之解相类。参见陈鼓应. 《庄子》内篇的心学（下）——开放的心灵与审美的心境 [J]. 哲学研究，2009（3）.

除，则可证"空"。这种完全以佛教"空"义理解庄子之"忘"，自然有不妥之处。

从表面来看，郭、成二人所理解的"坐忘"之所以不同，是因为二人对"知"的理解不同。早在先秦时期荀子对"知"的用法已有注意，其言"知之在人者谓之知，知有所合谓之智"（《荀子·正名篇》）。荀子所谓"知之在人者谓之知"，即人生来固有的认识能力叫作"知"；"知有所合谓之智"，即通过认知能力而认识到的客观知识为"智"；荀子对"知"的分判与我们今日的通常用法似正相反。郭将"知"理解为"知道"之"知"，即了解、知晓之意，在庄文中，"唯达者知通为一"（《庄子·齐物论》）之"知"，即此用法；成将"知"理解为"智慧"之"智"，"智"为"知"之后起字，二者在古籍中常混用①，在庄文中，"三子之知几乎皆其盛者也"（《庄子·齐物论》）之"知"，即作"智慧"之"智"理解。可见郭、成两人对"知"的理解在《庄子》内篇中都可以找到文本支撑。

但实际上，郭、成二人对"坐忘"理解不同的根本原因在于，二人对最高人格理想的认识和追求不同。郭象推崇的是既能逍遥自得（"内圣"），又能应务治世（"外王"）的圣人，体现了其融贯儒道的意图，而"坐忘"正是圣人"内圣外王"最高境界，其以"肢体""形"为"内"，以"聪明""知"为"外"，也并非要舍弃"内""外"，而是要将此"内""外"统一起来。而成玄英所追求的则是超脱于世、离于世的"神人"，外在指向的政治理想在成玄英这里并不重要，其出世的一面与其以佛教之"空"解"坐忘"一致，故其以"心"为"内"，以"肢体"为外，最终要舍弃"肢体"所代表的外部世界，以"心""冥同大道"。

近代学者多以"肢体""形"为"形躯"，"聪明""知"为"认知"，亦即"身""心"为内、外两分，这种解释合于历代注疏，意较简明。但需要强调是庄子虽也常以内、外言身、心关系，但从未将"身""心"视为对立，在庄子思想里没有为"舍生取义"留下空间。也有学者认为"'堕肢体''离

---

① "智"作"智慧"解，"四时能变谓之智"（《管子》），"智，性也"（《韩非子·显学》），"智者，心之府也"（《淮南子·俶真》）；"智"作"知道"解，"狗犬不智其名也"（《墨子·经说下》）；"智"作"知识"解，"知有所合谓之智"（《荀子·正名》）。

形'，实指的是摆脱由生理而来的欲望。'黜聪明''去知'，实指的是摆脱普通所谓的知识活动"①。但我们认为以"欲望"作解，应是受老子讲"无欲"的影响，而实际上《庄子》内篇中甚少涉及"欲望"。张岱年先生已注意到"《庄子·内篇》未多论欲，在庄子看来，欲实在不成问题……生死且无容心，更何有于欲？欲根本不值得注意"②。除此之外，杨国荣先生从感性、理性角度发挥，也很有代表性，"'形'与身相关，主要从感性的层面表征人的存在，'知'则涉及人的理性能力与理性之知"③。不过，笔者以为感性与理性的严格区分，是西方哲学走出中世纪教会哲学阴霾之后的哲学发展，以这样明显带有西方近代哲学色彩的概念来诠解庄子"坐忘"，似仍有可商榷之处。

如前文所说，在庄文中，"丧""外""遗"等与"忘"等同，具体到此处，则"隳""离""黜""去"均是"忘"义。笔者赞同前贤将"隳肢体"与"离形"、"黜聪明"与"去知"联系起来，且庄文以"聪明"对应"知"，则"知"应指今之所谓"智慧"之"智"④，而非认识、了解之"知"。不过，笔者要强调的是，放在整个《庄子》文本，"隳肢体"与"离形"、"黜聪明"与"去知"可以完全等同。但具体到"坐忘"寓言的语境中，"隳肢体、黜聪明"与"离形去知"因语序不同，所强调的内容也有所不同，前者侧重描述修养方法，后者侧重描述修养有成时所自然呈现的身心状态，即境界，而且这种"境界"，是包含"同于大通"的，即具体到"隳肢体，黜聪明，离形去知，同于大通"一句，"隳肢体、黜聪明"为修养方法，"离形去知、同于大通"为修养境界。

在《庄子》文本中，与"隳肢体、黜聪明""离形去知"意思完全相同的表述还有很多，如《齐物论》"吾丧我"寓言的"形固可使如槁木，而心

---

① 徐复观. 中国艺术精神·石涛之一研究 [M]. 北京：九州出版社，2014：81.

② 张岱. 中国哲学大纲 [M]. 北京：中华书局，2017：572.

③ "所谓'堕肢体，黜聪明'表达的也是同一意思：肢体涉及形，'聪''明'则分别与耳目的感官能力相联系。对庄子而言，消除社会文化背景的影响，还具有外在的性质，因此，仅仅'忘仁义''忘礼义'，虽'可矣'，但'犹未也'；以'堕肢体，黜聪明，离形去知'为内容的'坐忘'，则由消除外在的影响，进一步地回到个体自身，从感性（形）与理性（知）等方面净化个体存在，使之'同于大通'。"参见杨国荣. 庄子的思想世界 [M]. 北京：北京大学出版社，2006：112-113.

④ "典案：《文选·鵩鸟赋》注、《御览》四百九十、叶大庆《考古质疑》引'知'作'智'。"（参见刘文典. 庄子补正 [M]. 北京：中华书局，2015：229.）

固可使如死灰乎",《应帝王》壶子"湿灰""杜德机""块然独以其形立";《在宥》"堕尔形体,吐尔聪明,伦与物忘,大同乎涬溟""解心释神,莫然无魂",《达生》"吾处身也,若厥株拘;吾执臂也,若槁木之枝""望之似木鸡矣",《徐无鬼》"形固可使若槁骸,心固可使若死灰乎",《田子方》"形体掘若槁木,似遗物离人而立于独也"等,这些内容在后世常被总结为"槁木死灰""枯木死灰"。如果脱离"坐忘"寓言具体语境,单独用庄子所讲的"隳肢体""黜聪明""离形""去知""槁木死灰"等的任意一个内容,则可独立成义,均作境界语,义同"隳体黜聪、同于大通",或"离形去知、同于大通",或"吾丧我"所讲的"槁木死灰"者闻"天籁"。"坐忘"寓言的"隳体黜聪""离形去知"与"大通","吾丧我"寓言的"槁木死灰"与"天籁",不是 a 或 b 的关系,而是 a 且 b 的关系,只有这种并列的关系,才是庄子之"吾丧我""坐忘",若不如此,则流于后世所说的"枯木禅"①。

二、"一受其成形"的痛苦

《庄子·在宥》有"堕尔形体"的说法,结合"隳肢体""离形"可以看到"形"似可作为追溯的线索。在《庄子·齐物论》"吾丧我"寓言中,庄子将"丧我"之"我"分为"一受其成形"的"成形"和"夫随其成心而师之"的"成心"两方面。历代对"成心"的解说众多,而对"成形"关注较少,一般直接解为禀受得生,一生碌碌,不知何所求,也不知何往归者,而未再作深究。实际上,"成形"之"形"在庄子思想当中有更深刻的含义,与《养生主》《人间世》《德充符》思想皆有密切关联。其言:

一受其成形,不化以待尽。与物相刃相靡,其行尽如驰,而莫之能止,不亦悲乎!终身役役而不见其成功,苶然疲役而不知其所归,可不哀邪!人谓之不死,奚益!(《庄子·齐物论》)

忽然受禀成人,"不化"则只能等待生命的终结,性情在人间世事中快速消磨,不能停止,悲凉啊!生而为人,却一生为人事所役,了无作为,身心俱疲却不知归于何处,哀伤啊!这样生存下去,即便生命还未消亡,又有什

---

① 参见本书第四章。

么意义呢？在《庄子·齐物论》中，庄子追溯人为世事所役的源头，在于有"成形"，生而为人"无所逃于天地之间"，又有"命"之"不可解于心"者羁绊，最终无所作为，身心俱疲。而能将困于世间之"形"解救出来的办法，或许只有"日徂"（与"不化"正相反）。①

《庄子》中，《养生主》"庖丁解牛"一篇，"以无厚入有间，恢恢乎其于游刃必有余地矣"，体现了庄子对"人"在"世"生存的美好向往。但紧接着的《人间世》《德充符》等篇，却充分展示了"人"在"世"生存的难。②

"一受其成形"，阶层地位已有高下。为民者，或因国君独断，不怜民生，而死如草芥，堆满大泽③，或因国君间的意气之争，相互攻伐，致使生灵涂炭④，或因自己行差踏错，而身遭刑罚，再无改正的机会⑤，或因不愿委身权贵，而受饥贫冻馁的困厄。⑥ 外篇、杂篇虽未必是庄子原作，但涉及对人世艰难的描述，同样具有参考价值。《庄子·在宥》篇借老聃之口，几近声嘶力竭地喊出："今世殊死者相枕也，桁杨者相推也，刑戮者相望也。"被以各种各样罪名处死的人堆积如山，手脚戴着镣铐者比肩继踵，受过刑罚者满目皆是；《庄子·至乐》篇庄子见到路边的髑髅，曰："夫子贪生失理而为此乎？将子有亡国之事、斧钺之诛而为此乎？将子有不善之行，愧遗父母妻子之丑而为此乎？将子有冻馁之患而为此乎？将子之春秋故及此乎？"庄子与髑髅的寓言

---

① "日徂"，即与日俱化之意，语出《田子方》。孔子教导颜回时讲："吾一受其成形，而不化以待尽。效物而动，日夜无隙，而不知其所终。薰然其成形，知命不能规乎其前，丘以是日徂……"此段内容与上文所引《庄子·齐物论》"一受其成形，不化以待尽"内容密切相关。在《庄子·则阳》有"蘧伯玉行年六十而六十化"，《庄子·寓言》有"孔子行年六十而六十化"的说法，皆与《庄子·田子方》之"日徂"同义。《庄子·齐物论》《庄子·田子方》虽都有"一受其成形，不化以待尽"一句，但两段内容所表达的中心思想却是相反的。《庄子·齐物论》是讲人不化则在世间逐渐消磨，《庄子·田子方》则是孔子对颜回说自己有感于人奔波于世间，而有所悟，于是"日徂"，即所谓"与时俱化"（《山木》）之意。

② 王博教授从《庄子·人间世》起论，将人居世间之种种难，作为庄子哲学生发的基础，视角独特，极具启发性。（参见王博. 庄子哲学 [M]. 第2版. 北京：北京大学出版社，2013.）

③ "回闻卫君，其年壮，其行独。轻用其国而不见其过。轻用民死，死者以国量乎泽若蕉，民其无如矣！"（《庄子·人间世》）

④ "昔者尧攻丛枝、胥、敖，禹攻有扈。国为虚厉，身为刑戮。"（《庄子·人间世》）

⑤ 《庄子·德充符》开篇便有三兀者，王骀、申徒嘉、叔山无趾。叔山无趾想要改正，还被孔子嘲笑："子不谨，前既犯患若是矣。虽今来，何及矣！"

⑥ 霖雨十日，子桑饥病（《庄子·大宗师》）；庄周家贫，贷粟于人（《庄子·外物》）；子列子有饥色，妻拊心而责（《庄子·让王》）；原宪居室环堵，上漏下湿（《庄子·让王》）；曾子三日不生火，捉襟复见肘（《庄子·让王》）。

故事，似乎笔调轻快，实际上庄子连问数句，看似漫不经心的揣测，却有半数归咎于死而非命，髑髅答死之有乐，反衬了人世存活之难。《庄子·盗跖》篇撰"盗跖从卒九千人，横行天下，侵暴诸侯。穴室枢户，驱人牛马，取人妇女。贪得忘亲，不顾父母兄弟，不祭先祖。所过之邑，大国守城，小国入保，万民苦之。"武力强大的盗匪足以侵凌诸侯，民众更是被随意蹂躏，生命财产总是处于危险当中。

　　一般的民众朝不保夕，靠近权势者亦未能免。叶公子高被王安排出使齐国，还未成行便已焦躁不安，恨不得吞冰水祛心火，自言事成与不成皆有患。① 后世所谓螳臂当车②、伴君如伴虎③等语皆是庄子用以形容与上位者同处的情状。最典型者如比干，修身抚民，却为纣王所杀④。

　　非但是人，物之在"世"，亦有夭折的风险。在物之中，庄子喜以"木"为喻，果蓏之木，因其有实受剥折⑤，坚直的柏桑，则不论粗细，总免不了斧斤的砍伐⑥。人与物的生命权似乎随时都会被剥夺，这就不怪庄子借楚狂人之口叹"德之衰"，叹"天下无道"，叹"方今之时，仅免刑焉！"⑦ 难道真的没有办法生存吗？在如此险恶的世间，"形"究竟应该如何保全？

---

① "吾食也执粗而不臧，爨无欲清之人。今吾朝受命而夕饮冰，我其内热与！吾未至乎事之情，而既有阴阳之患矣；事若不成，必有人道之患。"（《庄子·人间世》）

② "汝不知夫螳螂乎？怒其臂以当车辙，不知其不胜任也，是其才之美者也。戒之，慎之，积伐而美者以犯之，几矣！"（《庄子·人间世》）

③ "汝不知夫养虎者乎？不敢以生物与之，为其杀之之怒也；不敢以全物与之，为其决之之怒也。时其饥饱，达其怒心。虎之与人异类，而媚养己者，顺也；故其杀者，逆也。"（《庄子·人间世》）

④ "昔者桀杀关龙逢，纣杀王子比干，是皆修其身以下伛拊人之民，以下拂其上者也，故其君因其修以挤之"（《庄子·人间世》）；"昔者龙逢斩，比干剖，苌弘胣，子胥靡"（《庄子·胠箧》）；"今处昏上乱相之间而欲无惫，奚可得邪？此比干之见剖心，微也夫"（《庄子·山木》）；"外物不可必，故龙逢诛，比干戮，箕子狂，恶来死，桀、纣亡"（《庄子·外物》）；"世之所谓忠臣者，莫若王子比干、伍子胥。子胥沉江，比干剖心"（《盗庄子·跖》）；"比干剖心，子胥抉眼，忠之祸也"（《盗跖》）。

⑤ "夫楂梨橘柚，果蓏之属，实熟则剥，剥则辱；大枝折，小枝泄。此以其能苦其生者也，故不终其天年而中道夭，自掊击于世俗者也。物莫不若是。"（《庄子·人间世》）

⑥ "宋有荆氏者，宜楸柏桑。其拱把而上者，求狙猴之杙斩之；三围四围，求高名之丽者斩之；七围八围，贵人富商之家求樿傍者斩之。故未终其天年，而中道之夭于斧斤，此材之患也。"（《庄子·人间世》）

⑦ "孔子适楚，楚狂接舆游其门曰：'凤兮凤兮，何如德之衰也！来世不可待，往世不可追也。天下有道，圣人成焉；天下无道，圣人生焉。方今之时，仅免刑焉！福轻乎羽，莫之知载；祸重乎地，莫之知避。已乎已乎，临人以德！殆乎殆乎，画地而趋！迷阳迷阳，无伤吾行。吾行郤曲，无伤吾足！'"（《庄子·人间世》）

庄子言：

南伯子綦游乎商之丘，见大木焉有异，结驷千乘，隐将芘其所藾。子綦曰："此何木也哉？此必有异材夫！"仰而视其细枝，则拳曲而不可以为栋梁；俯而视其大根，则轴解而不可以为棺椁；舓其叶，则口烂而为伤；嗅之，则使人狂酲，三日而不已。子綦曰："此果不材之木也，以至于此其大也。嗟乎神人，以此不材。"（《庄子·人间世》）

子綦所见之"不材"大木，枝干蜷曲不能为栋梁，质地松软不能为棺椁，食之、嗅之皆有害于人，此不正是庄子"隳肢体"之喻？木之"不材"为"隳肢体"，人亦有毁身以"离形"。

支离疏者，颐隐于脐，肩高于顶，会撮指天，五管在上，两髀为胁。挫针治繲，足以糊口；鼓筴播精，足以食十人。上征武士，则支离攘臂而游于其间；上有大役，则支离以有常疾不受功；上与病者粟，则受三锺与十束薪。夫支离者其形者，犹足以养其身，终其天年，又况支离其德者乎！（《庄子·人间世》）

支离疏者，形体残缺，不能应征武士，免于兵害；身有常疾，不能服苦役，免于被压榨。

"不材"的大木与"离形"的支离疏，在一般人看来是"无用"。但前所述果蓏、柏桑等因"有用"，而遭到砍伐折辱，子綦所见之木却因"不材""无用"得以长成参天大树，进一步言之，则为匠人所见受人祭拜之"栎社树"①，此"大木"之"无用"是真的"无用"吗？同样地，"离形"毁身的支离疏，相较于因"有用"而被征召面临性命之危的武士、面临冻馁之患的劳役，却因"无用"而能够凭借缝衣补物、筛糠简米②"养其身，终其天年"。进一步言之，则为《庄子·德充符》讲到的兀者王骀、申徒嘉、叔山无趾、恶人哀骀它、闉跂支离无脤等不只"离形"，还是"支离其德者"（即

---

① "匠石之齐，至于曲辕，见栎社树。其大蔽数千牛，絜之百围，其高临山十仞而后有枝，其可以舟者旁十数。观者如市，匠伯不顾，遂行不辍。"（《庄子·人间世》）

② 有学者以支离疏身躯残疾的"畸人"形象，与人类学所总结的古今中外"巫"的特征相符，认为支离疏为当时民间底层巫者，"鼓筴播精"是为人占卜，属巫者本分。参见邓联合. 巫与《庄子》中的畸人、巧匠及特异功能者［J］. 中国哲学史，2011（2）.。不过，笔者认为，庄子与"巫"之间或存在某种体验的、文化的共性，但就"巫"这一身份、职业而言，庄子是持批评的态度，如《庄子·应帝王》壶子"破"神巫季咸，因此很难想象支离疏这个被庄子塑造为正面的形象，会去实践巫所掌握的占卜之术。而且若将"鼓筴播精"视为占卜，其与"挫针治繲"也不相称，若作筛糠简米则与缝补衣物同类，皆为衣食相关之小事，而且"鼓筴播精"后接"足以食十人"，正是说支离疏筛糠简米，可以供人食用，意较通顺。

"德不形者"①），能使鲁、卫国君，贤相子产、人师孔仲尼等在他们面前自惭形秽。② 那么，支离疏等人之"无用"是真的"无用"吗？

庄子叹曰："人皆知有用之用，而莫知无用之用也。"（《庄子·人间世》）木有散木、樗木、不材之木、无用之木，得享天年，长成参天巨木；人有散人、畸人、不材之人、无用之人，浮游于江海，逍遥于物外。而与以上"隳肢体""离形""无用"之木、之人相反的是被庄子批评为"天选子之形，子以坚白鸣"③ 的惠施。

三、"聪明"与"知"

惠施是战国名家的代表人物，其著作皆已散佚，幸得《庄子》载其言论、评其学术，才能使后世窥其情貌。在庄子的笔下，惠施最爱与人辩论，而与人辩论的前提，当然是自以为己之智慧、见解皆出人之上，即所谓"知也者争之器也"。惠施好以智炫人，最终却只能将自己搞得"形劳心倦"④、疲态尽显。与惠施一样被庄子称为"知"之"盛者"的还有擅长鼓琴的昭氏、耳聪善辨音的师旷，三人皆名重一时，皆以己有强于众人之处，而要在人前显耀，却不知他们强于众人的地方，并非人之生存所必须者，真正高明的人看不上他们。⑤ 在

---

① "今哀骀它未言而信，无功而亲，使人授己国，唯恐其不受也，是必才全而德不形者也。"（《庄子·德充符》）

② 《庄子·徐无鬼》中有一个故事，与此可以相互参照："南伯子綦隐几而坐，仰天而嘘。颜成子入见曰：'夫子，物之尤也。形固可使若槁骸，心固可使若死灰乎？'曰：'吾尝居山穴之中矣。当是时也，田禾一睹我，而齐国之众三贺之。我必先而，彼故知之；我必卖之，彼故鬻之。若我而不有之，彼恶得而知之？若我而不卖之，彼恶得而鬻之？嗟乎！我悲人之自丧者，吾又悲夫悲人者，吾又悲夫悲人之悲者，其后而日远矣！'"此"南伯子綦""颜成子"正是《庄子·齐物论》"吾丧我"寓言中的"南郭子綦"与"颜成子游"师徒，其所谓"槁骸""死灰"亦是《庄子·齐物论》"槁木""死灰"之重出。《庄子·齐物论》达到"槁木死灰"的方法是"吾丧我"，《庄子·徐无鬼》达到"槁骸死灰"的方法，是悲之又悲。庄子对沉沦人事而不得解脱者确怀悲悯之心，《庄子·徐无鬼》此处不过是将此意讲明。而此处的另一层意义在于，颜成子游所谓南伯子綦为"物之尤"，以及国民都为田禾能够见到南伯子綦而欣喜，都是在于南伯子綦之"有用"，也就是南伯子綦自谓"若我而不有之"之"有"，故此处南伯子綦之所以要达到"槁骸死灰"的身心状态，也正是经历了从"有用"化为"无用"。

③ 宣颖注曰："天于生物之中，选子为人形，本无不足之理。子乃以技能之情自衒，如坚白之论，妄自争鸣。"（参见宣颖. 南华经解 [M]. 曹础基，点校. 广州：广东人民出版社，2008：46.）

④ 成疏："行则倚树而吟咏，坐则隐几而谈说，是以形劳心倦，疲怠而瞑者也。"（郭庆藩. 庄子集释 [M]. 王孝鱼，点校. 3版. 北京：中华书局，2012：228.）

⑤ "有成与亏，故昭氏之鼓琴也；无成与亏，故昭氏之不鼓琴也。昭文之鼓琴也，师旷之枝策也，惠子之据梧也，三子之知几乎皆其盛者也，故载之末年。"（《庄子·齐物论》）

《庄子》外篇、杂篇里，师旷常常与离朱并称，二者是聪明的极致，师旷目盲耳聪，善辨音，离珠目明，能识"青黄黼黻之煌煌"①，而这些在庄子看来都是不合人性的小道，扰乱人心的机巧，亦即与"成形"相对的"成心"。

庄子所谓"黜聪明"，盖"塞瞽旷之耳""胶离朱之目"②。《庄子·天地》篇中，庄子借许由之口，言"聪明睿知"者不可为天下之主③，更有一则简短隽永的寓言亦表达此旨：

黄帝游乎赤水之北，登乎昆仑之丘而南望，还归，遗其玄珠。使知索之而不得，使离朱索之而不得，使喫诟索之而不得也。乃使象罔，象罔得之。黄帝曰："异哉！象罔乃可以得之乎？"（《天地》）

"玄珠"可喻天下，可喻"道"，可喻"真"；"知"则"知识"之知；"离朱"喻"聪明"，即"智"也；"喫诟"即敏捷迅疾④；"象罔"，无形无

----

① "是故骈于明者，乱五色，淫文章，青黄黼黻之煌煌非乎？而离朱是已！多于聪者，乱五声，淫六律，金石丝竹黄钟大吕之声非乎？而师旷是已！"（《庄子·骈拇》）

② "擢乱六律，铄绝竽瑟，塞瞽旷之耳，而天下始人含其聪矣；灭文章，散五采，胶离朱之目，而天下始人含其明矣。"（《庄子·胠箧》）

③ "尧之师曰许由，许由之师曰啮缺，啮缺之师曰王倪，王倪之师曰被衣。尧问于许由曰：'啮缺可以配天乎？吾藉王倪以要之。'许由曰：'殆哉，圾乎天下！啮缺之为人也，聪明睿知，给数以敏，其性过人，而又乃以人受天。彼审乎禁过，而不知过之所由生。与之配天乎？彼且乘人而无天。方且本身而异形，方且尊知而火驰，方且为绪使，方且为物絯，方且四顾而物应，方且应众宜，方且与物化而未始有恒。夫何足以配天乎！虽然，有族有祖，可以为众父而不可以为众父父。治，乱之率也，北面之祸也，南面之贼也。'"（《庄子·天地》）

④ "喫诟"，司马彪言"多力也"，成玄英言"言辨也"（郭庆藩．庄子集释［M］．王孝鱼，点校．3版．北京：中华书局，2012：420．），皆非。刘文典言："《淮南子·人间》篇'故黄帝亡其玄珠，使离朱、捷剟索之，而弗能得之也'，许注：捷剟，疾利搏，善拾于物。《修务》篇'离朱之明，攫剟之捷'，高注：攫剟，亦黄帝时捷疾者也。《庄子》此文之'喫诟'，疑是'捷剟''攫剟'之声转，皆疾利、捷疾之意。"（参见刘文典．庄子补正［M］．北京：中华书局，2015：336．）笔者赞同刘文典先生的观点，"喫诟"应指敏捷迅疾，"象罔得珠"下文紧接着是尧问许由"啮缺可以配天乎"一事，许由回答"啮缺之为人也，聪明睿知，给数以敏"，"聪明睿知"正对应上文"象罔得珠"的"知""离朱"，"给数以敏"对应"喫诟"而言。"给"，成疏"给，捷也，敏，速也"（参见郭庆藩．庄子集释［M］．王孝鱼，点校．3版．北京：中华书局，2012：422．）；"数"，《尔雅·释诂》："数，迅疾也"；《礼记·曾子问》："不知其已之迟数，则岂如行哉"，郑玄注："数读为速"（参见礼记正义［M］．郑玄，注．孔颖达，疏．北京：北京大学出版社，2000：717．）；《韩非子·难二》："简子投枹曰：'乌乎！吾之士数弊也'"，陈奇猷言，"《吕氏春秋·贵直篇》'数弊'作'遬弊'，高注云：'遬，犹化也。遬弊，言变化弊恶。'案此文数当即'遬'之同音通假字。《说文》遬乃速之籀文，则遬、速同字。《史记·屈原贾生传》：'淹数之度兮'，《集解》引徐广曰：'数，速也'，是数为速借字之证。速弊，谓弊之快速。高说非"（参见韩非子新校注［M］．陈奇猷，校注．上海：上海古籍出版社，2000：890．）。以上可见"给数以敏"的"给""数""敏"都是敏捷、迅疾的意思。

象，"无心之谓"①。"道"以"知识"求不可得，以"聪明"求不可得，以敏捷迅疾求更不可得，唯有以"无心"，即以"忘"寻才可得。②

前已言"去知"之"知"应解为"智慧"之智，但庄子在这里所讲的"智慧"并不是哲学、宗教上常讲的先天本有"灵识""灵慧"，而是基于经验化"知识"的"智慧"。这种专门、专家"智慧"用于指导人的生产活动，则展现为"能""技艺"等。③ 昭氏鼓琴、师旷识音、惠施言辩，都属于这种"智慧""技艺"，陈鼓应先生将"三子之知，几乎皆其盛者也"，翻译为"他们三个人的技艺，几乎都算得上登峰造极的了"④，极为准确。

庄子"黜聪明""去知"便是针对的这种超出常人之"智"的"成心"，庄子所说的"滑疑之耀，圣人之所图（鄙）也"⑤，即认为掌握这些"智慧"

---

① 成疏："困象，无心之谓。"（参见郭庆藩. 庄子集释［M］. 王孝鱼，点校. 3版. 北京：中华书局，2012：415.）

② 成疏："勖诸学生，故可以不离形去智，黜聪隳体也。"参见郭庆藩. 庄子集释［M］. 王孝鱼，点校. 3版. 北京：中华书局，2012：415.

③ 或可称为"科学知识"，张茂泽先生言："科学知识是一种对象性、专门性、现象性的知识，是可以静止观察、重复观察的知识，是可以技术化的知识。"（参见张茂泽. 论德性之知［J］. 孔子研究，2019（6）.）

④ 陈鼓应. 庄子今注今译［M］. 2版. 北京：中华书局，2009：77.

⑤ "滑疑之耀，圣人之所图也"，此句有两解，一贬义，一褒义。持褒义者，认为"滑疑之耀"是指韬光，为圣人所希图者，如憨山"滑疑之耀者，乃韬晦和光，即老子昏昏闷闷之意，谓和光同尘、不衒己见之意，言光而不耀，乃圣人所图也"（释德清. 庄子内篇注［M］. 黄曙晖，点校. 上海：华东师范大学出版社，2009：41.）。持贬义者，或认为是使人心"乱"与"迷惑"，如王先谦言"虽乱道，而足以眩耀世人"（王先谦. 庄子集解·庄子集解内篇补正［M］. 刘武，补正. 沈啸寰，点校. 2版. 北京：中华书局，2012：30.），"滑疑"被破读，分为两义，似不妥，或以为"滑疑"为"滑稽"，可取。不过，需要说明的是，"滑疑"应为"滑稽"之本，而后才逐渐引申出指言语、动作诙谐有趣之意。《史记·滑稽列传》："淳于髡者，齐人赘婿也。长不满七尺，滑稽多辩。"司马贞索隐解题曰："按：滑，乱也；稽，同也。言辩捷之人言非若是，说是若非，言能乱异同也。"（见司马迁. 史记·滑稽列传［M］. 北京：中华书局，1959：3197.）"滑"应为"汩"之借字，才有"乱"之意，如林云铭言"滑，汩。"（参见林云铭. 庄子因［M］. 张京华，点校. 上海：华东师范大学出版社，2011：19.）《礼记·坊记》："夫礼者，所以章疑别微。"孔颖达疏："疑谓是非不决。"（参见礼记正义［M］. 郑玄，注. 孔颖达，疏. 北京：北京大学出版社，2000：1639.）与此相关的有"稽疑"，在先秦或指用占卜决疑，如"次七曰明用稽疑"（《尚书·洪范》）；或指考察疑事，如"故正名稽疑，刑杀亟近，则内定矣"（《管子·君臣下》）。以上可以看到不管是否通过占卜，"稽疑"都是"决断是非"之意，而"滑疑"与"稽疑"正相反，或即针对"稽疑"而成词，指"乱是非"，此义合于惠施名辩之学的特征，"滑疑"与"滑稽"或都针对"稽疑"，而并非"稽"为"疑"声转。"图"，旧写作"圖"，"啚"为其异体字，而"啚"又是"鄙"之异体字，不必如闻一多言"'鄙'古祇作'啚'，校者误为'图'字，遂改为'图'耳"（闻一多. 庄子内篇校释［M］//无求备斋庄子集成续编：第42册. 台北：艺文印书馆，1974：12.），又有以"啚"为"啬"，爱啬，省啬之义，似非。

的人，向人炫耀他们的"智慧"，扰乱了人对常理的认识，因此真正高明的圣人看不上他们。庄子主张"为是不用"，不用这些超出常人之"智"，去除"成心"，即前所说"隳肢体""离形"之"无用"①，"为是不用而寓诸庸"，即将"寓诸庸"视为"无用"的归宿，或"无用"之达成。"此之谓'以明'"，即"寓诸庸"是作为认知标准——"以明"的实践结果。

庄文中，"寓诸庸"凡两见，均在《庄子·齐物论》篇。第一处在"唯达者知通为一，为是不用而寓诸庸"，第二处即此处所引"为是不用而寓诸庸，此之谓'以明'"，两处"寓诸庸"之义无差，但历代对"庸"的认识却不一致，或作"用"，或作"常也，众也"。②

作"用"者，《说文解字》"庸，用也"，郭象言"夫达者无滞于一方，故忽然自忘，而寄当于自用"③，"使群异各安其所安，众人不失其所是，则己不用于物，而万物之用用矣。物皆自用，则孰是孰非哉！故虽放荡之变，屈奇之异，曲而从之，寄之自用，则用虽万殊，历然自明"④。郭象将"庸"释为"自用"，与郭象本人"独化"说，万物各有其性、各得其所的"适性"说相应。徐复观认为《庄子·秋水》"以功观之"的"功"即《庄子·齐物论》之"庸"，"以功用观之"，即"寓诸庸"。⑤徐复观的见解实与郭象所谓"自用"相同，都是主张物自有"性分"，自有"所是"，应"物任其性，事称其能，各当其分"⑥。

但《庄子·秋水》"以功观之"并非"北海若"的最终见地，在此之上

①"为是不用"为"无用"，整句话的意思是"将不用（或曰无用）寄寓于用之中，就是'以明'。"参见吴根友. 庄子《齐物论》"莫若以明"合解 [J]. 哲学研究，2013 (5). 严灵峰则云："下文：'喜怒为用。'即用己见，故此云：'为是不用，'彼此文义相应，于此可见。"（参见严灵峰. 道家四子新编 [M]. 台北：台湾商务印书馆，1968.）笔者认为"名实未亏而喜怒为用，亦因是也"，是指狙公"因是"，而"众狙"之喜怒皆为狙公所用。"用"与"无用"是从正反两面来讲，以"人"为"狙公"，则"人"遵循"天钧""两行"以用"物"；以"人"为"众狙"，则"人"遵循"天钧""两行"以"无用"应对"狙公"（喻"君主"）。

② 崔大华. 庄子歧解 [M]. 郑州：中州古籍出版社，1988：69–70.

③ 郭庆藩. 庄子集释 [M]. 王孝鱼，点校. 3版. 北京：中华书局，2012：78.

④ 郭庆藩. 庄子集释 [M]. 王孝鱼，点校. 3版. 北京：中华书局，2012：84.

⑤ 徐复观. 中国人性论史 [M]. 上海：华东师范大学出版社，2005：246.

⑥ 郭象《逍遥游》篇名解题，郭庆藩. 庄子集释 [M]. 王孝鱼，点校. 3版. 北京：中华书局，2012：1.

还有"以道观之",而"寓诸庸"与"知通为一""以明"相应,显然已经是庄子针对"物论"的收关之见,故而"寓诸庸"一语,本书不取"用"之解①,而取"常""众"解②,义取"平常","谓不自用而从乎众也"③。林云铭言:"不用,不用己是也;寓诸庸者,因人之是也。"④ 宣颖云:"去私见而同于寻常。"⑤"寓诸庸",即在现世生活中将"无用"的思想贯彻到底,自觉地成为"庸人"。

后世常将庄子的"无用"说视为弃世隐逸,如朱熹便批评庄子"老子犹要做事在。庄子都不要做了,又却说道他会做,只是不肯做。"⑥ 但这实是忽略了前文所说的在"世"之难,针对此点庄子还常用"不得已"和"命"的表达。有学者认为庄子的"不得已""就其作为人生在世的无可奈何性而言,它展现了人之生存所必然面对的先在境遇,即'命'"⑦。笔者对此深表赞同,正是"命"之"不得已"促使庄子选择了"无用",而这种"无用""不是

---

① "唯达者知通为一,为是不用而寓诸庸"后原有"庸也者,用也,用也者,通也,通也者得也,适得而几矣"二十字,严灵峰先生说"上云:'不用',而下文却云:'用也者通也。'显有矛盾。疑此数句,原系前人为'用'字作注(笔者注:疑应是为'庸'字作注),而混入正文者。又:本篇前章(笔者注:应为后章):'为是不用,而寓诸庸;此之谓以明。'正无此二十字,兹删去。又:疑'用'字乃'由'字之讹;前章:'是以圣人不由,而照之于天;亦因是也。'与此'为是不用,而寓诸庸;因是已。'句法一律。但作'用'说亦可通。"(参见严灵峰. 道家四子新编 [M]. 台北:台湾商务印书馆,1968:536.)

② 《尔雅·释诂》:"典、彝、法、则、刑、范、矩、庸、恒、律、戛、职、秩,常也。"

③ 崔大华. 庄子歧解 [M]. 郑州:中州古籍出版社,1988:70.

④ 林云铭. 庄子因 [M]. 张京华,点校. 上海:华东师范大学出版社,2011:17.

⑤ 宣颖. 南华经解 [M]. 曹础基,点校. 广州:广东人民出版社,2008:16. 另,"去私智而同于寻常"(宣颖. 南华经解 [M]. 曹础基,点校. 广州:广东人民出版社,2008:18.)。宣颖因两处"寓诸庸"的不同语境,而将"为是不用"分别注为"去私见""去私智"可谓严谨。王先谦云:"为是不用己见而寓诸寻常之理"(王先谦. 庄子集解·庄子集解内篇补正 [M]. 刘武,补正. 沈啸寰,点校. 2版. 北京:中华书局,2012:27.),"为是不用己智,而寓诸寻常之理"(《王先谦. 庄子集解·庄子集解内篇补正 [M]. 刘武,补正. 沈啸寰,点校. 2版. 北京:中华书局,2012:30.),两处分别注为"不用己见""不用己智",应本于宣颖。

⑥ 黎靖德. 朱子语类 [M]. 王星贤,注解. 北京:中华书局,1986:2989.

⑦ 陈徽. 庄子的"不得已"之说及其思想的入世性 [J]. 复旦学报(社会科学版),2019(3). 同时,笔者认为《庄子·山木》篇所讲的"材与不材之间""一龙一蛇,与时俱化",应是庄子后学对庄子"无用"思想的"翻新"、再发展,这种"翻新"、再发展或也基于后学对庄子"不得已"思想的再认识。

没用，没用是真的没用，因此也无法为世所用，不用则是能用而不用"①，更确切地说是不为"世"所用，其目的是确立"内在价值观"，"在理论上捍卫存在和价值的统一"②，否定以"人"为工具的工具价值论③。

总结以上，庄子对在"世"之难及"命"之"不得已"的认识，是"隳肢体、黜聪明"的修养前提，这种认识也是"以明"的体现，换言之，"隳肢体、黜聪明"修养是在"以明"的认识论指导下进行的，其修养目的即"寓诸庸"，也就是"无用"之"庸人"的存在方式，这种"庸人"的存在方式又具体呈现为"离形去知""槁木死灰"的身心状态（修养境界）。不过，正如前文已言，庄子的"无用"是以捍卫人的内在价值为目的，其所要成为的"庸人"既不是弃世隐逸者，更不是后世佛教传入后的修"枯木禅"者，庄子所说的"离形去知"者必"同于大通"，"槁木死灰"者可得闻"天籁"。

还需要略微补充的是，同前文所说"仁义""礼乐"所指代的"是非""同是"，在《庄子·齐物论》尚有更进一层的形而上学追溯，"隳肢体、黜聪明""离形去知"也同样如此，即在"未始有物"一段，它们对应的是"有物"。此方面内容亦将于后文再述。

第三节　"同于大通"与"化则无常"

"坐忘"寓言解至此处，其所言"忘仁义""忘礼乐""槁木死灰""隳

---

① 王博教授认为，对"寓诸庸"最好的也是最简单的解释，恐怕就是有意识地给自己戴上庸人的面具。如同老子说的'圣人被褐而怀玉'。一个聪明人，却把自己装扮得和庸人一样，这和老子说的'大智若愚'或许有相通之处。不过在老子那里，那是君道的一环。在庄子这里，则是一种生存技巧，在'寓诸庸'的状态下，你可以不引人注目地生活。虽然没有光芒，但危险也离你远去。这是一种'自埋于民，自藏于畔'式的生活，庄子自觉地选择了'不用'——在《齐物论》中，它总是和'寓诸庸'联系在一起的。不用不是没用，没用是真的没用，因此也无法为世所用，不用则是能用而不用。儒家不是讲学而优则仕吗，这里则是学而优则不仕。即使会鼓琴也不做昭文，会辨音也不做师旷。"（参见王博．庄子哲学［M］．2版．北京：北京大学出版社，2013：113－114．）笔者此段虽有借于王博教授，但王博教授似主张庄子有"弃世隐逸"的倾向，而笔者认为这是庄子对工具价值论的批判，并以此为基础自觉选择了对日常生活的回归。

② 谢阳举．老庄道家与环境哲学的会通研究［M］．北京：科学出版社，2014：96．谢阳举先生言，庄子的"'无用之用'，以捍卫存在为前提，本质上是以内在价值为逻辑预设的"，其"实质在于捍卫人的目的性乃至自然的目的性"。

③ 在庄子这里，设立了"仁义""礼乐"作为评价标准的儒家，便是工具价值论的代表。

体黜聪""离形去知",仍以《庄子·天下》总结得最好,即"不敖倪于万物,不谴是非,以与世俗处",其后所言"独与天地精神往来""上与造物者游"在"坐忘"寓言亦有体现,其关节便在"同于大通"。

一、何谓"大通"

"通"字,甲骨文作"𢓊",徐中舒先生言:"从辵从用(用),或从彳从用,用为声符。金文从甬作𢓊,用甬古音同,故从用从甬无别。"[①]疑非,从古音上讲"甬""用"无别,而从义上讲,二者完全不相干。在"通"字中,"甬"非全然是声符,亦是义符。"通",《说文解字》言:"达也";"达",《说文解字》言:"行不相遇也";"遇",《说文解字》言:"逢也","行不相遇",即行无相逢、无所逢,无逢则无阻,即"达"为路无窒碍,行之畅通之义。《说文解字注》称:"按达之训行不相遇也。通正相反,经传中通达同训者,正乱亦训治,徂亦训存之理。"[②]疑非,"通"与"达"本义并非相反,"达"为行无阻碍,"通"亦有此义,故二者可互训。"甬",《说文解字》仅言"草木华甬甬然也",《说文解字注》则称:"小徐曰:甬之言涌也,若水涌出也……按凡从甬声之字皆兴起之意。"[③]段注可从。"甬"与"兴起"有关,用在草木,则形容草木从绿葱葱的芽体到蓓蕾期的含苞待放、再到花团锦簇的兴盛涌现;用在水,即"涌",指水由下而上不断流出。"通"之"甬"旁,便借了"涌"字义,喻人行如水流,无有可挡者,亦即行无窒碍。[④]

"通"之"行无窒碍"义,运用在认识上,即指认识透彻。还有"道",《说文解字》言:"所行道";"通"又原指"行",则"道"与"通"字义相关,"通"可视为"道"的进一步规定。具体到"坐忘"寓言的"大通","大",表示程度深,"大通"即"通"之极,代指本体意义上的"道"。"同

---

①　徐中舒. 甲骨文字典 [M]. 成都:四川辞书出版社,1989:154.

②　许慎. 说文解字注 [M]. 段玉裁,注. 上海:上海古籍出版社,1981:71-72.

③　许慎. 说文解字注 [M]. 段玉裁,注. 上海:上海古籍出版社,1981:317.

④　以此来看,"通"与"清"义本有相近之处,一从"道"引申,一从近"道"之"水"引申,都有通透、彻底的意思,又皆可形容人的认识能力、认识状态。

于大通"即得"道"，历代对此没有争议。

庄子对"道"有"通"这一属性，在《庄子·齐物论》发挥最多。如"道通为一"，此前学者或重"一"，或重"道"。针对这两点，商戈令教授指出侧重"道通为一"之"一"，"可能导致以道体统一万物的观念。作为共相的一或作为本体的道（真君、真宰等）一旦确立，人们便会将各自所认之一坚执为放之四海而皆准的唯一真理，以及万物赖以存在的同一本质。而这种独断论的形而上学传统，正是庄子所反对的"①；重"道"者，将庄子"误解为一般形而上学的道体论"，也有违庄子原意，且有将"通"视为手段、工具的嫌疑。② 笔者同意商教授之见，"通与道连，不再是单纯的动词，而是用作名词或形容词，作为对道的描述、界定或定义。道通，即道是通的，或道者通也"。庄子的"通"，是对"差别的肯定（使其自己），或对异同的超越（道未始有封）的开放境界，就是通"，"通一便是道，不是通成一（共相），而是通的一（道）"。③

不过，商教授认为"通是道的基本状态和境界"，"环中"，"便是通的状态和境界"，尚有需要说明的地方。笔者认为，"通"是"道"的特征、属性之一，而并非"通"等同于"道"，我们只能尽可能地去描摹"道"，老子已言："吾不知其名，字之曰道，强为之名曰大"，"大""通"都只是从"道"所具有的某一特征、属性进行描摹，包括"道"这一"名"，亦是就不可言说者的特征、属性所进行的描摹，生而为"人"的局限性，已经先天地规定了"人"只能通过"道"所显现的特征、属性来认识、把握"道"，而不能直面"道"之全。故说"通""是道的基本状态和境界"并不严谨，且"境界"本就是指"人"通过修养之后所自然呈现的状态，语涉重复，可直言"通"是"得道者"的"境界"。

---

① 杨国荣先生认为庄子有独断论的倾向，即从"一"来讲，其言："对统一、一致的这种强调，似乎已表现出某种独断论的趋向。确实，就其预设并认同无是非之分的终极认识形态而言，与其说庄子陷于相对主义的哲学系统，不如说它更接近于在观念上追求一统的独断论。"（参见杨国荣. 庄子的思想世界 [M]. 北京：北京大学出版社，2006：77.）
② 商戈令."道通为一"新解 [J]. 哲学研究，2004（7）.
③ 商戈令."道通为一"新解 [J]. 哲学研究，2004（7）.

换言之，本体之"道"所具有并显现出"通"性，是一切围绕"通"的认识、体验、实践的本体论保证。"人"可以通过认识"道"显现出的"通"性来认识"道"，认识"世界"，也可以通过一定的体验直接感受、领会"道"所具有的"通"性①，认识和体验是两种不同把握"道"的路径，在庄子这里则称为"真知"和"真人"。② 本体的"道"，不能用语言文字描摹形容，但人类对于最高存在的追求、渴望，使人类总是在尽力用语言文字来歌咏、记述关于"道"的认识。庄子一方面讲"道""可传而不可受，可得而不可见"（《庄子·大宗师》），即"可心传而不可口授"③，"可传""可得"指可通过个人之体验感受到，"不可受""不可见"指通过一般知识的传授不可得"道"，见"道"；一方面庄子又反思自己得"道"之过程，"闻诸副墨之子，副墨之子闻诸洛诵之孙，洛诵之孙闻之瞻明，瞻明闻之聂许，聂许闻之需役，需役闻之于讴，于讴闻之玄冥，玄冥闻之参寥，参寥闻之疑始"④，即庄子认识"道"，也是通过了"副墨""洛诵"等语言文字。认识和体验的两种路径并非截然两分，二者并不能严格区分出先后，而是纠缠在一起，"交相养"（《庄子·缮性》），相互促进。

在知识的传授过程中，"人"将认识"通"与体验"通"结合而最终方法论化，当"人"可以通过这套总结出的方法论自觉主动地掌握"通"时，

---

① 庄子"心斋"寓言所讲的"夫徇耳目内通而外于心知，鬼神将来舍"，即指体验"通"。钱钟书先生着重讲了文学诗文中的"通感"写作手法，也点明"把各种感觉打成一片、混作一团的神秘经验，我们的道家和佛家常讲"（钱钟书. 七缀集［M］. 北京：三联书店，2002：72－73）。这种佛道教的"通感"，"西方神秘宗亦言'契合'"（钱钟书. 管锥编：第二册［M］. 北京：三联书店，2001：136－140.）。郑开教授也将"通感"视为道家形而上智慧的内在特征之一（郑开. 道家形而上学研究［M］. 北京：中国人民大学出版社，2018：186－190.）。

② 李晨阳教授认为"道通为一"是讲"形而上"，"复通为一"讲以"气"为本的存在论，"知通为一"，是讲"认识论或者实践论"，"三种'通为一'就构成了一个相互联系的整体，形成了庄子思想中一个完整的、有层次的思想体系"。李晨阳. 庄子"道通为一"新探［J］. 哲学研究，2013（2）. 这种观点似未注意到"通"之一字已蕴含了以上几个层次，而"道""复""知"只是对"通"作限定和解释。

③ 崔大华. 庄子歧解［M］. 郑州：中州古籍出版社，1988：241.

④ 《庄子·大宗师》女偊的这段回答可以视为庄子版的"夫子自道"。此段内容有不同的读法，若以学之于人，则是通过文字，诵读，有见，心得，勤行，歌咏，玄冥之远，虚空之高，终于对所学之怀疑。若以己之体道，则始于怀疑，悟于高远玄冥，有所得则歌咏，勤行于实践，应之于心，了然透彻，则可传授于人，记载成册。正反两个次第，并非截然对立，学于人、证于己的认识、体验过程本就是不断交替促进的。

"人"必然、自然地呈现出一种与"通"相关的身心状态，"人"此时也被称为"得道者"。这套总结了认识和体验的方法论，即修养方法。此时"人"身上显现出的"通"的状态，即所谓修养境界；修养方法和修养境界，又可统称为"修养论"。回到"坐忘"寓言，"忘礼乐""忘仁义"依循"两行"逻辑原理把握"环中"，即认识"通"，"堕肢体、黜聪明""离形去知""槁木死灰""丧我"，即体验"通"。

二、"同则无好，化则无常"

对于"坐忘"寓言的"同则无好，化则无常"，笔者尚未有言，历代学者虽将诠解的重心放在"化"上，可偏差颇多。现存最早对"同则无好，化则无常"的解释，似可追溯至《淮南子》，它对此句的改动，也透露了编撰者的理解。其言：

仲尼遽然曰："何谓坐忘？"颜回曰："堕肢体，黜聪明，离形去知，洞于化通，是谓坐忘。"仲尼曰："洞则无善也，化则无常矣。而夫子荐贤，丘请从之后。"

"同于大通"，《淮南子》改为"洞于化通"，"无好"改为"无善"。"洞"乃"同"之借字，"好"与"善"义同，前文已言《淮南子》对所引用内容，以义同之他字替换是《淮南子》常例。但"大通"改为"化通"，则存在问题。如奚侗便以《淮南子》为据，言："'同于大通'，大字当是化之误。下文'同则无好也，化则无常也'，即分释此句。"① 王叔岷先生已对奚侗之说做过纠正；"'化通'当从《庄子》作'大通'，大之作化，盖涉下文'化则无常也'而误。下文化字即承此'大通'而言，大通故化也。奚说正相反。"② 成玄英疏此处为"既同于大道，则无是非好恶；冥于变化，故不执滞守常也。"③ 成玄英以"大通"为"大道"，故按成义，"同则无好"总结上文"同于大通"，"化则无常"则自成文义。宣颖说"同字化字，乃所云

① 转引自王叔岷. 庄子校诠 [M]. 北京：中华书局，2007：268.
② 王叔岷. 庄子校诠 [M]. 北京：中华书局，2007：268.
③ 郭庆藩. 庄子集释 [M]. 王孝鱼，点校. 3版. 北京：中华书局，2012：291.

大通也。同字是横说大通，化字是纵说大通"①，以宣颖之言，则"同""化"皆是总结上文，且皆指"大通"。

笔者以为，"同则无好，化则无常"虽与"同于大通"有关，但并非仅指"同于大通"。此二句是孔子评价颜回"坐忘""同于大通"，即评价颜回这"同于大通"者，"颜回"才是此二句的主语。"同于大通"的"同"不是"视万物为同一"②，而是指"人"同一于、合于"大通"，即合于"道"；"无好"不是无好恶于物，而是除"大通"之外，别无偏向。③"无好"是解释"同于大通"之"同"，而非从"同于大通"之"通"义上延伸出了"无好"。"同则无好"，强调的是"人"与"大通"绝对同一，而非有"好（偏向）"有差异的"一"。王叔岷先生言"有好则不同"④，似亦有此见。"化则无常"亦是说"人"，"同于大通"者"化则无常"。成玄英解为"冥于变化"，是说人合于"变化"，钟泰言"与化为一"⑤，陈鼓应言"参与变化"⑥，似都将"化"视为"某种客观力量"⑦。而笔者以为，"化"则无常，是指人"转化"而不再困囿于"成心""成形"，即人之提升。⑧《庄子·齐物论》讲

① 宣颖. 南华经解［M］. 曹础基，点校. 广州：广东人民出版社，2008：59.

② 崔大华. 庄子歧解［M］. 郑州：中州古籍出版社，1988：275.

③ 郭象注为"无物不同，则未尝不适，未尝不适，何好何恶哉！"（郭庆藩. 庄子集释［M］. 王孝鱼，点校. 3版. 北京：中华书局，2012：291.）郭象将"同"视为与物同，其对物无好恶之情的说法，后世多有承袭，如成玄英言："同于大道，则无是非好恶"，陈鼓应解为"和同万物就没有偏好"（参见陈鼓应. 庄子今注今译［M］. 2版. 北京：中华书局，2009：227.）。

④ 王叔岷. 庄子校诠［M］. 北京：中华书局，2007：269.

⑤ 钟泰. 庄子发微［M］. 上海：上海古籍出版社，2002：164.

⑥ 陈鼓应. 庄子今注今译［M］. 2版. 北京：中华书局，2009：227.

⑦ 崔大华. 庄子歧解［M］. 郑州：中州古籍出版社，1988：275.

⑧ 林云铭之见，亦与此有相近之处，其言："同则虚无为体而不偏着，指同于大通言。化则形神俱妙而不拘滞，指离形去知言。"（参见林云铭. 庄子因［M］. 张京华，点校. 上海：华东师范大学出版社，2011：79.）当然，笔者并不认为"化"仅指"离形去知"。王叔岷先生言："大通故化也"（王叔岷. 庄子校诠［M］. 北京：中华书局，2007：268.），"化即大通，大通则不守故常"（王叔岷. 庄子校诠［M］. 北京：中华书局，2007：269.），似也指"人"能同于"大通"故能"化"。

"物化"，"物"有"人"义①，故《庄子·齐物论》的主旨亦与"人化"相关。《庄子·齐物论》以"槁木死灰"者可得闻"天籁"的"吾丧我"起，以庄周梦蝶、化蝶的"物化"终，似亦与"坐忘"寓言完全呼应。又，《庄子·在宥》载"云将东游"一章②，云将为自己成为民效仿的对象而不知所从，鸿蒙教导曰：

意！心养。汝徒处无为，而物自化。堕尔形体，吐尔聪明，伦与物忘，大同乎涬溟。解心释神，莫然无魂。

"心养"有"告之之辞"和"责之之辞"两种解法。以"告之之辞"则为"养心"，在此基础之上，则以"心养"为《人间世》"心斋"③，后文"堕尔形体，吐尔聪明，伦与物忘，大同乎涬溟"则是"坐忘"之翻版。多有研究者以"心养"之说为中介，将"心斋"与"坐忘"等同。以"责之之辞"，则为"心漾"，"与《诗·邶风·二子乘舟》言'中心养养'意同。毛传云：'养养然，忧不知所定。'朱子《集传》谓养养犹漾漾，则心养即心漾，非养心之谓也"④。笔者赞同前见，鸿蒙教导云将若能"心养""处无为，

---

① 如《左传·昭公十一年》："晋荀吴谓韩宣子曰：'不能救陈，又不能救蔡，物以无亲，晋之不能，亦可知也已！为盟主而不恤亡国，将焉用之？'"顾炎武言"物，人也"（转引自杨伯峻.春秋左传注 [M].北京：中华书局，2009：1325.）。王充在《论衡》中，反复申说"人，物也"，如"人，物也，受不变之形，形不可变更，年不可增减"（《无形篇》）；"夫人，物也，虽贵为王侯，性不异于物。物无不死，人安能仙？"（《道虚篇》）；"人，物也；物，亦物也。物死不为鬼，人死何故独能为鬼？"（《论死篇》）；"人，物也；子，亦物也"（《四讳篇》）；"人，物也，万物之中有知慧者也"（《辨祟篇》）。（以上参见黄晖.论衡校释 [M].北京：中华书局，1990：72，371，1015，1134，1174.）河上公注"天下神器"为"器，物也。人乃天下之神物也"（参见河上公.老子道德经河上公章句 [M].王卡，点校.北京：中华书局，1993：118.），与王充意相近。再如所谓"物议"，实即"人议"，"济物"实是说"济人"，后者如嵇康《与山巨源绝交书》："子文无欲卿相，而三登令尹，是乃君子思济物之意也。"（嵇康.嵇康集校注 [M].戴明扬，校注.北京：中华书局，2014：196.）又有用"何物"代指"何人"，如"帝问曰：'夏侯湛作《羊秉叙》绝可想。是卿何物？有后不？'"（《世说新语·言语》）；"卢志于众坐问陆士衡：'陆逊、陆抗，是君何物？'"（《世说新语·方正》）以上参见余嘉锡.世说新语笺疏 [M].周祖谟，余淑宜，整理.北京：中华书局，1983：124，299.

② 有学者指出《庄子·在宥》"云将东游"章，"天忘朕邪""吾遇天难""天将朕以德"之"天"均为"而"字之误，"'天、而'二字在上古时期声音不近，但形近常混"，"'而'字常通'尔'，正字为'爾'，尔义为汝。故'天忘朕邪'实为'尔忘朕邪'，'尔'为第三人称代词，指鸿蒙，文从字顺。"（参见李锐，王晋卿.据古文字读《庄子·在宥》"云将东游章"札记 [C]//古文字研究：第32辑.北京：中华书局，2018：633—636.）

③ 参见陈鼓应.庄子今注今译 [M].2版.北京：中华书局，2009：312.

④ 钟泰.庄子发微 [M].上海：上海古籍出版社，2002：235－236.

而物自化",即不炫己能,则可使民不跟从,万物自有其化生之道。"物自化"与《庄子·齐物论》"物化""坐忘""化则无常"似亦关系密切。"物自化",解为万物足以自我成长,无不可,但若视云将"心养""处无为",也是"自化",即云将自己如此亦是"化",则意更长。①

盖庄子之意,凡人皆有两化,一者"已化而生",为"不形之形",一者"又化而死",为"形之不形"②。《庄子·大宗师》已言此义:

俄而子来有病,喘喘然将死。其妻子环而泣之。子犁往问之,曰:"叱!避!无怛化!"倚其户与之语曰:"伟哉造化!又将奚以汝为?将奚以汝适?以汝为鼠肝乎?以汝为虫臂乎?"子来曰:"父母于子,东西南北,唯命之从。阴阳于人,不翅于父母。彼近吾死而我不听,我则悍矣,彼何罪焉?夫大块载我以形,劳我以生,佚我以老,息我以死。故善吾生者,乃所以善吾死也。今大冶铸金,金踊跃曰:'我且必为镆铘!'大冶必以为不祥之金。今一犯人之形,而曰:'人耳!人耳!'夫造化者必以为不祥之人。今一以天地为大炉,以造化为大冶,恶乎往而不可哉!"成然寐,蘧然觉。

子犁以等待"化"之到来形容子来之将死。而"化"之后,将何往?为"鼠肝"?为"虫臂"?乃至再化而为"人",对此,子犁采取因任的态度。《至乐》载"庄子妻死",用"气"替代了"化"③,义相近。受形生化,形去死化,由生到死之间,则有化有不化;不化者,"吾一受其成形,不化以待

---

① 《秋水》亦有"自化"之说,源于河伯与北海若的一番对话,河伯本自视甚高,被北海若一番教导后,茫然道:"然则我何为乎?何不为乎?吾辞受趣舍,吾终奈何?"北海若言,若从"道"的观点来看,不必谈什么"为"与"不为","大固将自化"。除指河伯不必困于为与不为,物自有生化之理外,亦是指河伯本身有待于"化"。

② "人生天地之间,若白驹之过隙,忽然而已。注然勃然,莫不出焉;油然漻然,莫不入焉。已化而生,又化而死。生物哀之,人类悲之。解其天韬,堕其天帙。纷乎宛乎,魂魄将往,乃身从之,乃大归乎!不形之形,形之不形,是人之所同知也,非将至之所务也,此众人之所同论也。彼至则不论,论则不至。明见无值,辩不若默。道不可闻,闻不若塞。此之谓大得。"(《庄子·知北游》)

③ "庄子妻死,惠子吊之,庄子则方箕踞鼓盆而歌。惠子曰:'与人居,长子老身,死不哭亦足矣,又鼓盆而歌,不亦甚乎!'庄子曰:'不然。是其始死也,我独何能无概然!察其始而本无生,非徒无生也而本无形,非徒无形也而本无气。杂乎芒芴之间,变而有气,气变而有形,形变而有生,今又变而之死,是相与为春秋冬夏四时行也。人且偃然寝于巨室,而我噭噭然随而哭之,自以为不通乎命,故止也。'"(《庄子·至乐》)

尽"；化者，则"行年六十而六十化"①，或称"与时俱化，而无肯专为"②。庄子也用夸张的寓言来形容这种"化"，如"化予之左臂以为鸡""化予之右臂以为弹""化予之尻以为轮"③。子来"成然寐，蘧然觉"，化为"鼠肝"，化为"虫臂"，庄子"俄然觉，则蘧蘧然周也"，自谓"蝶"化"周"，"周"化"蝶"。在文体写作上来看，显然庄子化蝶更为浪漫，实际上两则寓言所表达的思想核心并无差别，皆指向整体存在状态的"化"。又有《庄子·应帝王》倒数第二个寓言讲：

列子自以为未始学而归，三年不出，为其妻爨，食豕如食人。于事无与亲，雕琢复朴，块然独以其形立。纷而封哉，一以是终。

列子从学壶子，却被能预测人之生死祸福的神巫季咸所吸引。壶子知道后，让列子带季咸来见他。季咸第一次见壶子近乎死相，第二次见壶子有生相，第三次季咸站未定而逃，盖壶子是得道者，能随其心意示相于人。列子自以为所学无成而归家，三年不出，为妻子生火做饭，喂养牲畜。所谓"于事无与亲"即"无心"与事，"块然"即土块，与"隳体黜聪""离形去知""槁木死灰"所指相同。④列子在纷纭的世间，最终如"庸人"一般度过一生。若如列子一般的"庸人"，在有"大志"者看来，或斥其无用，而在天灾人祸横行的战国，或许能如"庸人"一样度过一生，已然是一种奢求。

结合前文对"隳肢体""黜聪明""离形去知"等内容的分析，笔者认为"坐忘"寓言"同于大通"之后的"化"，即指"人"经过修养之后，自觉选

---

① "蘧伯玉行年六十而六十化，未尝不始于是之而卒诎之以非也"。（《庄子·则阳》）"庄子谓惠子曰：'孔子行年六十而六十化。始时所是，卒而非之。未知今之所谓是之非五十九非也。'"（《庄子·寓言》）

② "庄子笑曰：'周将处乎材与不材之间。材与不材之间，似之而非也，故未免乎累。若夫乘道德而浮游则不然。无誉无訾，一龙一蛇，与时俱化，而无肯专为……'"（《庄子·山木》）所谓"材与不材之间"者，即有用而不为世用之"庸"，此"庸"则为"与时俱化"。

③ "子祀曰：'女恶之乎？'曰：'亡，予何恶！浸假而化予之左臂以为鸡，予因以求时夜；浸假而化予之右臂以为弹，予因以求鸮炙；浸假而化予之尻以为轮，以神为马，予因以乘之，岂更驾哉！且夫得者，时也，失者，顺也；安时而处顺，哀乐不能入也，此古之所谓县解也，而不能自解者，物有结之。且夫物不胜天久矣，吾又何恶焉！'"（《庄子·大宗师》）

④ 王博教授分析此处时亦认为，"无知无识，无聪无明，看起来像是一块木头。这正是《齐物论》说的'形如槁木，心如死灰'，或者《大宗师》说的'堕肢体，去聪明，离形去知，同于大通'"。（参见王博. 庄子哲学 [M]. 2 版. 北京：北京大学出版社，2013：189.）

择了成为在世之"庸"人。在《庄子·寓言》篇亦有杨朱的例子，可供印证：

> 阳子居南之沛，老聃西游于秦。邀于郊，至于梁而遇老子。老子中道仰天而叹曰："始以汝为可教，今不可也。"阳子居不答。至舍，进盥漱巾栉，脱屦户外，膝行而前，曰："向者弟子欲请夫子，夫子行不闲，是以不敢。今闲矣，请问其过。"老子曰："而睢睢盱盱，而谁与居？大白若辱，盛德若不足。"阳子居蹴然变容曰："敬闻命矣！"其往也，舍者迎将，其家公执席，妻执巾栉，舍者避席，炀者避灶。其反也，舍者与之争席矣。

"阳子居"即"杨朱"。盛气凌人的杨朱，即世俗所称之"大人物"。杨朱或曾受教于老子，也曾沉潜于修养，故老子言"始以汝为可教"，却不知杨朱学有所成之后，居然有了"大人物"的姿态，"大人物"所依仗的权势、财富、知识，在老子、庄子看来恰恰不足为凭。老子讲述了一番和光同尘的道理，促使杨朱转变了其"大人物"的存在状态，或即"有用"的在世状态，从之前的目空一切、人不敢与之处，到转化之后，归于平常，自觉地成为"庸人"，人敢与之争。这也就是"坐忘"寓言所讲的"化则无常"。在后世的追溯中，列子、杨朱均被归属于道家一脉，且能名传至今，可知在当时也是享有盛名的。但在庄子的寓言中，列子"食豕如食人"、杨朱"舍者与之争席"，庄子为他们安排了"庸人"的归宿，盖因"庸人"也是庄子的向往。

三、"坐忘"与"逍遥游"

学者多将"坐忘"的完成与"逍遥游"联系在一起[1]，笔者对此表示赞同。《庄子·田子方》篇，"形体掘若槁木"的老子就自称"游心于物之初"，

---

[1] 如冯友兰先生言："若夫'心斋''坐忘'之人，既已'以死生为一条，可不可为一贯'，其逍遥即无所待，为无限制的，绝对的。"（参见冯友兰. 中国哲学史 [M]. 上海：华东师范大学出版社，2011：142.）杨国荣先生言："逍遥更直接地关乎精神世界的净化，后者与心斋、坐忘等相联系，具体展现为'虚'。"（参见杨国荣. 庄子的思想世界 [M]. 北京：北京大学出版社，2006：237.）

这与"逍遥游"无疑是相通的。① 但需要说明的是绝不能将庄子的"逍遥游"仅仅理解为"精神自由"②，谢阳举先生曾批评："大多数现当代学者以为，庄子的'逍遥游'纯系精神式的自由。我承认庄子的逍遥观确实有其浪漫的色彩，这表现在即使是鲲鹏、列御寇，庄子仍认为他们是'犹有所待者也'，即未能无条件地逍遥；庄子是要追求无待。这个无待，有人说不过是幻想的而已。这是有误会的。在庄子那里，逍遥是真切的生活方式。公正地看，庄子的逍遥不是纯粹抽象空洞的符号，它具有可实践性和现实性，它是贯穿道家生活的一贯之道"③，而且"西方自由观与中国逍遥观大相径庭，而事实上又各有相当的魅力，在各自文化体系中都包含着深刻的人文精神"④，因此用

----

① 《庄子·田子方》："孔子见老聃，老聃新沐，方将被发而干，蛰然似非人。孔子便而待之。少焉见，曰：'丘也眩与？其信然与？向者先生形体掘若槁木，似遗物离人而立于独也。'老聃曰：'吾游心于物之初。'""物之初"，即《庄子·齐物论》"未始有物"，即"坐忘"之"同于大通"，详见后文。

② 如徐复观先生言："庄子对精神自由的祈向，首表现于《逍遥游》……即形容精神由解放而得到自由活动的情形"（徐复观. 中国人性论史 [M]. 上海：华东师范大学出版社，2005：240.）；陈鼓应先生言："《逍遥游》是描述一种透脱的心境——一种优游自在、徜徉自适的心境……《逍遥游》提供了一个心灵世界……提供了一个精神空间"（陈鼓应. 老庄新论 [M]. 北京：商务印书馆，2008：201.）；崔大华先生言："庄子理想人格精神境界的本质内容是对一种个人精神的绝对自由的追求……庄子追求的绝对自由——无待、无累、无患的'逍遥'"（崔大华. 庄学研究 [M]. 北京：人民出版社，1992：160 – 161.）；刘笑敢先生言："逍遥游""表达了庄子对精神自由的憧憬和追求。逍遥游的主体是心灵"，"庄子的精神自由不仅有逍遥于无何有之乡的体验，更有与道为一、与天地万物为一的神秘体验"，"坐忘""这种体验与逍遥游也是一致的"，"庄子以神秘的体验为精神生活的中心，以精神自由为最高的生活理想，庄子哲学虽以安命无为为起点，却以精神自由为终结，所以庄子哲学的归宿是逍遥游"（刘笑敢. 庄子哲学及其演变 [M]. 北京：中国人民大学出版社，2010：152 – 154.）。

③ 谢阳举. 道家哲学之研究 [M]. 西安：陕西人民出版社，2003：273. 随着庄学研究的深入，越来越多的学者强调不能仅仅从精神上去理解庄子的"逍遥游"，如王博教授主张以《人间世》贯通庄子思想，强调："无论它（《庄子·逍遥游》——笔者注）看起来是如何的怡然自得，逍遥游其实是一个从人间世开始的艰难旅程的终点。在这个旅程中，有德的内充，有道的显现，有知的遗忘，有行的戒慎……所有这一切，对于逍遥游来说都是必须要走的路"（王博. 庄子哲学 [M]. 2 版. 北京：北京大学出版社，2013：153.）；杨国荣先生也认为："与政治活动相对的逍遥，却并不仅仅表现为远离社会生活，相反，它具体地展开为'日出而作，日入而息'的日常活动，所谓'逍遥于天地之间'，其实质的内容便表现为逍遥于生活世界。如上看法的值得注意之点，在于将逍遥理解为基于现实之'在'的存在方式，它所确认的，是逍遥的此岸性质"（杨国荣. 庄子的思想世界 [M]. 北京：北京大学出版社，2006：224 – 225.）；邓联合教授对庄子"逍遥游"的看法更加复杂，他认为"逍遥游"不只有作为内在"精神境界"和外在"生活方式"的二重性，且此二重性又分别展现为"安顺自适"和"忘我超拔"的精神境界二重性，"随顺委蛇"和"疾俗孤傲"的生活方式二重性（邓联合. "逍遥游"释论 [M]. 北京：北京大学出版社，2010.）。

④ 谢阳举. 逍遥与自由——以西方概念阐释中国哲学的个案分析 [J]. 哲学研究，2004 (2).

"自由"解释"逍遥"是不准确的，将"逍遥游"理解为精神上的自由，更忽略了庄子"逍遥游"的实践性和现实性。

庄子所描绘的"至人""神人""圣人"的"乘天地之正，而御六气之辩，以游无穷者""肌肤若冰雪，淖约若处子；不食五谷，吸风饮露；乘云气，御飞龙，而游乎四海之外"以及"无何有之乡，广莫之野"等内容，既有着庄子对认知、体验的文学化描述，也有着庄子对于理想存在状态的向往①，而这些内容落实到日常生活，则展现为"庸人"的生活方式。连前文所言，庄子所推举的生活方式，即无心于世用，而游于大通之世的"庸"人。②《庄子·逍遥游》"鲲鹏"寓言，似亦应从此切入：

北冥有鱼，其名为鲲。鲲之大，不知其几千里也。化而为鸟，其名为鹏。鹏之背，不知其几千里也；怒而飞，其翼若垂天之云。是鸟也，海运则将徙于南冥。南冥者，天池也。

"鲲"之所指，罗勉道曰："鲲，《尔雅》云'凡鱼之子，总名鲲'，故《内则》'卵酱'，读作'鲲'。《鲁语》亦曰'鱼禁鲲鲕'，皆以鲲为鱼子。庄子乃以至小为至大，此便是滑稽之开端。"③ 依此意，"鲲"原为鱼子，庄

---

① "庄子将逍遥与'无何有之乡，广莫之野'联系起来，同时也暗示了逍遥之境本身的超越性……从实质的层面看，庄子所理解的超越更多地表现为理想的存在状态。"（参见杨国荣. 庄子的思想世界 [M]. 北京：北京大学出版社，2006：226.）

② 王博教授认为："'游'其实就是若即若离，也是不即不离，这是庄子选择的和世界相处的方式。"（参见王博. 庄子哲学 [M]. 2 版. 北京：北京大学出版社，2013：37.）不过，笔者认为，庄子偏向若即若离，而不即不离的倾向，是在马祖道一之后的南禅宗才真正完成。赖锡三与王博的说法相近，他认为："《逍遥游》同时可在人间世逍遥，那么这便可以是'即方内即方外'的逍遥模式。"（参见赖锡三.《庄子》的关系性自由与吊诡性修养——疏解《逍遥游》的"小大之辩"与"三无智慧"[J]. 商丘师范学院学报，2018（2）.）

③ 罗勉道. 南华真经循本 [M]. 李波，点校. 北京：中华书局，2016：2. 任博克或从罗勉道解受到启发，其言："'鲲'悖论性地意味鱼卵及长兄，因此被视为长兄鱼卵（Big Brother Roe，译者注：表示有差别），'鹏意味着凤凰同伴'（Peer Phoenix，译者注：表示无差别）。"参见任博克. 作为哲学家的庄子 [J]. 郭晨，译. 商丘师范学院学报，2015（4）. 赖锡三对任博克的理解颇为欣赏，认为"任博克英译本在开宗《逍遥游》第一个脚注，便敏锐把握到《庄子》吊诡思维的修持表现"。并言："一个'鲲'字，正好妙合了渺小与巨大于一身，示现了《庄子》语言游戏的吊诡特质。"参见赖锡三.《庄子》的关系性自由与吊诡性修养——疏解《逍遥游》的"小大之辩"与"三无智慧"[J]. 商丘师范学院学报，2018（2）.

子在寓言中"用为大鱼之名"①。但笔者以为，"鲲"的"鱼子"本义，已然含于庄文之中，千里之"鲲"乃由至小之"鱼子"生长而成，或曰通过修养实践而来，人只见鹏飞时风之积甚厚，未见由"鱼子"而来的大鲲，亦积"俗学"甚厚，此即隐藏的第一"化"。此言"鱼子"之"潜龙勿用"至大鲲之"或跃在渊"，此时"见山是山，见水是水"。

"鹏"，陆德明《释文》载："《说文》云：朋及鹏，皆古文凤字也。朋鸟象形。凤飞，群鸟从以万数，故以朋为朋党字。"② 其义是指凤出行，万鸟从之，由此象形而得"鹏"字。在庄文，"鹏"或喻为"大人"，千里之"鲲"化而为千里之"鹏"，此明写的第二"化"③，鲲潜入海底，积学甚久，人不得见，一朝鹏程万里，有用于世，众鸟从之，喻"大人"行于世间，前呼后拥，"大人"之名并无贬义，因自以为"大"而有贬义。此则鲲化为鹏，"飞龙在天"，庄子以"鹏"的视角发问："天之苍苍，其正色邪？其远而无所至极邪？其视下也，亦若是则已矣。"此时见山不是山，见水不是水。

鱼子成大鲲，大鲲化鹏，学者已有所见。罗勉道即认为："篇首言鲲化而为鹏，则能高飞远徙，引喻下文，人化而为圣、为神、为至，则能逍遥游。初出一'化'字，乍读未觉其有意，细看始知此字不闲。"④ 但笔者认为，"鹏"为世俗之"大人"，而非庄子所谓圣人、神人、至人，这牵扯到千年来《庄子·逍遥游》与《庄子·齐物论》主旨是否矛盾的问题，具体化则是"小大之辩"的问题。笔者无意再将前人的说法逐一说明⑤，仅在此处言笔者体会到的"鲲鹏"寓言所隐藏之第三"化"，鹏翔九天，从北之冥海到南之冥海，是否歇止于此？盘旋于南冥之上的千里之鹏，终有一日，会用"忘"

① "庆藩案方以智曰：鲲本小鱼之名，庄子用为大鱼之名。"（参见郭庆藩. 庄子集释 [M]. 王孝鱼，点校. 3 版. 北京：中华书局，2012：3.）

② 转引自郭庆藩. 庄子集释 [M]. 王孝鱼，点校. 3 版. 北京：中华书局，2012：4.

③ "'化'的背后，暗示着功夫日积月累后的转化，从此大开眼界才能观照前所未有的视景。"参见赖锡三. 《庄子》的关系性自由与吊诡性修养——疏解《逍遥游》的"小大之辩"与"三无智慧"[J]. 商丘师范学院学报，2018 (2).

④ 罗勉道. 南华真经循本 [M]. 李波，点校. 北京：中华书局，2016：2.

⑤ 罗祥道总结了关于"小大之辩"价值评判的四种可能性，"扬大抑小""小大同扬""小大同抑""扬小抑大"，并言"扬小抑大"的价值取向为人们共同批评和否弃. 参见罗祥道. 诠释的偏移与义理的变形——庄子的"小大之辩"及"逍遥"义理迁变之省思 [J]. 孔子研究，2002 (2).

的修养方法，再次入水，化为毫厘之鲲。正如孔门高足终要经"忘仁义""忘礼乐""隳肢体、黜聪明"，成为不为世用的"离形去知、同于大通"的"庸人"颜回，亦如痴迷于言人祸福生死者，化为"为其妻爨，食豕如食人"的"庸人"列子，亦如人不敢与之处的"大人"，化为"人与之争席"的"庸人"杨朱。此言鹏化为鲲，"亢龙有悔"，此时山还是山，水还是水。①

学者或言此解为"扬小抑大"，但上过青天、入于冥海，饱览山河壮阔，识尽世间险阻的"小"，还是"小"吗？同样，不为世用之"庸人"是真的无用吗？续之曰：南冥有鸟，其名为鹏，鹏之大，不知其几千里也，化而为鱼，其名为鲲，鲲之小，不及野马。②

第四节　何谓"坐忘"

庄子见儒墨诸家以仁义是非相互攻伐，发出了对"是非"问题的怀疑，进而推衍出"两行"的逻辑原理。庄子主张"忘仁义"之"是非"，"忘礼乐"之"同是"；身逢乱世，"一受其成形"，此为"命"之肇端，无可奈何，又"随其成心而师之"，更困厄于此世。庄子从"命"之"不得已"推出"无用"可以保生，主张"隳肢体、黜聪明"，最终自觉地选择以"槁木死灰""同于大通"的"庸人"面貌游于世间。

以上即前文所讲的庄子"坐忘"修养论的认识基础和修养境界，但在认识和修养境界之间，似乎还缺少具体的修养方法。这并非笔者遗漏，而是庄子的"坐忘"寓言对修养方法的描述确实较为含糊。这也是很多学者对"坐忘"究竟是方法还是境界心存疑虑的原因，如郑开教授即言："在某种程度上，'坐忘'与'中庸'一样，我们不知道它究竟是种方法还是个境界，或者二者都有，既作为一种方法具有指导意义，同时又作为境界代表个人修养的标尺。"③ 对此问题的分歧，似可以追溯到司马彪、崔譔与郭象对"坐忘"

---

① 王博教授亦曾用青原惟信"见山是山"一段，来比喻庄子"忘"之后心境处于"无何有之乡"的状态。（参见王博. 庄子哲学［M］. 2 版. 北京：北京大学出版社，2013：171 – 172.）

② 《逍遥游》："野马也，尘埃也，生物之以息相吹也。"

③ 郑开. 庄子哲学讲记［M］. 南宁：广西人民出版社，2016：123.

的不同理解。

崔譔注"坐忘"为"端坐而忘"①，司马彪注"坐忘"为"坐而自忘其身"②，两人对所"忘"为何的理解或许不尽相同，但都凸显了"坐"这一身姿动作，似有强调"坐忘"修养方法义的倾向。郭象则将"坐忘"注解为"奚所不忘哉"，"认为坐忘与动静行坐没有关系"，将其"观念化、理想化"③为统合自得逍遥"内圣"与应务无累"外王"的"圣人"境界。④ 道教对庄子"坐忘"的理解，既强调"坐忘"是一种修行方法，也将"坐忘"视为一种得道境界，这种观点较为圆融，得到了广泛的认可。甚至有学者引用曾国藩的观点，将"坐忘"解为"无故而忘"⑤，偏重强调"坐忘"的境界义，但遭到了王叔岷先生的批评，其言："案坐忘乃最高之修养，岂无故而忘邪!"⑥依王叔岷先生之见，"坐忘"作为最高修养，必然经过一定的实践步骤才可以达到。

近来对"坐忘"的理解，较有影响的是吴根友教授受曾国藩"无故而忘"的启发，主张"坐"不应该理解为身姿动作，而应该理解为"无故"，也就是说庄子的"坐忘"实际上是指"无故而忘"，描绘的是一种与道相通、自由自在的心灵境界，没有修行工夫论的意义。⑦ 针对吴根友教授的观点，张荣明教授则表示"在《庄子》书中，'坐忘'是一种重要的修行方式，古今学者言之凿凿"，批评吴根友教授的观点是对"史料的任意诠释"。⑧ 张荣明

---

① "'坐忘'崔云：端坐而忘"，成玄英注"虚心无著，故能端坐而忘"，或本于崔譔。（参见郭庆藩. 庄子集释 [M]. 王孝鱼，点校. 3版. 北京：中华书局，2012：290.）

② 贾谊所作《鹏鸟赋》有"释智遗形兮，超然自丧"一句，李善注为："《庄子》云：仲尼问于颜回曰：何谓坐忘? 回曰：堕支体，黜聪明。离形去智，同于大道，此谓坐忘。司马彪注：坐而自忘其身。老子曰：燕处超然。《庄子》曰：南伯子綦曰：嗟乎! 我悲人之自丧。"（参见萧统. 文选 [M]. 李善，注. 上海：上海古籍出版社，1986：608.）

③ 中野达.《庄子》郭象注中的坐忘 [J]. 牛中奇，译. 宗教学研究，1991（Z1）.

④ 详见本书第二章第一节《郭象"坐忘"思想研究》。

⑤ 钱穆. 庄子纂笺 [M]. 北京：九州出版社，2011. 按吴根友教授所说："近人严复、马其昶、钱穆、王叔岷等人在训解'坐忘'时，曾引曾国藩的'无故而忘'说，但他们均未指明曾注的出处。笔者查阅了曾氏全集，亦未有发现，但找到曾氏以'无故'解释'坐'字，这应是其'无故而忘'说的依据。"（参见吴根友，黄燕强.《庄子》"坐忘"非"端坐而忘"[J]. 哲学研究，2017（6）.）

⑥ 王叔岷. 庄子校诠 [M]. 北京：中华书局，2007：267.

⑦ 吴根友，黄燕强.《庄子》"坐忘"非"端坐而忘"[J]. 哲学研究，2017（6）.

⑧ 张荣明. 当代中国哲学史研究批判 [J]. 管子学刊，2019（1）.

教授对吴根友教授的批评不可谓不严厉，但证据似乎并不充分。

从郑开教授对"坐忘"是方法还是境界的两可之说，到吴根友教授强调"坐忘"是境界，不是工夫，说明当前学界对"坐忘"的研究还有进一步澄清的空间。学者们在研究"坐忘"时，常常根据主观感受，不加辨别地将"坐忘"的方法义和境界义混淆在一起，这对深化"坐忘"研究，乃至对庄子研究都构成了障碍，需要进一步审视。鉴于吴根友教授的见解颇具代表性，而笔者认为吴根友教授的论据、观点尚有需要商榷之处，以下便依此为线索展开论述。

一、解"坐"

吴根友教授认为"先秦时代'坐'字的含义颇多，概括地说来，一是与身体姿势有关或相关者，一是与身体姿势无关者"，"'坐'训为'无故、自然而然'的意思，显然与身体坐姿完全无关"。实际上，"坐"训为"无故"，本就是由"坐"之本义延伸而来的。

（一）"坐"之本义与延伸义

从"坐"的甲骨文 看，"坐"是一个会意字，上半部"人"，甲骨文作 ，下半部 ，即"席"，《说文解字》有 ，为"席"之古字，段玉裁言："下象形。"[1]"坐"的字形，类人着席，"坐"字在甲骨文书写时或已有臀部着席 与膝盖着席 的不同写法。[2] 且以人着席为"坐"，实已经过再创造，更早的书写方式，或为人着地着土，正如后世小篆 ，"坐"演变为两个人着于席上。"坐"与"休"关系相当密切，如"休"之甲骨文 也是会意字[3]，类人倚于木，与"坐"之甲骨文造字逻辑一致，《说文解字》言"息止也"。"坐"亦含休息之意，"坐"，《说文解字》谓"止也"，但更侧重的是一种坐姿的休

---

① 许慎. 说文解字注 [M]. 段玉裁, 注. 上海：上海古籍出版社, 1981：361.
② 以上"人""坐"甲骨文字形，参见李宗焜. 甲骨文字编 [M]. 北京：中华书局, 2012：1, 825.
③ 参见李宗焜. 甲骨文字编 [M]. 北京：中华书局, 2012：55-56.

息，而"休"所代表的休息义则更具普遍性。"坐"有"止"义，与"行"义正相对，不仅是与"行走"之"行"相反，更是与"行动"之"行"相反，代表着行为的收束，即无行为。以此义成词者，有"连坐""坐见"，前者是指牵连无行为者，后者是指无行为而有结果，因语境的不同，"坐见"或有坏结果，只能被动地看，或有值得期待的好结果，如"坐享其成"，即无行为而有好结果。

将"坐忘"释为"无故而忘"之"无故"，即指无行为，无缘由而忘。而之所以由"坐"延伸出"无故"之意，便在于行为主体并未有行动，即行为主体"止"，而人或事却自发地有所延续，此即"坐"之"止"义，延伸出了"无故"之义。可见吴教授认为"'坐'训为'无故、自然而然'的意思，显然与身体坐姿完全无关"的说法过于绝对。"坐"，由身体动作停止而有"止"义，再延伸有"无故"义，以此来看，"坐忘"之"坐"从身体姿态的训解，无可厚非。不过，笔者认为，若将"坐"直接理解为"止"，"坐忘"即止于忘、沉浸于忘、无时无刻不处于"忘"，似更为直接。

（二）"坐"与中国早期修养术

吴根友教授还反复表示，"崔譔把'坐忘'解释成'端坐而忘'时，应该是受了早期佛教徒静坐、坐禅说的启发"。崔譔生卒年不详，其活动时间早于向秀①，或与王弼相近，而王弼在世时，佛教虽已传入中国，并产生了一定的影响，但王弼和郭象的注老庄著作均未体现出受佛教思想的影响②，故而，崔譔所注《庄子》是否受到佛教影响也应当存疑。而且吴根友教授似乎忽略

---

① 《世说新语·文学》注引《向秀别传》："秀游托数贤，萧屑卒岁，都无所述，唯好《庄子》，聊应崔譔所注，以备遗忘云。"（参见余嘉锡．世说新语笺疏［M］．周祖谟，余淑宜，整理．北京：中华书局，1983：206．）

② 如王晓毅教授一方面认为"目前没有郭象与佛教直接接触或直接引用佛经的文献资料"，另一方面又认为元康时期名士与佛教徒交往密切，且郭象哲学有超越于中国传统思维的特点，故其主张郭象受到了佛教般若学的影响。（参见王晓毅．郭象评传［M］．南京：南京大学出版社，2006：176－199．）

了早在先秦时期中国已有从事炼养服食的方术士，前辈学者对此已多有讨论，笔者不再赘述。同时，笔者也无意引用《老子》《庄子》中涉及炼养的只言片语①，除学界对此已经非常熟悉，还因为这些简短文辞有太多解释的维度，不利于澄清我们的观点。下文笔者仅举两则明确提到与"坐"有关的修养方法作为例证，用以说明早期方术士在进行修养实践时已普遍采取"坐"姿，而非受到早期佛教"坐禅"的影响。

1. 马王堆帛画导引图之"坐引八维"

在马王堆三号汉墓曾出土一张绘有各种运动姿势的帛画，学界认定其为西汉早期的导引图，因图前无总名，遂据其内容命名为《导引图》。

描摹本

原本

帛画全幅共四十余图，图侧有简短标题，有的标题因残破已不可辨认，所绘有男有女，有着衣，有赤身。其中有一幅图，"题'坐引八绲'。一男子，赤背，下跪，两臂前后斜伸"②。

"坐引八绲"之"绲"，学界已多认其为"维"字，"按，'绲'系'维'之音转。《淮南子·地形训》：'八殥之外，而又八纮，亦方千里。'注：'纮，维也。维落天地而维之表，故曰纮也。'"③ 笔者认为释为"绲"，然后再言"'绲'系'维'之音转"，过于迂曲。"绲"字古代典籍未见，帛书**字，

① 如《庄子·大宗师》："真人之息以踵，众人之息以喉。"

② 中医研究院医史文献研究室. 马王堆三号汉墓帛画导引图的初步研究 [J]. 文物，1975（6）.

③ 邓春源. 张家山汉简《引书》译释（续编）[J]. 中医药文化，1993（1）.

或即"维"字,只不过过于潦草,对释读造成了困难,古籍"维"有䋦的写法①,两种写法极为相近。"八维"即东南西北之四方,再加上西南、西北、东南、东北四隅。

关于中国古代导引术,现存最早、最直接的记载在《庄子·刻意》,其称:"吹呴呼吸,吐故纳新,熊经鸟伸,为寿而已矣;此道引之士,养形之人,彭祖寿考者之所好也。"李颐将"导引"注为"导气令和,引体令柔"②,已可见"导引"并非仅涉及肢体动作,还涉及吐纳呼吸之法,所以也称"导引行气",二者不能简单分割。署名东方朔的《楚辞·七谏·自悲》有"引八维以自道兮,含沆瀣以长生",王逸注曰:"言己乃揽持八维,以自导引,含沆瀣之气,以不死也"③,"引八维"即《导引图》之"坐引八维",足证至少在西汉时,"坐引八维"已经是相当普遍的一种导引术,"含沆瀣"或即一种服气术④。

2. 张家山《引书》之"八经之引"

张家山《引书》也是有关古代导引术的珍贵文献,不同于《导引图》仅有题名和静态动作,《引书》对导引的肢体动作和所治疾病作出了较详细的说明,正可补《导引图》之不足。在《引书》中屡见"危坐""端坐"等与"坐"相关的用语,都说明在实践导引时,"坐"是相当普遍的一种身体姿势,这无疑也说明在中国本土的炼养理论中,"坐"也是不可忽视的一项内容。⑤ 其中,需要辨析之处在于,《引书》有"八经之引"一语,与《导引图》"坐引八维"或有关联。"八经之引"在《引书》多次出现,如:

引瘅病之台(始)也,意回回然欲步,体浸浸痛。当此之时,急治八经之

---

① 何琳仪. 战国古文字典 [M]. 北京:中华书局,1998:1207.

② 郭庆藩. 庄子集释 [M]. 王孝鱼,点校. 3版. 北京:中华书局,2012:538.

③ 洪兴祖. 楚辞补注 [M]. 白化文,点校. 北京:中华书局,1983:250.

④ "沆瀣"即夜气。《楚辞·远游》"餐六气而饮沆瀣兮,漱正阳而含朝霞",王逸注:"《凌阳子明经》言:春食朝霞。朝霞者,日始欲出赤黄气也。秋食沦阴。沦阴者,日没以后赤黄气也。冬饮沆瀣。沆瀣者,北方夜半气也。夏饮正阳。正阳者,南方日中气也。并天地玄黄之气,是为六气也。"(参见洪兴祖. 楚辞补注 [M]. 白化文,点校. 北京:中华书局,1983:166。)马王堆三号汉墓出土帛书《却谷食气篇》记载四时所避所食之气,其中有"夏食一去汤风,和以朝暇(霞)、行(沆)暨(瀣)",其中"行暨"即"沆瀣"(参见李零. 中国方术正考 [M]. 北京:中华书局,2006:275.)。

⑤ 如"引内瘅""危坐";"股□痛""端坐";"益阴气""恒坐";"引瘚""危坐";"引阴""端坐";"引軵""危坐";"引聋""端坐"(参见高大伦. 张家山汉简《引书》研究 [M]. 成都:巴蜀书社,1995:89-173"注释篇")。

引，急痒（呼）急昫（呴），引阴。渍产（颜）以塞（寒）水如粲（餐）顷。①

"瘅病"根据学者研究是发热的一种疾病，故除呼吸之法，还借用了冷水辅助治疗。再如：

> 苦腹胀，夜日谈（偃）卧而精炊（吹）之三十；无益，精痒（呼）之十；无益，精昫（呴）之十；无益，复精炊（吹）之二十；无益，起，治八经之引。去卧，端伏，加两手枕上，加头手上，两足距壁，兴心，印颐，引之，而贾（固）着小腹及股膝，三而已。去卧而尻壁，举两股，两手钩两股而力引，极之，三而已。②

"精呼、精吹、精呴都是小吐气的不同方法"③，腹胀小口吐纳不得治，则采取"八经之引"，还借助墙壁为反作用力拉伸肢体。《引书》最后总结时称，人因与寒暑变幻不能相应而得病，故：

> 是以必治八经之引，炊（吹）昫（呴）痒（呼）吸天地之精气，信（伸）复（腹）直要（腰），力信（伸）手足，斩踵曲指，去起宽亶，偃治巨引，以与相求也，故能毋病。④

有学者以《引书》多次出现的"八经之引"为据，或认为《导引图》"原图'维'字已经不清楚，疑为'经'字，'坐引八维'似应为'坐引八经'"⑤。或认为"坐引八绹似应为'坐引八经'，即'八经之引'"⑥。不过，也有学者提出反对意见，认为"《导引图》不误而《引书》误"⑦。关键问题并不是文字上的区别，而在于"坐引八维"与"八经之引"究竟指的是什么样的一种导引方法，或称"可能表示手足四肢气血透达之意"⑧，或称"均指

---

① 转引自高大伦. 张家山汉简《引书》研究 [M]. 成都：巴蜀书社，1995：119. 文字略有调整。
② 转引自高大伦. 张家山汉简《引书》研究 [M]. 成都：巴蜀书社，1995：148. 文字略有调整。
③ 彭浩. 张家山汉简《引书》初探 [J]. 文物，1990（10）.
④ 转引自高大伦. 张家山汉简《引书》研究 [M]. 成都：巴蜀书社，1995：167.
⑤ 彭浩. 张家山汉简《引书》初探 [J]. 文物，1990（10）.
⑥ 邓春源. 张家山汉简《引书》译释（续编）[J]. 中医药文化，1993（1）.
⑦ 高大伦. 张家山汉简《引书》研究 [M]. 成都：巴蜀书社，1995：149.
⑧ 彭浩. 张家山汉简《引书》初探 [J]. 文物，1990（10）.

四肢病,都具有关节疼痛和活动困难等症状特点"①,似均未指明其中的关键。

"八经之引"既与"坐引八维"有关,又有区别,从前文"八经之引"出处看,"八经之引"均与"呼昫"法有关,或急促(急虖、急昫),或轻微(精虖、精昫、精炊)②,或直言"炊、昫、虖、吸天地之精气"。"瘅病"的症状为内热,急速吐气,或即我们常说的深呼吸,其作用类似于稳定情绪,而"腹胀"则不能急吐气,只能缓缓小口吐气,若不对症,则需借助肢体的动作,将胀腹之气排出。而理解这种呼吸法的背景,即中国传统"气"的思维,传统"气"论认为"天地之精气"各有不同的功能。换言之,"八经之引"除涉及肢体动作,更重要的是奠基于一种认为"气"有神秘作用的传统。

而"坐引八维"或并非学者说的强调挥臂姿势,与"甩八角势"相类③,而是要吐纳天地八方之精气,手臂的挥动不过是在象征性地聚拢八方精气,而并非强调肢体的拉伸,"坐引"之罕见,正在于以"坐"姿伸展肢体,仅是为了治疗特定部位,若以"坐"姿活动全身则不合理。④将"坐引八维"理解为"坐式导引",则因"导引"含肢体动作与吐纳行气两方面内容,容易引起歧义。故而,笔者认为"坐引八维",应理解为一种"坐式行气"法,与后世佛教传入的"坐禅"一类的静功相近。以此来看,《楚辞·自悲》"引八维以自道兮,含沆瀣以长生",或完全本于屈原《远游》"餐六气而饮沆瀣

---

① "'八经之引'中的'经',纵向之意,'八经'喻指人体上下部位,故与《导引图》中的'维',均指四肢病,都具有关节疼痛和活动困难等症状特点。"参见吕利平,周毅. 从《导引图》等文物看中华养生文化 [J]. 安庆师范学院学报,2003 (2).

② "苦腹胀"的治疗方法稍特殊,是在小口呼吸吐纳无效之后讲"治八经之引",或可理解为小口吐纳不能对症,故改用"八经之引"。

③ "坐引,即坐式导引,古人以跪坐为主要坐式。'八维',四方四隅之谓。传统导引凡两臂随转腰之势向四面八方挥动,并始终与人体纵轴保持45度角的,称为'甩八角',含义与'引八维'略同。《八段功》'手甩八角势'与本式上肢动作相同,但下肢成开立步势。两者的渊源关系一脉相承,仅仅是下肢由跪坐演变为站式而已。《八段功》另有挥臂拍击身躯的'货郎击鼓势当也有此衍生。此两式在民间流传极广,惟坐引已属罕见。'"参见沈寿. 西汉帛画《导引图》解析 [J]. 文物,1980 (9).

④ 《引书》所见采取坐姿导引,或因针对治疗下肢病症,而必须采取坐姿(如"股□痛""引癲");或因针对五官,需要稳定身形,如("引軓""引聋");其他采取坐姿皆为集中精神,如"引内瘅""危坐"有舒缓情绪,降解内热之意;"益阴气""恒坐","引阴""端坐"或为"男性保养性质的房中导引"(李零. 中国方术正考 [M]. 北京:中华书局,2006:290-293.),有收缩会阴,即提肛等要领,需要集中精神。这些采取坐姿的导引术,与后世"静坐"自然不同。

兮"一句，"引八维"和"餐六气"都是服食天地之精气。"坐"而呼吸吐纳、食气，古籍未明言，或因此本为当时之常识，原不需强调，若不采取"坐"姿，则不知《行气铭》① 所载行气法又当采取何种姿态？

总结以上，"坐引八维"与"八经之引"都是基于中国"气"论的呼吸吐纳法，所区别者在于"坐引八维"是近于后世"静功"的"坐式行气"法，而"八经之引"虽强调吐纳呼吸，但身体姿势的动作则不局限于"坐"姿。故而，吴根友教授言"崔譔把'坐忘'解释成'端坐而忘'时，应该是受了早期佛教徒静坐、坐禅说的启发"的说法，不能成立。②

---

① 《行气铭》相关问题，可参阅李零. 中国方术正考 [M]. 北京：中华书局，2006：269－273.

② 吴根友教授又言宋代曾慥将"静坐与坐忘统一起来，如他说'静坐忘思''静坐忘机'，还说'坐忘'就是内观。因吴根友教授引文出处在海南国际新闻出版中心《传世藏书》，未标明是第几册，笔者亦未寻至此书。以笔者浅薄的见识，曾慥著作应指他所编撰的《道枢》，将"坐忘"与"内观"并言的应该是《道枢》收录的《钟吕传道集》相关内容，其中有"子钟离子曰：'子未达内观矣，内观则神识自止焉。'吕子曰：'内观何谓也？'子钟离子曰：'是所谓坐忘者也。'"吴根友教授又接着说："'内观'作为印度最古老的禅修方法之一，是指透过观察自身来净化身心，开展内心智慧及发展爱心的一种过程，这就把'坐忘'与佛学沟通起来了。"笔者认为吴根友教授此处所说似有可商榷之处，在中国古籍中，"内观"与"内视"同，约有三种意思，第一种是带有方术色彩的"存思"，观身内外景象，即观身内脏腑、神灵状貌；第二种是儒道传统修养理论的"反思"；第三种才是融合了佛教修行理论的无念"内观"。第一，"存思""内视"法，在河上公注中已有反映，其解"无遗身殃"为"内视存神，不为漏失"，上清一系《黄庭经》《大洞真经》更是建立在这种修行方法之上。第二，作道教传统修养理论"反思"解的"内观"，在《列子》中已有，其言"务外游，不知务内观。外游者，求备于物；内观者，取足于身"。《列子》一书虽有真伪之辨，且多言出于东晋张湛手笔，而张湛则自言："所明往往与佛经相参，大归同于老庄，属辞引类，特与庄子相似"（参见杨伯峻. 列子集释 [M]. 北京：中华书局，1979：279.），明确地说他所理解《列子》与佛教思想有相应者。不过此处反省、反思之意，与老子"玄览""观复"，庄子"圣人用心若镜"（《庄子·应帝王》），"圣人之心静乎！天地之鉴也，万物之镜也"（《庄子·天道》）之义同。第三，融合了佛教修行理论的无念"内观"，典型的如《太上老君内观经》"内观之道，静神定心，乱想不起，邪妄不侵"，《常清静妙经》"内观其心，心无其心"。这些吸收了佛教修养理论的道教典籍，在推动道教义理、修养理论由重养形到重养性的过程中起着重要作用。《钟吕传道集》所言"内观"，似乎是融合第一种"存思""内观"和第三种"无念""内观"两种理论，从文本上看它常强调要除"心境""智识"不能有漏，要求"心""神""宁"，心不能起念等。但在实际的修行过程中，不起杂念，实是为了观察体内景象，如言"内观之始，如阳升也，其想为男、为龙、为火、为天、为云、为鹤、为日、为马、为烟、为……吾之内观又岂止于斯而已哉，青龙也、白虎也、朱雀也、玄武也、五岳也、九州也、四海也"，如此洋洋大观之身内景象，与无念似不相契，其旨实是要将精神集中于体内诸景象的变幻，精气神之搬运，与佛教所讲的无念"内观"差距极大。吴根友教授似以为曾慥所言的钟吕"内观"是如佛教"内观"以智慧净化自身的观点，似是而非。另外，吴根友教授以为司马承祯"所谓'内不觉其一身'似为佛教的内观法"，亦有失察之处，此处明是本于郭象注"坐忘"，其曰："夫坐忘者，奚所不忘哉！既忘其迹，又忘其所以迹者，内不觉其一身，外不识有天地，然后旷然与变化为体而无不通也。"

以“坐”的姿态进行内省，以至进入宗教冥想，当为各古老文明共法，这与人体的生理特征相关。但中国先秦以前的“坐式行气”与后来印度佛教传入的“数息观”① 又有极大差异，这是因为中印对“气”的认识不同。印度认为“气”或言地水风火之“风”，是组成世界的物质成分，在佛教看来，这些都是假有无自性者。而中国对“气”的认识则更加复杂②，中国古人认为“气”是沟通形而上之“道”与形而下之“人”的枢纽，人通过“行气”可以完成身心的转化。③ 这原是佛教传入中国之前“气”的应有之义，但佛教传入中国并对中国知识分子产生深刻影响之后，“气”论的不足便被凸显出来。但无论如何“气”在中国文化中都占有极重要的地位，而以“气”论为理论核心的“行气”，乃至限定姿势的“坐式行气”，都属先秦时期思想文化的重要组成部分，与后世佛教“坐禅”、理学“静坐”形式上相近，理论内核有别。④

回到“坐忘”的主题，如果单纯将“坐忘”寓言从《庄子》文本抽离出来理解，很难将“坐忘”与“行气”联系起来。前文虽言“坐引八端”为“坐式行气”，是一种以中国文化“气”论为基础的修养方法，但如果讨论到这里，就将“坐忘”等同于“坐式行气”而“忘”，似嫌牵强。不过，若将

---

① “数息观”原本是作为进入佛教禅定修行的准备阶段，安世高所译《安般守意经》却用“安般守意”的呼吸法统摄佛教全部教义，应该是受当时流行的中国传统吐纳术的影响。（参见佛说大安般守意经 [M]. 安世高，译. //大正新修大藏经：第 2 册. 影印本. 台北：新文丰出版公司，1984.）

② 20 世纪 50 年代以来，国内研究者有将中国古代的“气”简单化为“物”的倾向，继而将中国古代文化的发展视为唯物与唯心两种斗争。20 世纪八九十年代之后，学术范式转移，以“气”为唯物论的说法也受到了质疑，特别是近年来我国台湾学者杨儒宾、黄俊杰等人重新从“气”的角度发掘中国文化的特质。

③ “‘气’的‘即心即物’正可以沟通两边，而‘气’的‘非心非物’则可以不住两端。而且这种‘即心即物，非心非物’的吊诡之‘气’，不是要去把两边赋予终极的综合统一，反而是要讲这两边的不断互为中介、持续相互转化。”参见任博克，何乏笔，赖锡三. 有关气与理的超越、吊诡、反讽——从庄子延伸至理学与佛学的讨论 [J]. 商丘师范学院学报，2020（4）.

④ 如杨儒宾在讨论庄子“坐忘”时，曾言：“庄子所说的之证道特殊体验，事实上却带有相当共享的成分。几乎所有遍及各文化传统、各不同民族的冥契主义者都肯定经验的我以外，还有一个更高层次的我，也肯定人可以与更高的实体会合为一；同时，在此合一的状态中，体验者固然失去其日常性的意识，但其心灵反而处在一种更完整、更清明的知觉状态。”（参见杨儒宾. 儒门内的庄子 [M]. 台北：联经出版社，2016：465.）这些形式相近、理论差异极大的修养方法，最终所达到的修养结果，所感受到的内容，乃至于所谓“冥契体验”是否相同，已超出笔者知识水平所能讨论的范围。

"坐忘"置于《庄子》的整体文本，将"坐忘"与"心斋"等侧重描写修养方法、修养实践的内容连贯起来，则"坐忘"的修养方法义将得到体现，其与"坐式行气"的关系也将明朗起来。

二、"坐忘"与"心斋"

"心斋"寓言出自《庄子·人间世》。在《庄子》内七篇中，《人间世》一篇较为特殊，因为它不像其他六篇一样开篇便是大篇幅的"狂言"，而是借颜回之口讲了一通如何与君主相处的事情，这似与其他篇章对政治批判的态度不符。直至看到颜回自以为极尽妥帖的侍君之道，受到孔子连连否定时，我们才又感受到了庄子的气息，其言：

颜回曰："吾无以进矣，敢问其方。"仲尼曰："斋，吾将语若！有心而为之，其易邪？易之者，暤天不宜。"颜回曰："回之家贫，唯不饮酒不茹荤者数月矣。如此，则可以为斋乎？"曰："是祭祀之斋，非心斋也。"

回曰："敢问心斋。"仲尼曰："若一志，无听之以耳而听之以心，无听之以心而听之以气！听止于耳，心止于符。气也者，虚而待物者也。唯道集虚。虚者，心斋也。"

颜回曰："回之未始得使，实自回也；得使之也，未始有回也；可谓虚乎？"夫子曰："尽矣。吾语若！若能入游其樊而无感其名，入则鸣，不入则止。无门无毒，一宅而寓于不得已，则几矣。绝迹易，无行地难。为人使易以伪，为天使难以伪。闻以有翼飞者矣，未闻以无翼飞者也；闻以有知知者矣，未闻以无知知者也。瞻彼阕者，虚室生白，吉祥止止。夫且不止，是之谓坐驰。夫徇耳目内通而外于心知，鬼神将来舍，而况人乎！是万物之化也，禹舜之所纽也，伏戏几蘧之所行终，而况散焉者乎！"

被孔子否定的"祭祀之斋"，似并非仅仅作为"心斋"的衬托出现，亦是代表对整个儒家祭祀之礼的否定。"无听之以耳而听之以心，无听之以心而听之以气"，由"耳"到"心"，再由"心"到"气"，尽管"耳""心""气"之所指学者尚存分歧，但一般均认可，此处庄子表达了若想修养有成，需要经过一个次第操作，而非仅凭掌握知识、通晓义理便可完成的观点；"气也者，虚而待物者也"，"气"不等于"虚"，"虚"是"气"的一种特性，

69

"气"正因有"虚"的特性，才能与万物相接，进而与"天下"为"通"，此即"通天下一气耳"（《庄子·知北游》）；"唯道集虚"，即后文"鬼神将来舍"；"虚者，心斋也"，指"心斋"是通过"气"的修养来达到"虚"的状态①，并以这种"虚"的状态应对"物"，前文已言"物"亦包含"人"，此处亦有"而况人乎"的说法，需要特别提醒的是，这里的"人"包含了前文的"君"；"虚室生白"多被理解为修养体验所见的光明景象；"吉祥止止。夫且不止，是之谓坐驰"，亦即修养至最高境界时，自有"吉祥"到来，而吉祥不来，实为不可能之事②，修养至此，"鬼神"亦来，更何况是"君"。《庄子·人间世》开篇所讲的君臣相处，"君"使"臣"服，在这里转换成了"臣"能"心斋"以至"虚"，则"君"将从于"臣"，这与《庄子·德充符》所讲的兀者"王骀"使"仲尼"从，恶人"哀骀它"使"鲁哀公""授之国"的寓言一致，其核心思想不同于老子与黄老学的君主"无为"可治天

---

① "以'心斋'指称这种'虚'的形态，则使之平添了几分玄秘的色彩。"参见杨国荣. 庄子的思想世界 [M]. 北京：北京大学出版社，2006：116.

② 崔大华先生将历代对"坐驰"的解释概括为三种。第一，"坐驰，谓道浅之表现。郭象：夫使不止于当，不会于极，此为以应坐之日而驰骛不息。成玄英：苟不能形同槁木，心若死灰，则虽容仪端拱，而精神驰骛，可谓形坐而心驰者也。陆树芝：坐驰，犹言静中躁也"。第二，"坐驰，谓得道之行为。刘辰翁：举目粲然，无毫发之不善；然非止于此而已，其俯仰万里，不疾而速。诸解'坐驰'为非也，自儒者之见，非本旨也。焦竑：坐驰，如言陆沉之类"。第三，"坐驰，谓必无之事。胡文英：止与不止各异，坐与驰各异。坐驰，言必无之事也"。（参见崔大华. 庄子歧解 [M]. 郑州：中州古籍出版社，1988：150.）崔先生对历代注解的总结极为周备，不过，其中似有小瑕，焦竑之解似不能归于第二类视"坐驰"为"得道之行为"。焦将"坐驰"解为"陆沉"，或本于《淮南子·览冥》"故却走马以粪，而车轨不接于远方之外，是谓坐驰陆沉、昼冥宵明"，高诱注为"言坐行神化，疾于驰传，沉浮冥明，与道合也"（见刘文典. 淮南鸿烈集解 [M]. 北京：中华书局，1997：198.）。依《淮南子》文此处原是写圣人只要处无为，便有种种神妙的功效，使不合常理的事，成为现实，如"坐"而可"驰"（"坐驰"）、无水而可"沉"（"陆沉"）、白日无明（"昼冥"）、夜晚大明（"宵明"）等不可能之事，比喻得道圣人无为之"神"，高诱之注得当。但焦所用"陆沉"似不能取此意，焦竑言："坐驰，如言陆沉之类，盖人心自止而横执以为不止，是犹之马伏槽而意骛千里，即拱默山林秖滋其扰耳。"（参见焦竑. 庄子翼 [M] //无求备斋庄子集成续编：第11册. 台北：艺文印书馆，1974：144.）依焦竑之意，人心当止而不止，犹已处山林仍日生扰，前似郭、成"形坐心驰"，后与陆树芝所概括的"静中躁"相近，明是贬义。因此焦之"陆沉"绝非"得道之行为"，也不能取"隐居"义（《庄子·则阳》），而是指"愚昧"，王充有"夫知古不知今，谓之陆沉"（《论衡·谢短》），即此义。笔者结合崔大华先生的分类，将"坐驰"简化为三种观点：第一，形坐心驰，是讲心思杂乱，引申为愚蠢；第二，形坐神游，是讲境界高超，化不可能为可能；第三，形坐形驰，则是必无之事。庄子所说的"坐驰"，应取第三义，即"必无之事"，"无翼飞者"也是"必无之事"，张松辉先生对此有辨析（详见张松辉. 庄子疑义考辨 [M]. 北京：中华书局，2007：72-73.）。

下，而是更注重从个体出发，认为个体的价值高于君权，个体经过修养至"无用""无为"可以折服君主。

笔者目力所及，最晚至陆修静时已将"心斋""坐忘"并称①，成玄英亦用"坐忘"诠解"心斋"②。不仅道教如此，佛教、儒家也多将"心斋""坐忘"并言。③ 元代吴澄所作《庄子内篇订正》更是直接改动文本，将"坐忘"寓言从《庄子·大宗师》提至"心斋"寓言之后，称此为《庄子·人间世》第一章。④ 而之所以如此，除"坐忘"与"心斋"在修养理论上确有相通之，盖因两则寓言在形式编排上尤为相近。⑤ 不过，需要注意的是，"心斋"和"坐忘"虽常作为庄子修养论并提，但二者之间究竟是完全等同，还是有入手前后、境界高下之别，则有不同说法。

如前所述，陆修静、成玄英等将"心斋"与"坐忘"视为可以相互诠解的修养论，二者完全等同。王夫之在将"坐驰"视为得道的基础上，认为

---

① 敦煌本佚名《灵宝经义疏》引陆修静之说："玄圣所述，思神存真，心斋坐忘，步虚飞空，飡吸五方元气，道引三光之法。"（参见宋文明. 灵宝经义疏［M］//张继禹. 中华道藏：第5册. 北京：华夏出版社，2004：511.）详见第三章第一节。

② 成玄英言："志一汝心，无复异端，凝寂虚忘，冥符独化"；"取此虚柔，遣之又遣，渐阶玄妙也乎"；"未禀心斋之教，犹怀封滞之心，既不能隳体以忘身，尚谓颜回之实有也"；"苟不能形同槁木，心若死灰，则虽容仪端拱，而精神驰骛，可谓形坐而心驰也。"（参见郭庆藩. 庄子集释［M］. 王孝鱼，点校. 3版. 北京：中华书局，2012：153-157.）

③ 如释法琳引用道教典籍"《洞神经》云：'心斋坐忘至极道矣'"（参见法琳. 辩证论［M］//大正新修大藏经：第52册. 影印本. 台北：新文丰出版公司，1984：497.）；李鼎祚言"圣人以此洗心，退藏于密，自然虚室生白，吉祥至止，坐忘遗照，精义入神"（参见李鼎祚. 周易集解［M］. 王丰先，点校. 北京：中华书局，2016：1"序".），"虚室生白，吉祥至止"即指"心斋"，"坐忘遗照"本于韩康伯。

④ 正统道藏：第28册［M］. 北京：文物出版社；上海：上海书店；天津：天津古籍出版社，1988：13. 相关研究可参看熊铁基. 中国庄学史［M］. 北京：人民出版社，2013：521-525.

⑤ 如"心斋"与"坐忘"均借孔、颜逐阶递进、教学相长的对话形式展开；"心斋"寓言中的"坐驰"，在形式和内容上与"坐忘"似相对应；《庄子·在宥》"心养"之说，一般认为"心养"即"心斋"，而"心养"所讲的"堕尔形体，吐尔聪明，伦与物忘，大同乎涬溟"，无疑即"坐忘"；《庄子·达生》"梓庆削木为鐻"，其中有"齐以静心"，"齐"古作"齋"，与"齋"字通用，即"斋"，成玄英注为"必斋戒清洁以静心灵也"，即以原文为"斋以静心"理解，义近于"心斋"，原文又有"斋三日""斋五日""斋七日"，与《庄子·大宗师》中南伯子葵与女偊问答的"三日"外天下、"七日"外物、"九日"外生等相应，又"斋七日，辄然忘吾有四枝形体也"，与"坐忘""隳肢体""离形"相应；再有"坐忘"讲"同于大通"，《庄子·知北游》讲"通天下一气"，《庄子·心斋》讲"气也者，虚而待物者也。唯道集虚。虚者，心斋也"，在"通""气""心斋"之间似也有所关联。

"心斋""坐忘""坐驰"此三者为一事。① 张默生先生明确地说："'心斋'与'坐忘'是同一境界的两种称谓。"②

持不同观点的则有宋代吕惠卿，他认为"心斋"只是"悟道于一言"，"坐忘"则"非一日之积"③，即将"坐忘"视为高于"心斋"的境界。前文所说吴澄对《庄子》文本的改动似亦表达了此种观点。表达得更为清楚的是章太炎先生，章太炎先生认为"心斋"与"克己"相应，而"坐忘"的"忘仁义""忘礼乐""离形去知"亦即"克己"，"同于大通"则是"天下归仁"，"心斋"是孔子"教法"，"坐忘"是颜回"自证"，"先心斋再坐忘，且由心斋而入坐忘，方能从念念不忘地'行仁义'（理事无碍）升华至无适无莫地'由仁义行'（事事无碍）。坐忘高于心斋，坐忘是最高的道德实践境界"④。在这里，章太炎先生明确地将"心斋"视为"坐忘"的前置阶段。⑤

---

① 王夫之将"坐驰"解为"端坐而神游于六虚"，"凝神以坐，而四应如驰"（王夫之. 老子衍·庄子通·庄子解 [M]. 王孝鱼，点校. 北京：中华书局，2009：113 - 114.），又在解"坐忘"时言："坐可忘，则坐可驰，安驱以游于生死，大通以一其所不一，而不死不生之真与寥天一矣"（王夫之. 老子衍·庄子通·庄子解 [M]. 王孝鱼，点校. 北京：中华书局，2009：143.），依其义，王夫之将"坐忘"与"坐驰"视为一体之两面，无先后高下之分。王孝鱼先生也是如此理解王夫之之文义，其言："'坐驰'与'坐忘'乃是相反而又相成的，不可误认为二者不可统一。唯其'坐忘'，才能'坐驰'，庄子之意正是如此。"（参见王孝鱼. 庄子内篇新解 [M]. 长沙：岳麓出版社，1983：77.）一般来说，在理解"虚室生白，吉祥止止。夫且不止，是之谓坐驰"时，将"虚室生白，吉祥止止"的"心斋"，与"不止"的"坐驰"视为对立的，但王夫之却言"坐驰"之"不止"为"即有不止者，亦行乎其所不得不行"（王孝鱼. 庄子内篇新解 [M]. 长沙：岳麓出版社，1983：114.），即"不止"为"不得不行"之"自然"，为"止其所当止"（王孝鱼. 庄子内篇新解 [M]. 长沙：岳麓出版社，1983：77.），则"止"之"心斋"与"不止"之"坐驰"，亦为一体之两面，也无高下之分。故依王夫之义，"心斋""坐忘""坐驰"此三者为一事。

② 张默生. 庄子新释 [M]. 北京：新世界出版社，2007：101.

③ "人之为人也，久矣。则其悟道，虽在于一言之顷，而其复于无物，非一日之积也。回之闻心斋，未始有回也，则悟道于一言之顷也。其忘仁义礼乐，以至于坐忘，则其复于无物，非一日之积也。"（参见吕惠卿. 庄子义集校 [M]. 汤君，集校. 北京：中华书局，2009：149.）

④ 杨海文. "庄生传颜氏之儒"：章太炎与"庄子即儒家"议题 [J]. 文史哲，2017（2）. 说明的是，因章太炎先生有"庄生传颜氏之儒"的主张，故而杨海文教授强调在章太炎先生的思想中，"传颜氏之儒的庄子当然是儒家，而不是道家；坐忘不是道家的本事，而是儒家的至境"。

⑤ 持此观点的，还有钟泰、陈鼓应等人。钟泰先生或受王夫之将"坐驰"视为"神游""四应""行乎其所不得不行"等观点的启发，言："'坐驰'，所谓'以无翼而飞者也'。《在宥篇》曰：'尸居而龙现，'尸居非坐乎？龙现非驰乎？……夫有止而无行，则是有体而无用，何以为'内圣外王'之道乎？……窃尝论之：'心斋'至'未始有回'，即去'我执'；'入游其樊'至'寓不得已'，即去'法执'，'绝迹'以下，则冰解冻释，人法两忘，因极赞其神化之妙，而结之曰'是万物之化也'。"（参见钟泰. 庄子发微 [M]. 上海：上海古籍出版社，2002：88.）又注"坐忘"言："'离形去知'，是为我法两忘。'同于大通'，即与化为一。"（参见钟泰. 庄子发微 [M]. 上海：上海古籍出版社，2002：164.）可见钟先生是认为"坐忘"与"坐驰"一致，且均高于"心斋"。

与以上这些观点均有所区别的是冯友兰和张恒寿两位先生。冯友兰指出"坐忘"与"心斋","这两种方法,以前的人都认为是一样的。其实这两种方法,完全是两回事"①,"'心斋'的方法是宋尹学派的方法。这种方法要求心中'无知无欲',达到'虚一而静'的情况。在这种情况下,'精气'就集中起来。这就是所谓'唯道集虚'。去掉思虑和欲望,就是所谓'心斋'。'坐忘'的方法是靠否定知识中的一切分别,把它们都'忘'了,以达到一种心理上的混沌状态。这是真正的庄子学派的'方法'"②。张恒寿先生怀疑《庄子·人间世》前三章"属于战国晚期宋、尹学派的作品"③,"心斋"寓言"仲尼和颜回的回答,最后归为'唯道集虚','耳目内通而外于心知',和《白心》《心术》等篇中所说的道理互相一致,正是《天下》篇所说'情欲寡浅,以别囿为始'等论点的进一步阐发"④。冯友兰、张恒寿两位先生主张"心斋"不是庄子的思想,而是稷下宋、尹学派的修养方法。⑤

张恒寿先生对《庄子》文本的考辨受到崔大华先生的质疑。⑥ 刘笑敢先生也通过分析《庄子》内篇有"道""德""性""命""精""神"等概念,而没有"道德""性命""精神"等复合词概念,证明了《庄子》内篇比外杂

① 冯友兰. 中国哲学史论文二集 [M]. 上海:上海人民出版社,1962:295.
② 冯友兰. 中国哲学史论文二集 [M]. 上海:上海人民出版社,1962:295 – 296。
③ 张恒寿. 庄子新探 [M]. 武汉:湖北人民出版社,1983:97.
④ 张恒寿. 庄子新探 [M]. 武汉:湖北人民出版社,1983:98 – 99.
⑤ 关于"心斋"非庄子思想,而与稷下宋、尹学派相关的观点,究竟是冯友兰、张恒寿两位先生谁先提出,笔者尚未能决断。张恒寿先生在《庄子新探》"序"中自言,他于1934年秋在清华大学中文研究所读研究生时开始对《庄子》书考证,在此期间曾进修过冯友兰先生的"中国哲学史研究"课程,并完成了一篇《庄子与斯宾诺莎哲学之比较》作为学年论文,"一九三七年夏,论文初稿(即文言文旧稿——笔者注)写完,还未全部誊清,便发生了'卢沟桥事变',从此华北沦陷,没有研讨整理的兴趣和机会了。日本投降后,只抄清了最后几篇字迹潦草的原稿,就搁置起来",又言"文言文旧稿,曾经朱自清先生,冯友兰先生和老友张岱年同志看过"。不过,张恒寿先生没有写明"文言文旧稿"是何时给诸位先生看的。张恒寿先生于"一九六三年初,才开始将原来用文言写的'内篇考证'部分,改写为语体文"(以上见张恒寿. 庄子新探 [M]. 武汉:湖北人民出版社,1983:序言)。而冯友兰先生于1944年修订出版的《中国哲学史》,尚将"心斋""坐忘"同等视为庄子思想,1962年出版的《中国哲学史论文二集》,则将"心斋"视为宋尹学派的方法。从冯友兰、张恒寿两位先生的交往看,张恒寿先生有机会在课堂上受到冯友兰先生的点拨,而冯友兰先生也很可能是在读张恒寿先生用文言写成《庄子》考证受到的启发。对此,笔者难以断言,只能根据正式出版物的出版时间排列。
⑥ 详见崔大华. 庄学研究 [M]. 北京:人民出版社,1992:80 – 97.

篇早出，并在此基础上针对张恒寿先生《庄子·人间世》前三章非庄子所作的观点，给出了11点回应，指出"《人间世》前三节与内篇其他篇章虽有一些不同，但也确有很多联系，这种联系明显多于它与外、杂篇或《管子》等书的联系，因此《人间世》前三节完全有可能是内篇之文，亦即有可能是庄子所作"①。其中，在这11点回应中，有一条专指"心斋"，刘笑敢先生认为："心斋"寓言"颜回曰'未始有回也，可谓虚乎？''未始有回'与《齐物论》'今者吾丧我'相通，与《大宗师》'九日而后能外生''堕肢体，黜聪明'亦相通。这也说明'心斋'与'坐忘''见独'都是相通的，如说'心斋'不是庄子的修养方法，根据是不足的。"②

从以上可以看到，"坐忘"作为庄子最具代表性的修养方法，为最高之修养境界，诸家并无疑义。但"心斋"是否与"坐忘"等同，乃至是否为庄子之原创则存在争议，而之所以会出现这样的争论，盖因"心斋"在具体的修养方法上与"坐忘"确有不同。笔者前文已经分析"坐忘"的认识论基础，是庄子的"齐物"思想，由独特之认识论，造就独特之修养方法，这一点保证了"坐忘"在庄子思想体系中的特殊地位。而"心斋"则是以"气""虚"为修养核心，"气"为中国宇宙论的基础，"虚"也为老子、稷下诸家共持③，换言之，"心斋"的认识基础并非庄子独创，而是传承有自。沿用章太炎先生将"坐忘"置于"心斋"之上的思路，笔者认为"心斋"应是庄子接受前人的"教法"，而"坐忘"为庄子"自证"，再言之，"心斋"就是庄学化的传统行气法，而"坐忘"是庄子吸收"心斋"一类行气法的基础上所作的进一步创新。

"心斋""坐忘"是基于不同认识进路的修养论；在修养方法上，"心斋"

---

① 刘笑敢. 庄子哲学及其演变 [M]. 北京：中国人民大学出版社，2010：43.

② 刘笑敢. 庄子哲学及其演变 [M]. 北京：中国人民大学出版社，2010：43. 王邦雄教授也注意到冯友兰、张恒寿两位先生对"心斋"是否为庄子思想的质疑，他在接受了崔大华、刘笑敢两位先生的分判之上，对"心斋"的"气"观念作了进一步的诠释。（详见王邦雄.《庄子》心斋"气"观念的诠释问题 [M] //高柏园，曹顺庆. 古典与现代的交会. 成都：巴蜀书社，2007：8–23.）

③ 冯友兰、张恒寿两位先生对"心斋"的怀疑，其核心即在于此。

以"气"为基础，讲得较为具体①，"坐忘"则少言此，以"心斋"的"气"论，可补"坐忘"修养方法的不明确处；在修养境界上，也就是修养者最终所呈现的身心状态上，二者并无不同。

结合前文所说，笔者认为仅从"坐忘"一语来看，"坐忘"已有两种理解方式，一者"坐而忘"，一者"坐于忘"。"坐而忘"，是指修养者通过"坐"这一静止身体活动带来的"忘"的心理活动变化。在庄子这里，静止身体活动的"坐"又特指"心斋"一类的"坐式行气"法，此时"坐"是"忘"的条件，"忘"是"坐"的目的，这是侧重修养方法来讲。"坐于忘"，即"止于忘"，沉浸于忘，不论是行住坐卧，修养者无时无刻不处于"忘"之中，此时"忘"成为修养者的生活状态，即修养境界，"无故而忘"之义可为"坐于忘"所含摄。而从整体看，"坐于忘"的修养境界又是通过"坐而忘"所达到的，即修养者必须先通过"坐而忘"的修养实践，才能达到"坐于忘"的修养境界，则"坐而忘"是"坐于忘"修养境界的前提，"坐于忘"是"坐而忘"修养方法的最终结果。

三、"坐忘"与"吾丧我"

除"心斋"和"坐忘"常并提外，"吾丧我"也常被视为与"坐忘"有

---

① 近年来台湾地区庄子学研究有两种趋向，一者是从"气论"延伸出的"身体"维度解读庄子，一者是"跨文化研究"的庄子学。前者的代表人物是杨儒宾、赖锡三（赖锡三. 庄子灵光的当代诠释 [M]. 新竹："清华大学"出版社，2008.）；后者的代表人物是毕来德（毕来德. 庄子四讲 [M]. 宋刚，译. 北京：中华书局，2009；毕来德. 庄子九扎 [M]. 宋刚，译//何乏笔. 跨文化旋涡中的庄子. 台北：台大人社高研院东亚儒学研究中心，2017：5-60.）、何乏笔（何乏笔. 养生的生命政治——由法语庄子研究谈起 [M]//何乏笔. 若庄子说法语. 台北：台大人社高研院东亚儒学研究中心，2017：339-375；何乏笔. 气化主体与民主政治——关于《庄子》跨文化潜力的思想实验//何乏笔. 跨文化旋涡中的庄子. 台北：台大人社高研院东亚儒学研究中心，2017：333-384.）。"气论"的庄子学研究和"跨文化"的庄子学研究，二者之间有交叉互动，又有相互批判。交叉互动的如赖锡三、何乏笔等人的庄子学研究，均体现"气论"和跨文化的沟通、融贯；而批判的则体现在毕来德对"气论"、身体维度解庄的拒绝，以及赖锡三、何乏笔等人对毕来德的批判（相关争论详见上述何乏笔所编两部论文集）。以"气论"、身体维度解庄，特别重视庄子的"心斋"说，而毕来德则对此提出怀疑，对此我们可以用毕来德的一段话作为佐证。毕来德言："在研讨会上，台湾朋友们也多次提到'心斋'，说这是庄子思想中的核心的主题。而我指出，这两个字庄子只用了一次，而且是在他'虚构'的一个对话中，因此一定要考虑到这则对话讲的是什么。"（参见毕来德. 庄子九扎 [M]. 宋刚，译//何乏笔. 跨文化旋涡中的庄子. 台北：台大人社高研院东亚儒学研究中心，2017：44.）

关。"吾丧我"出自《庄子·齐物论》，与"心斋""坐忘"两则寓言的编排形式相近，"吾丧我"寓言也是通过师徒之间的对话展开，不过主人公换成了南郭子綦与颜成子游，其言：

南郭子綦隐机而坐，仰天而嘘，荅焉似丧其耦。颜成子游立侍乎前，曰："何居乎？形固可使如槁木，而心固可使如死灰乎？今之隐机者，非昔之隐机者也？"子綦曰："偃，不亦善乎，而问之也！今者吾丧我，汝知之乎？女闻人籁而未闻地籁，女闻地籁而不闻天籁夫！"

自古至今庄学研究者多以《庄子·齐物论》之"吾丧我"与"坐忘"相互诠解，如成玄英疏解"南郭子綦隐机而坐"为"子綦凭几坐忘"①，疏解"荅焉似丧其耦"为"离形去知，荅焉坠体，身心俱遣，物我兼忘"，明显是将"坐忘"与"吾丧我"画上了等号。近代学者钱穆先生亦持此论，言"'丧我'即'坐忘'"②；张默生指出"堕肢体，即形若槁木也。黜聪明，即心若死灰也"③；谢阳举先生也表示，"超越之极限是'坐忘'，要忘掉仁义、礼乐、是非之心，达到离形去智，形若槁木，心若死灰"④。笔者也认为"吾丧我"与"坐忘"描绘了相同的修养方法、境界。不过，"吾丧我"⑤究竟何意，又与《庄子·齐物论》所述有什么关系，亦使古今中外的学者感到困惑。

依《庄子》之义，其言：南郭氏靠着几案吐气⑥，好似心不在焉，子游

---

① 郭庆藩. 庄子集释 [M]. 王孝鱼, 点校. 3 版. 北京: 中华书局, 2012: 48.

② 钱穆. 庄老通辨 [M]. 北京: 九州出版社, 2011: 331.

③ 张默生. 庄子新释 [M]. 北京: 新世界出版社, 2007: 147–148.

④ 谢阳举. 道家哲学之研究 [M]. 西安: 陕西人民出版社, 2003: 285.

⑤ "吾"与"我"二字的区别，学者有很多讨论，如元人赵德《四书笺义》中的一段话常被提及，其言："吾我二字，学者多以为一义，殊不知就己而言则曰吾，因人而言则曰我，吾有知乎哉，就己而言也，有鄙夫问于我，因人之问而言也。"（转引自朱桂曜. 庄子内篇证补 [M] // 严灵峰. 无求备斋庄子集成初编: 第 26 册. 台北: 艺文印书馆, 1972: 41.）胡适先生总结说："吾字不当用于宾次是也。"（胡适. 胡适文集 [M]. 欧阳哲生, 编北京: 北京大学出版社, 1998: 341–356.）潘允中通过考索先秦典籍"吾"字的用法，对胡适、王力、杨伯峻等对"吾"的认识提出怀疑，主张"我""吾"没有格位的区别。潘允中. 批判胡适的"吾我篇"和"尔汝篇" [J]. 中山大学学报, 1955 (1). 可见以"吾"就己说，"我"就人说并不可靠，以此观点延伸出的"吾"不与他者有对待、相互构成关系的观点亦难以成立。参见陈赟. 从"是非之知"到"莫若以明": 认识过程由"知"到"德"的升进——以《庄子·齐物论》为中心 [J]. 天津社会科学, 2012 (3).

⑥ 多有人主张南郭子綦"仰天而嘘"很可能是一种气法修炼。再如《天运》："风起北方，一西一东，有上彷徨，孰嘘吸是？"成疏："嘘吸，犹吐纳也。"（参见郭庆藩. 庄子集释 [M]. 王孝鱼, 点校. 3 版. 北京: 中华书局, 2012: 498.）

见其师不同往日，奇怪其师为何如"槁木死灰"一般。南郭氏赞赏子游之问，并表示自己现在的身心状态可称为"吾丧我"。但南郭子綦并没有继续解释什么叫作"吾丧我"，而是将话题引向"天籁"。对于此点，罗勉道称："言汝若闻地籁、天籁之说，则知吾之所以丧我者矣。"① 牟宗三先生认为"庄子说'吾丧我'这个境界是为的要说'天籁'"②，毫无疑问，"吾丧我"与"天籁"必有关系，否则此段问答便无意义。

子游曰："敢问其方。"子綦曰："夫大块噫气，其名为风。是唯无作，作则万窍怒呺。而独不闻之翏翏乎？山林之畏佳，大木百围之窍穴，似鼻，似口，似耳，似枅，似圈，似臼，似洼者，似污者。激者、謞者、叱者、吸者、叫者、譹者、宎者，咬者，前者唱于而随者唱喁。泠风则小和，飘风则大和，厉风济则众窍为虚。而独不见之调调之刁刁乎？"子游曰："地籁则众窍是已，人籁则比竹是已，敢问天籁。"子綦曰："夫吹万不同，而使其自已也③，咸其自取，怒者其谁邪！"

"人籁"是通过人所制作的乐器发出的声音，"地籁"是风吹过各种形状的窍穴发出的声音，这些都很明了，但到了"天籁"，子綦又没有明言，而是反问。

"夫吹万不同，而使其自已也，咸其自取，怒者其谁邪"，此句历代注解争议不断，或从"自已""自取"解，主张"天籁"即自然，如郭象曰："夫天籁者，岂复别有一物哉？即众窍比竹之属，接乎有生之类，会而共成一天耳……以天言之所以明其自然也，岂苍苍之谓哉！"④ 或从"吹""使""怒者"解，主张"天籁"即主宰者，如林希逸即言"皆属造物"⑤，王先谦言："'怒者其谁'，使人言下自领，下文所谓'真君'也。"⑥ 以郭象之解，"天

---

① 罗勉道. 南华真经循本 [M]. 李波，点校. 北京：中华书局，2016：18.

② 牟宗三. 庄子《齐物论》讲演录：一 [J]. 鹅湖月刊，2002（1）.

③ "自已"之"已"，学者多从自己之"己"。司马彪："吹万，言天气吹煦，生养万物，形气不同。已，止也，使得各其性而止。"（转引自郭庆藩. 庄子集释 [M]. 王孝鱼，点校. 3版. 北京：中华书局，2012：56.）笔者从司马彪作"止"之义的"已"。

④ 郭庆藩. 庄子集释 [M]. 王孝鱼，点校. 3版. 北京：中华书局，2012：55—56.

⑤ 林希逸. 庄子鬳斋口义校注 [M]. 周启成，校注. 北京：中华书局，1997：15—16.

⑥ 王先谦. 庄子集解·庄子集解内篇补正 [M]. 刘武，补正. 沈啸寰，点校. 2版. 北京：中华书局，2012：20.

籁"并非实有一物，而是指从自身禀受所出，而各当其分者，皆可称为"天籁"。以林希逸、王先谦等论，"天籁"即"造物""真君"。笔者以为郭象将"天籁"理解为"自然"，确有其理，但以各任其性即为"自然"，则是其本人的哲学创造，并非庄子所谓"自然"。林希逸、王先谦等将"吹万不同"者、"怒者"视为实有造物者，则与庄子思想不合。

相形之下，马其昶似合两家之论，其言："万窍怒号，非有怒之者，任其自然，即天籁也。天籁在地籁、人籁之中，喻真君在百骸九窍之中。"① 马其昶或以"真君"为虚指，并非实有一个掌控一切的造物者，而是指能够"任其自然"者，即"真君"，实即指经过身心修养之后所达到的一种契道境界，到此境界者可从"人籁""地籁"之中感受到"天籁"。

若嫌马其昶所说尚有曲折难解处，于"天籁"为何讲得不够透彻，那么姚鼐对"三籁"的描述无疑更加直接，其曰："丧我者，闻'众窍''比竹'，举是天籁。有我者闻之，只是'地籁''人籁'而已。"② 联系后文所讲"真君"即除去"我"之后的"吾"，在经过"丧我"的身心修养之后，"人籁""地籁"在"吾"闻之皆是"天籁"。"吹万不同"者、"怒者"皆是未丧的"我"，"自已"者、"自取"者，皆指"丧我"之后的"吾"。③

大知闲闲，小知间间；大言炎炎，小言詹詹。其寐也魂交，其觉也形开，与接为构，日以心斗。缦者，窖者，密者。小恐惴惴，大恐缦缦。其发若机栝，其司是非之谓也；其留如诅盟，其守胜之谓也；其杀如秋冬，以言其日消也；其溺之所为之，不可使复之也；其厌也如缄，以言其老洫也；近死之心，莫使复阳也。喜怒哀乐，虑叹变热，姚佚启态；乐出虚，蒸成菌。日夜相代乎前，

---

① 马其昶. 定本庄子故 [M]. 马茂元，编次. 合肥：黄山书社，1989：9.

② 转引自钱穆. 庄子纂笺 [M]. 九州出版社，2011：10. 王叔岷先生言："自不齐观之，则有人籁、地籁、天籁之别，自其齐观之，则人籁、地籁皆天籁也。"（参见王叔岷. 庄子校诠 [M]. 北京：中华书局，2007：48.）王叔岷先生侧重以"齐物"论"天籁"，姚鼐侧重以"吾丧我"论"天籁"，二者表达的内涵一致，而面向有别，后文将详述。

③ 陈静教授关于庄子之"吾"与"我"的理解，可参，其言："'我'又具体地展现为形态的和情态的存在，作为形态的存在，'我'总是被动地陷逆于现实的困境之中"，"从'情态的我'中超脱出来，本真的我才能呈现。真正的我，庄子称为'真君''真宰''至人'或'真人'，在'吾丧我'这个吾、我对举的表述中，也就是'吾'。"（陈静."吾丧我"——《庄子·齐物论》解读 [J]. 哲学研究，2001 (5).

而莫知其所萌。已乎，已乎！旦暮得此，其所由以生乎！（《庄子·齐物论》）

大知、小知，大言、小言，日日夜夜劳心费神于钩心斗角，以致精力衰败，近乎死地，终日在不真实的喜怒哀乐等情绪之间奔波游走，却不知为何。此节忽从"三籁"讲到"大知""小知"，似无逻辑可言，实则子綦描摹风吹众窍之种种情状，已在为刻画世间人千百般计较作铺垫。宋人吕惠卿注风吹众窍时曾言："此何以异于人之有我，以役其心形之时邪！"① 显然是将风吹众窍产生的不同声音，与心形禁锢者处世时的状况联系起来。憨山德清言："此长风众窍，只是个譬喻，谓从大道、顺造物，而散于众人，如长风之鼓万窍，人各禀形器之不同，故知见之不一，而各发论之不齐，如众窍受风之大小、浅深，故声有高低、大小、长短之不一。此众论之所一定之不齐也……争奈众人各执己见，言出于机心，不是无心，故有是非。"② 万窍形状各异，人之气禀亦不同，风吹万窍之声各异，人之知见亦不同，所发言论自然也不齐。特别值得注意的是，憨山德清说众人各执己见是由于人有"机心"，而不能"无心"，在憨山德清这里"机心"与"无心"正是探究是非产生原因的两个方面。前文已言"忘"即"无心"，故而我们认为憨山德清的说法，对于人之所以意见纷繁是由于不能"无心"，不能"忘"是非常准确的。③

---

① 吕惠卿. 庄子义集校 [M]. 汤君，集校. 北京：中华书局，2009：19.

② 释德清. 庄子内篇注 [M]. 黄曙辉，点校. 上海：华东师范大学出版社，2009：22 - 23. 冯友兰先生更直接地表示两段所谈"有分别而又有联系。上面讲大风一段，是用形象化的语言描写自然界中的事物的千变万化；这一段是用形象化的语言描写心理现象的千变万化、上一段讲的是客观世界；这一段讲的是主观世界。"（参见冯友兰. 中国哲学史新编：上卷 [M]. 北京：人民出版社，1998：403.）当然"客观世界""主观世界"自不必视为泾渭分明，从风之千变万化，过渡到心理现象的千变万化亦可视为譬喻。

③ 憨山德清在此处说人各执己见，出于"机心"尚需略作说明。"机心"出自《庄子·天地》，是汉阴丈人对子贡的教诲，其曰："有机械者必有机事，有机事者必有机心。机心存于胸中，则纯白不备。""机心"在问中是由子贡所说的"机械"推演而来的，可解为机巧诈伪之心，而《庄子·齐物论》所说人各执己见，却未必全然是由于机巧之心，更多的是人困于自己的闻见而产生的偏执之心，亦即《庄子·齐物论》下文所说之"成心"，偏执未必是出于巧诈。然而，憨山德清将"成心"理解为"现成本有之真心也"（参见释德清. 庄子内篇注 [M]. 黄曙辉，点校. 上海：华东师范大学出版社，2009：30.），是人人本有，人人皆应求之师者（郭象对"成心"见解有矛盾之处，在庄学史上对庄子之"成心"持正面态度者还有林希逸、吕惠卿、陆西星、宣颖等人，参见张永义. "真宰"与"成心"：基于庄学史的考察 [C] // 《齐物论》学术研讨会暨第二届两岸《庄子》哲学工作坊会议论文集. 上海：华东师范大学，2019：309 - 322.）。依憨山德清的理解，"成心"与"无心"都属正面意义，自然不能对言。不过，笔者以为"成心"似不应依憨山德清之解，此点于后文将有说明。

非彼无我，非我无所取。是亦近矣，而不知其所为使。若有真宰，而特不得其朕。可行己信，而不见其形，有情而无形。百骸、九窍、六藏、赅而存焉，吾谁与为亲？汝皆说之乎？其有私焉？如是皆有为臣妾乎？其臣妾不足以相治乎？其递相为君臣乎？其有真君存焉！如求得其情与不得，无益损乎其真。

"非彼无我"之"彼"，注家或以为"自然"①，或以为"真宰"②，或以为与我相"对待之名"③，恐非，应指前文"旦暮得此"之"此"，即"指上述各种情态"④。而"'我'当即'吾丧我'之'我'"⑤。"所为使"即寻找人之各种负面情态产生的原因，是因为有一个控制这一切，却又无形无相的"真宰""真君"吗？按照《庄子》的回答，"真宰""真君"仅仅只是一种虚指，而并非实指，此"真君"即"丧我"之后的"吾"，前已说明，天籁与"真君"相同，指经过身心修养之后所达到的一种契道境界。

一受其成形，不化⑥以待尽。与物相刃相靡，其行尽如驰，而莫之能止，不亦悲乎！终身役役而不见其成功，茶然疲役而不知其所归，可不哀邪！人谓之不死，奚益！其形化，其心与之然，可不谓大哀乎？人之生也，固若是芒乎？其我独芒，而人亦有不芒者乎？夫随其成心而师之，谁独且无师乎？奚必知代而自取者有之？愚者与有焉。未成乎心而有是非，是今日适越而昔至也。是以无有为有。无有为有，虽有神禹，且不能知，吾独且奈何哉！

---

① 郭象注曰："彼，自然也。自然生我，我自然生。"（参见郭庆藩. 庄子集释 [M]. 王孝鱼，点校. 3 版. 北京：中华书局，2012：62.）

② 林希逸注曰："下非彼我这'彼'字，却是上面'此'字，言非造物则我不能如此而已。"（参见林希逸. 庄子鬳斋口义校注 [M]. 周启成，校注. 北京：中华书局，1997：18.）

③ 严复曰："'彼''我'，对待之名；'真宰'，则绝对者也。"（转引自钱穆. 庄子纂笺 [M]. 北京：九州出版社，2011：12.）

④ 陈鼓应. 庄子今注今译 [M]. 2 版. 北京：中华书局，2009：54.

⑤ 陈引驰. 庄子精读 [M]. 上海：复旦大学出版社，2016：124. 陈引驰教授又说此处之"我""即如'坐忘'所欲抛却的专属'我'的'肢体''聪明'，也就是个体的种种欲望和知性。"笔者赞同陈引驰教授将此处之"我"与"坐忘"联系起来，但陈引驰教授将"肢体""聪明"理解为"欲望""知性"似非。

⑥ "不化"，它本作"不忘""不亡"。刘师培言："《田子方》篇作'不化'。窃以'亡'即'化'讹。'不化'犹云弗变。下云：'其形化'，即蒙此言。郭注以'中易其性'为诠，'易'，'化'义，符是郭本亦弗作'亡'也。盖'匕''亡'形近，'匕'讹为'亡'。俗本竟以'忘'易之。"（转引自陈鼓应. 庄子今注今译 [M]. 2 版. 北京：中华书局，2009：56.）

关于"成形",前文已经讲了很多,不再赘言。而"成心",前已明憨山德清之解并不可靠,此"成心"当从成玄英之见,其曰:"域情滞着,执一家之偏见,谓之成心。"① 不管是自谓通晓世情者,还是愚者,实际上都有偏见,人人皆从己之偏见发论,则是非之争甚嚣尘上。至此处,"丧我"之"我"又更细致地被区分出"成形""成心"二者,显然此二者皆为"丧"之对象,也是"坐忘"之"忘"的对象,而"丧""忘"之后,则是"槁木死灰""隳肢体,黜聪明,离形去知"。

夫言非吹也,言者有言,其所言者特未定也。果有言邪?其未尝有言邪?其以为异于鷇音,亦有辩乎,其无辩乎?道恶乎隐而有真伪?言恶乎隐而有是非?道恶乎往而不存?言恶乎存而不可?道隐于小成,言隐于荣华。故有儒墨之是非,以是其所非而非其所是。欲是其所非而非其所是,则莫若以明。

学者多认可"言"与"吹"之不同,在于"言论出于成见,风吹乃发于自然"②。或有怀疑者言,前文多处讲庄子以"地籁"喻人心之纷繁,此处又言不同,二者之间是不是有矛盾。其实并非如此,一者,庄子前文作喻者,是风吹众窍产生的各种声音来比喻人心,而非以风直接喻人心,"风"是与"言"对应的。庄子批判儒墨两家出于偏见,站在自己的立场指责他人,如此争论不休,不如"以明"。庄子在这里并没有直接批判儒墨的价值观,而是强调一种从"道"的角度看问题的视野。③

总结以上,"坐忘"与"吾丧我"是相同的修养论。"坐忘"的修养方法是从对"是非"(价值判断)、"同是"(价值标准的划定)的遣除("忘仁义""忘礼乐"),再到认识到"命"之"不得已"而主动地追求"无用"("隳肢体、黜聪明"),最终达到"离形去知、同于大通"境界(亦即"坐忘"境界),是正向的修养次第。而"吾丧我",是先讲"槁木死灰""天籁"的境界,再探究人心万种情态"我"产生的原因——"成形""成心",再从"成形""成心"引出"是""非"之争,是逆向的讲解。"坐忘"和"吾丧

---

① 郭庆藩. 庄子集释 [M]. 王孝鱼,点校. 3 版. 北京:中华书局,2012:67.

② 陈鼓应. 庄子今注今译 [M]. 2 版. 北京:中华书局,2009:59.

③ "从道和天的角度来看'物'之是非、可与不可。"参见吴根友. 庄子《齐物论》"莫若以明"合解 [J]. 哲学研究,2013 (5).

我"是基于同样的认识论而分别从正反两个方向描述了同样的修养论。"坐忘""吾丧我"的认识论基础，在《庄子·齐物论》有更集中的表述，其言：

古之人，其知有所至矣。恶乎至？有以为未始有物者，至矣，尽矣，不可以加矣！其次以为有物矣，而未始有封也。其次以为有封焉，而未始有是非也。是非之彰也，道之所以亏也。

此段内容的主旨历代见解歧出，或言讲"体道之不同境界"，或言讲"意念发生之过程"，或言讲"万物万事形成之过程"①，近代注解则多以认知层次理解。② 笔者认为此段内容是讲认识论，而庄子的修养论正是建立在这种认识论之上。随着认知层次的提升，修养也在不断推进，其中"未始有物"即"物我"未分的状态，"槁木死灰""通""天籁""以明""一""混沌"都是形容此状态。③

"有物"即有"物""我"之分，"成心""成形""滑疑之耀"均对应此。学者或以老子"有生于物"为据，并结合西方哲学，认为庄子所讲"有物"即"抽象的'有'"④。或从老子"有物混成"之说得到启发，认为"有物"未有封，指物无分别，尚是"混沌"状态⑤，似不妥。

"有封"，《说文解字》言"封"为"爵诸侯之土也"，即划分一定的土

---

① 参见崔大华. 庄子歧解 [M]. 郑州：中州古籍出版社，1988：72 – 73.
② 李凯将历代解读模式概括为四种，"即宇宙论模式、本体论模式、认识论模式和境界论模式"。宇宙论模式的代表是陈鼓应先生，本体论模式的代表是杨国荣先生，认识论模式的代表是陈少明教授，境界论模式的代表是牟宗三、章太炎先生。李凯本人赞同章太炎先生以佛解《庄》的境界论模式（李凯. 庄子齐物思想研究 [M]. 北京：中国社会科学出版社，2018：29 – 36.）。
③ "未始有物"与"同于大通"相关，郭象似已有此见，其注"未始有物者"为："此忘天地，遗万物，外不察乎宇宙，内不觉其一身，故能旷然无累，与物俱往，而无所不应也。"（参见郭庆藩. 庄子集释 [M]. 王孝鱼，点校. 3 版. 北京：中华书局，2012：81.）其注"坐忘"："夫坐忘者，奚所不忘哉！既忘其迹，又忘其所以迹者，内不觉其一身，外不识有天地，然后旷然与变化为体而无不通也。"（参见郭庆藩. 庄子集释 [M]. 王孝鱼，点校. 3 版. 北京：中华书局，2012：290.）郭象两段注解高度一致，足见郭象亦将"未始有物"与"坐忘""同于大通"联系在一起。
④ "知的四个层次等级很分明，至知是未有，即无；次知识有而不分，只是一种抽象的'有'；再次是对物做审察区分的功夫，是是非的前提；而最次是对是非得失的计较，这是对'道'或整体价值的损害。"（参见陈少明.《齐物论》及其影响 [M]. 北京：北京大学出版社，2004：35.）
⑤ "其次是有物，但是物之间没有分别，好比是混沌"（王博. 庄子哲学 [M]. 2 版. 北京：北京大学出版社，2013：109.）；"认识到物的浑沌状态，不作种种无谓的区别、分辨"（陈引驰. 庄子精读 [M]. 上海：复旦大学出版社，2016：134.）。

地，有疆域、分界之意。成玄英解"夫道未始有封"之"封"为"封域"①，王先谦注"封"为"界域也"②。可见关于"封"之本义，诸家并无分歧，但注《庄》解《庄》者在诠释文义时，又进而对分界、界域的对象作了界定，如此则有了较大的分歧。郭象注"其次以为有物矣，而未始有封也"为"虽未都忘，犹能忘其彼此"，没有对"封"作具体的解释，而将"封"视为对"彼此"的区分，自此将"封"视为"彼此"之分的说法就占据了主流。如林希逸言："因此念而后有物我，便是有封。"③ 林氏所言"物我"实即所谓"彼此"。宣颖注为"尚无彼此之界"④。林云铭更是直接将"封"改为"对"，并言："对，对待。俗本为'封'，费解。"⑤ 这些解释明显与郭象视"封"为"彼此"之分相近。

"有封"取"分界"意，指划出规定范围，作出限制，而非指"物我"之限，或"彼此"之限，"有物"已代表"物""我"之分。后文言："为是而有畛也。请言其畛：有左有右，有伦有义，有分有辩，有竞有争，此之谓八德。"其中"畛"，按《说文解字》"井田间陌也"，即田地间的小路，引申为划定范围、界限等义。可以很清楚地看到"畛"与"封"用法是一样的，而"畛"所划出范围，是特指规定内容的"八德"，即设立的八种评价标准（"同是"）。后世常有"越礼"之说，便是将"礼乐"视为一种有限制的领域，含有禁止超出的意思。庄子所谓"有封""有畛"，是以不同取舍、不同标准对世界作出不同规定、不同限制，亦即所谓"同是"，在"坐忘"寓言中，"礼乐"即代指"同是"。⑥

"有是非"即对所划分之界限作出高低贵贱的价值判断，"坐忘"寓言中的"仁义"即在一种价值标准的基础上作出的判断。以图表的方式直观展示

---

① 郭庆藩. 庄子集释 [M]. 王孝鱼，点校. 3 版. 北京：中华书局，2012：90.

② 王先谦. 庄子集解·庄子集解内篇补正 [M]. 刘武，补正. 沈啸寰，点校. 2 版. 北京：中华书局，2012：28.

③ 林希逸. 庄子鬳斋口义校注 [M]. 周启成，校注. 北京：中华书局，1997：28.

④ 宣颖. 南华经解 [M]. 曹础基，点校. 广州：广东人民出版社，2008：17.

⑤ 林云铭. 庄子因 [M]. 张京华，点校. 上海：华东师范大学出版社，2011：18.

⑥ "持多元文化观念者则拒绝对这些不同的文化形态作出价值等第上的评价，认为它们其时各具其特定情境之下的合理性，而不是在它们之间作出文明、野蛮之类简单的仰扬。"（参见陈引驰. 庄子精读 [M]. 上海：复旦大学出版社，2016：134.）

"坐忘""吾丧我"的修养论和认识论关系则为下图。

认识论 修养论 命名	有是非	有封	有物	未始有物
	修养对象			修养境界
吾丧我	是非		我（成形/成心）	槁木死灰/天籁、真君/丧我
坐忘	仁义	礼乐	肢体、形/聪明、知	无用/隳体黜聪、离形去知/同于大通/坐忘

　　结合前文所言，在认识论的指导下进行有效的修养实践，主体的身心状态必然会有所改变，认识论指导下的修养实践即修养方法，主体经过修养自然呈现的身心状态即修养境界。修养方法与修养境界本就是对修养过程不同侧重的描述，简称之，即修养论。"坐忘"便是庄子独特的修养论，从修养方法的角度来讲，是以"齐物"的认识论指导"忘仁义""忘礼乐""隳体黜聪"的次第性修养，其具体实践与"心斋"一类的坐式行气有关，此即"坐而忘"；从修养境界的角度来讲，则是通过这种次第性身心实践所必然、自然呈现出的"离形去知、同于大通"（"槁木死灰"者可得闻"天籁"）的身心状态，这种身心状态在日常生活中的落实，即"逍遥"游的"庸人"，此即"坐于忘"。

第二章

魏晋玄学对"坐忘"修养境界义的发展

　　主要反映庄子后学思想的《庄子》外、杂篇，虽然没有直接使用"坐忘"一语，但"堕尔形体，吐尔聪明，伦与物忘，大同乎涬溟"（《庄子·在宥》），"忘汝神气，堕汝形骸"（《庄子·天地》），"吾处身也，若厥株拘；吾执臂也，若槁木之枝"（《庄子·达生》），"形固可使若槁骸，心固可使若死灰乎"（《庄子·徐无鬼》），"形体掘若槁木，似遗物离人而立于独也"（《庄子·田子方》）等都是与"坐忘"思想一致的表述。

　　秦汉时期的庄学发展相对沉寂①，连带着"坐忘"也较少被提及。前文曾谈及《淮南子》编撰者对"坐忘"寓言的改动，似亦可视为汉代学者对"坐忘"的认识，即基于老子思想去理解庄子"坐忘"。同时，刘安、董仲舒、严遵等人也常用"槁木死灰"形容理想的"真人""圣人"境界，但均未超出庄子对"坐忘"的界定。

　　真正对"坐忘"作出全新解释，又有重要影响的首先是魏晋郭象。在那个"读《庄》成风与注《庄》成学"②的时代，郭象的《庄子注》能卓然一家，其对"坐忘"有新见亦在情理之中。如前章所说，庄子"坐忘"的最终指向是游于世的"庸人"，但这一点似乎并没有被庄子后学完全接受，庄子后学在《庄子·天下》中明确提出"内圣外王"，体现了后学意欲将庄子思想与治世之学结合的取向③，郭象对于"坐忘"修养境界义的创造性解读，便基于此点。而另一位对"坐忘"思想发展作出重要贡献的是韩康伯，其"坐

---

　　①　相关内容可参考熊铁基. 中国庄学史［M］. 北京：人民出版社，2013：61-78.

　　②　熊铁基. 中国庄学史［M］. 北京：人民出版社，2013：116.

　　③　"内圣外王"之义及其流衍，可看李智福. 内圣外王：郭子玄王船山章太炎三家庄子学勘会［M］. 北京：中国社会科学出版社，2019：8-23.

忘遗照”说影响甚巨，却少为学者所提及。本章便集中讨论以郭象、韩康伯为代表的魏晋玄学家对“坐忘”修养境界义的发展。

第一节　郭象“坐忘”思想研究

郭象依托《庄子》文本建构自己思想体系的同时，也对庄学发展作出了巨大贡献，这一点已经成为学界共识。不过，就郭象个人思想而言，目前学界关注较多的是他的“适性逍遥”“独化”“自生”“迹”与“所以迹”等观点，而对郭象“坐忘”的思想关注较少。这不只说明目前学界对郭象个人思想的研究尚有欠缺，也忽视了郭象以“坐忘”统合“内圣外王”所树立的人格理想，在历史上曾起标杆性的作用，继而也就不能正确评价郭象对中国思想文化发展作出的独特贡献。本节拟从学界对郭象“坐忘”思想认识的差异入手，分判郭象对庄子“坐忘”的创造性理解；再以郭象所发挥的“坐忘”“内圣外王”义为起点，正确评价郭象融合儒道人格理想的努力。

一、郭象对“坐忘”修养方法义的消解

郭象除了在注《庄子·大宗师》时多次使用“坐忘”一语，还以“坐忘行忘，忘而为之，故行若曳枯木，止若聚死灰模，是以云其神凝也”，形容姑射山神人“神凝”的境界①；庄子言“其合缗缗，若愚若昏，是谓玄德”，也被郭象释为圣人之“玄德”是以“坐忘而自合耳，非照察以合之”②；庄文中圣人“其达也使王公忘爵禄而化卑”，郭象注为“轻爵禄而重道德，超然坐忘，不觉荣之在身，故使王公失其所以为高”，指圣人“超然坐忘”的境界可以影响“王公”③。

笔者在绪论中谈到学界对郭象“坐忘”思想的认识存在两种分歧：一种以中野达为代表，认为在郭象思想中“坐忘被观念化和理想化”，也就是说缺少操作性；另一种以康中乾教授为代表，认为郭象将庄子的“坐忘”思想发展得更为现实，更具操作性。笔者在论及庄子“坐忘”一章时讲到在“坐

①　郭庆藩. 庄子集释·逍遥游注［M］. 王孝鱼，点校. 3 版. 北京：中华书局，2012：34.
②　郭庆藩. 庄子集释·天地注［M］. 王孝鱼，点校. 3 版. 北京：中华书局，2012：431.
③　郭庆藩. 庄子集释·则阳注［M］. 王孝鱼，点校. 3 版. 北京：中华书局，2012：872.

忘"寓言中，庄子更多地突出了"坐忘"的认识论和修养境界，其修养方法在"丧我""心斋"等寓言中体现得更为明显。而正如中野达所指出的，《庄子》书中最具实践性的"丧我""心斋"，郭象没有用"坐忘"来注解。鸿蒙教导云将"心养"时，讲"堕尔形体，吐尔聪明""解心释神"，郭象以"坐忘任独"诠释①；季咸见壶子所示之"地文"称其"见湿灰焉"，郭象在后文称壶子是"与枯木同其不华，湿灰均于寂魄"，并以"尸居而坐忘"形容②，显然在郭象的理解中得道者呈现于外的"枯木""湿灰"状态即"坐忘"。而"吾丧我"讲的"形固可使如槁木，心固可使如死灰"用意十分明显，郭象却不以"坐忘"注解，这恐怕并非一时疏忽可以解释的。就笔者前文所引，神人之"神凝"，壶子示"地文"，圣人玄德之"若愚若昏"，圣人"使王公忘爵禄"等并不侧重讲实践，而主要形容境界的地方，均被郭象用"坐忘"注解，这似乎体现了郭象有消解"坐忘"方法义而突出"坐忘"境界义的意图。

康中乾教授也承认，从表面上看，郭象"玄冥"之境似乎不及庄子"坐忘"丰富、深刻，"郭象似乎是对这种'玄冥'境界的直接指认，而没有获得的过程，似乎也没有理论上的论述和说明"，"'玄冥'之境的获得似乎是没有方法和途径的，似乎不可捉摸和琢磨，是有一些神秘色彩的"③。但康中乾教授又表示，事实上，郭象的"玄冥"之境比庄子的"坐忘"境界更现实、更具备可操作性，因为郭象的"玄冥"之境"立足点在现实的社会关系

①　郭庆藩. 庄子集释·在宥注 [M]. 王孝鱼，点校. 3 版. 北京：中华书局，2012：399.
②　郭庆藩. 庄子集释·应帝王注 [M]. 王孝鱼，点校. 3 版. 北京：中华书局，2012：306.
③　康中乾. 从庄子到郭象——《庄子》与《庄子注》比较研究 [M]. 北京：人民出版社，2013：341.

上"①，这种现实、可操作的社会关系"主要是社会政治的方向和内容"②。不过，笔者认为不管是魏晋时期还是当下，有机会实际参与政治活动的永远是少数人，而郭象所讲的"坐忘"是"终日挥形而神气无变，俯仰万机而淡然自若"③，能在方内方外切换自如，名教自然统一和谐，在应对繁芜的现世事务时尚能自适自得，这恐怕只有天生的"圣人"能够做到，而真实的"凡人"一生也难以企及。因此，笔者认为康中乾教授所说的郭象"玄冥"之境

---

① 康中乾. 从庄子到郭象——《庄子》与《庄子注》比较研究 [M]. 北京：人民出版社，2013：341－343.

② 康中乾. 从庄子到郭象——《庄子》与《庄子注》比较研究 [M]. 北京：人民出版社，2013：348. 康中乾教授也指出郭象"玄冥"之境之所以比庄子"坐忘"境界思想丰富、深刻，是因为郭象"发掘出了庄子那里的'道忘'思想和方法"（康中乾. 从庄子到郭象——《庄子》与《庄子注》比较研究 [M]. 北京：人民出版社，2013：345.）。康中乾教授在此前的论文说道："郭象继承了庄子的'技'思想，并改造了这种'技'，即将庄子的使用工具的'技'转变为从事政治的'技'。当然，这不是去要权术，而是一种高超的处理社会政治问题的方法和原则，这就是郭象那个著名的'内圣外王之道'……但这不是'坐忘'，而是运用政治之'技'的'道忘'。"康中乾. 玄学"言意之辨"中的"忘" [J]. 哲学研究，2004（9）. 通过比对，笔者认为康中乾教授在《玄学"言意之辨"中的"忘"》的很多观点，在《从庄子到郭象——〈庄子〉与〈庄子注〉比较研究》一书中都有所修正，故而本文以后者观点为准。

③ 《大宗师注》，见郭庆藩. 庄子集释 [M]. 王孝鱼，点校. 3 版. 北京：中华书局，2012：273.

的可操作性恐难成立。①

相较而言，笔者倾向于中野达的观点，"郭象注中坐忘被理想化、抽象化，被认为是圣人独有的一种内圣外王的境界"，郭象将"坐忘"定义为"与动静行坐没有关系"，意图消解"坐忘"的"实践性、体验的个体性和普遍性"。② 唐代道士文如海曾评价郭象注"放乎自然而绝学习，失庄生之

――――――――――

① 除"坐忘"法，康中乾教授还从庄子"相忘乎道术"中提炼出"道忘"，认为"道忘""根源于人的生存方式，即根源于人类社会的生产方式，故它原本就是社会行为，是可操作性的生产、生活活动"，并结合"庖丁解牛"（《庄子·养生主》）、"轮扁斫轮"（《庄子·天道》）、"佝偻者承蜩"（《庄子·达生》）、"津人操舟"（《庄子·达生》）、"吕梁丈夫蹈水"（《庄子·达生》）、"梓庆削木为鐻"（《庄子·达生》）、"大马之捶钩"（《庄子·知北游》）、"匠石运斤成风"（《庄子·徐无鬼》）等故事来说明，"'道忘'的本质内容是使用工具，且出神入化地、技术性和艺术性地使用工具"，与海德格尔所讲的用具的"上手状态"一样有现象性的意蕴（康中乾. 从庄子到郭象——《庄子》与《庄子注》比较研究 [M]. 北京：人民出版社，2013：314－323.）。"道忘""不是静坐和冥思，而是积极地活动，是使用工具作用于对象的劳动活动"，"在这种极为普遍的劳作、生活活动中，每一个人都自然而然地处在'忘'与得'道'的作为中"，"人的超越境界就在现实社会中，理想就是现实，生活就是'道'"。康中乾教授也说道："庄子有'道忘'思想，这是我们所厘析、发掘出的，庄子自己并没有这样讲，起码没有明确地讲'道忘'问题，所以'坐忘'法才是庄子的'得'道'之方。"（参见康中乾. 从庄子到郭象——《庄子》与《庄子注》比较研究 [M]. 北京：人民出版社，2013：340.）我们认为康中乾教授对庄子"忘"的理解有偏差。"坐忘"也并非消解"人的社会性"，而是要"与世俗处"，"坐忘"所消解的是有是非、有标准的"成心"，所远离的不是"人"，而是肮脏、害生的"政治"，主张成为无用于世，即无用于"政治"之用的"庸人"。前文已言，庄子用过"丧""外""遣""遗"等不同说法，与"忘"同义，均指向道，故不需要再提炼出一个"道忘"，康中乾教授所讲的日常生产生活的技术性的"忘"和"坐忘"，实为庄子之"忘"的不同讲法。庄子所讲的"以技进道"在修养方法上与"坐忘"相同，都有一个渐进的阶次，如"庖丁解牛"寓言之"所见无非牛"到"未尝见牛"，再到"以神遇而不以目视"，从"岁更刀""月更刀"，再到十九年解千牛而刀刃若新；"佝偻者承蜩"寓言之"累丸二""累三""累五"等都是指修行的渐进，而不应仅仅局限于"技"的理解。由"技"进"艺"，继而进"道"，与"坐忘"所达之境界也是一致的，可以说庄子"以技进道"是对"坐忘"的补充，或说"坐忘"的"庸人"，在世俗生活中，更多地呈现为"以技进道"的"匠人"。佛教禅宗"饥来吃饭，困来即眠"，"神通并妙用，运水与搬柴"，即将"禅"落实到日常生活，这与庄子所讲的列子喂猪，"以技进道"等关系密切。庄子的"逍遥""坐忘"本就是一种生活方式，而非缥缈的虚幻境界，这种生活方式既不是圣人独有，又非一朝可得，而是需要渐次修得，从这一点上看，禅宗无疑是在发挥庄子思想，也在一定程度上发展、证成了庄子的思想。

② 中野达.《庄子》郭象注中的坐忘 [J]. 宗教学研究，1991（Z1）.

旨”①，其于郭象消解庄子思想实践性的一面或已有所见。②

那么郭象消解“坐忘”方法义的主观用意何在？笔者推测或与魏晋时期流行的“圣人”观有关。汤用彤先生曾论及王弼反对何晏“圣人无喜怒哀乐”，而主“圣人有情”③，又言王弼所论“‘圣人茂于人者神明’也者，似谓圣明独厚，非学所得”“乃谓圣人智慧自备”④。汤一介先生引申为“郭象虽立论与王弼不同，而却都认为圣人不可学，亦不可致也。这种观点可以说是许多魏晋玄学家的共同看法”⑤。嵇康《养生论》言“神仙禀之自然，非积学所致”⑥，或也反映了当时的这种观念。圣人不可学、不可致，自然也就不能通过一定的修养方法达到圣人才能达到的“坐忘”境界。

二、“坐忘”与“内圣外王”

鉴于中野达先生对郭象“坐忘”思想的特质总结得已经相当完备，笔者在接受中野达先生观点的基础上，更侧重从学术史的角度描述郭象“坐忘”思想的承上与启下。郭象对于“坐忘”的直接解释仅有一处，即将《庄子·

---

① 《郡斋读书志》载：“文如海《庄子疏》十卷，右唐文如海撰。如海，明皇时道士也。以郭象注放乎自然而绝学习，失庄生之旨，因再为之解，凡九万余言。”（参见晁公武. 郡斋读书志校证 [M]. 孙猛，校证. 上海：上海古籍出版社，2011：482.）

② 笔者在前文已经说到，庄子之“坐忘”的实践义不仅仅体现在“坐式呼吸”，还特别要与渐进的修行过程，以及其认识论联系起来。这些地方郭象又不能完全无视，所以郭象虽有消解“坐忘”实践性的主观意图，但在很多地方还是要注出庄子修行的渐进义。或说郭象取消了“坐忘”“气”层面的实践义，却无意中更加突出了“坐忘”认识（“心”）层面的实践义，后世道教学者经过佛教中观学的启迪，在郭象的思想之上发展出重玄学，对后来的道教注解老庄经典产生了深刻影响，此点后文将详述。

③ 裴松之引何劭为王弼所作传言：“何晏以为圣人无喜怒哀乐，其论甚精，钟会等述之。弼与不同，以为圣人茂于人者神明也，同于人者五情也，神明茂故能体冲和以通无，五情同故不能无哀乐以应物。然则圣人之情，应物而无累于物者也。今以其无累，便谓不复应物，失之多矣。”（参见陈寿. 三国志 [M]. 北京：中华书局，1959：795.）

④ 汤用彤. 魏晋玄学论稿及其他 [M]. 北京：北京大学出版社，2010：54–55.

⑤ 汤一介. 郭象与魏晋玄学 [M] //汤一介集：第二卷. 北京：中国人民大学出版社，2014：338. 汤用彤先生所论的“圣人无情”理据或即可视为魏晋人士何以主张圣人不可学的原因，其言“汉儒上承孟、荀之辨性，多主性善情恶，推至其极则圣人纯善而无恶，则可以言无情”；“汉魏之间自然天道观盛行，天理纯乎自然，贪欲出乎人为，推至其极则圣人道合自然，纯乎天理，则可以言无情”（汤用彤. 魏晋玄学论稿及其他 [M]. 北京：北京大学出版社，2010：59.）。两汉流行的谶纬之学一味神化孔子，或为魏晋圣人不可学观点的滥觞。

⑥ 嵇康. 嵇康集校注 [M]. 戴明扬，校注. 北京：中华书局，2014：253.

大宗师》"隳肢体，黜聪明，离形去知，同于大通，此谓坐忘"释为：

> 夫坐忘者，奚所不忘哉！既忘其迹，又忘其所以迹者，内不觉其一身，外不识有天地，然后旷然与变化为体而无不通也。①

郭象所说的"既忘其迹，又忘其所以迹者"，中野达先生认为，这表明郭象所认识的"坐忘""是把名教（迹）和自然（所以迹）都忘了的一种境界"②，笔者对此表示同意。"都忘"一语似显浅白，但实际上，"奚所不忘哉"，也就是无所不忘，郭象自己就常表述为"都忘"，如郭象将《庄子·齐物论》中的"其次以为有物矣，而未始有封也"释为"虽未都忘，犹能忘其彼此"，"都忘"便是对上句"未始有物"的总结。

"内不觉其一身，外不识有天地"，笔者前文已经提及，依郭义，"肢体""形"是"内""身"的指代，"聪明""知"是"外""天地"的指代。郭象在这里并没有将"黜聪明""去知"理解为对"内"对"心"的修养，而是指对外部世界的认识。与此基本一致的表述还见于郭象注《庄子·齐物论》"未始有物"一段：

> 忘天地，遗万物，外不察乎宇宙，内不觉其一身，故能旷然无累，与物俱往，而无所不应也。③

前文已言，此段历代注解差异较大④，郭象这里是将其理解为"体道之不同境界"⑤，"未始有物"当然代表圣人的最高境界。"天地""万物""宇宙"相较于"一身"皆为"外"，当无疑义。"坐忘"的"旷然与变化为体而无不通"与"未始有物"的"旷然无累，与物俱往，而无所不应也"表达的意思也是一致的，只是后者较为简略，今以前者为例，略作分析。

"旷然与变化为体而无不通"，也包含"内""外"两部分内容，一者圣人"与变化为体"，一者圣人"无不通"。"与变化为体"，郭象常表述为"体化"。"无不通"其所言对象指向于"物"，也就是"外"，除郭注"未始有

---

① 郭庆藩. 庄子集释·大宗师注 [M]. 王孝鱼，点校. 3版. 北京：中华书局，2012：290.
② 中野达.《庄子》郭象注中的坐忘 [J]. 宗教学研究，1991（Z1）.
③ 郭庆藩. 庄子集释·齐物论注 [M]. 王孝鱼，点校. 3版. 北京：中华书局，2012：81.
④ 见本书第一章第四节《何谓"坐忘"》.
⑤ 参见崔大华. 庄子歧解 [M]. 郑州：中州古籍出版社，1988：72–73.

物"为"与物俱往，而无所不应也"的说法外，郭象还讲"夫圣人之心……故能体化合变，无往不可……体玄而极妙者，其所以会通万物之性，而陶铸天下之化"①，"夫体化合变，则无往而不因，无因而不可也"②，"睹其体化而应务"③。其中"与物俱往"④"无所不应""会通万物""陶铸天下""应务"等都表示所"通"者，"物"也，"外"也。也就是说"旷然与变化为体而无不通"，本就是在讲圣人境界的"内""外"状态。

从以上可以看到，郭象对"坐忘"的最直接注解，是在"内""外"，也就是圣人"内圣外王"的框架下进行诠解的，其用意当然并非要舍弃"内""外"，而是说处于"坐忘"境界的圣人能将"内""外"统合起来。

需要说明的是，在郭象之前，王弼曾"会通儒道提出了'应物而无累'的观点"⑤，而郭象讲"旷然无累，与物俱往，而无所不应也"，无疑是受到了王弼的影响。表面上看，郭象似乎只是将王弼的"应物而无累"更细致地表述为"内圣""无累"，"外王""应物"，并用"坐忘"的"大帽子"将它们笼罩起来。实际上，郭象将王弼圣人"应物而无累"的观点，结合其"适性逍遥"说又作了进一步的丰富。如郭象除对圣人"应物而无累"赞扬，还继承了庄子对"有为而累者"的批评。郭象将《庄子·在宥》"何谓道？有天道，有人道。无为而尊者，天道也；有为而累者，人道也。主者，天道也；臣者，人道也。天道之与人道也，相去远矣"释为：

> 在上而任万物之自为也。以有为为累者，不能率其自得也。同乎天之任物，则自然居物上。各当所任。君位无为而委百官，百官有所司而君不与焉。二者俱以不为而自得，则君道逸，臣道劳，劳逸之际，不可同日而论之也。

这段内容较为含混，需仔细辨析。"天道"即"君道"，可以"任万物之自为"，也就是圣人自己"无为"而"任万物之自为"，但这种"无为"又不是什么也不做，而是"无为而委百官"。"人道"的"以有为为累者，

---

① 郭庆藩. 庄子集释·逍遥游注 [M]. 王孝鱼，点校. 3版. 北京：中华书局，2012：36.
② 郭庆藩. 庄子集释·大宗师注 [M]. 王孝鱼，点校. 3版. 北京：中华书局，2012：275.
③ 郭庆藩. 庄子集释·大宗师注 [M]. 王孝鱼，点校. 3版. 北京：中华书局，2012：273.
④ 即郭象所说的"顺有""顺物"。
⑤ 可参阅李芙馥. "应物而无累"与王弼圣人观 [J]. 周易研究，2018（2）.

不能率其自得",与"臣道"的"不为而自得",这两句集中在"臣"这里,是因果关系,即"臣"以"有为为累",不能"自得",但又希望自己可以"不为而自得"。圣人和臣下的"不为而自得",郭象对前者以"逸"赞扬,对后者是以"劳"批评。那么,为什么同样是"不为而自得",郭象却一褒一贬呢?原因在于人应"各当所任","物各有性""性各有分",且"性"不能易,"臣妾有臣妾之性,众庶有众庶之性,圣人有圣人之性"①,而众人只能"各足于其性"②。圣人"无为"是圣人之"性分",而"百官有所司"是"臣下"的性分,臣下不应追求圣人的"性分","小大之殊各有定分,非羡欲所及"③,若"以小求大,理终不得"。那么臣下便不能"自得"吗,并非如此,郭象认为"各安其分,则大小俱足"④,具体到臣下,则臣下能够完成君主圣人交给自己的职责,即为"自得",而不应追求"不为而自得"。

君"无为"臣"有为",君道"逸",臣道"劳",本是黄老学的老生常谈。所不同者在于郭象增加了"自得"和"任万物"两方面内容。"自得"与"逍遥"的关系后文将具体分析,这里只对"任万物"作出说明。郭象所说的圣人"任物",也就是"任物性""任性"⑤。在郭象思想中,"任性"通向"逍遥",如其解《庄子·逍遥游》题为"物任其性,事称其能,各当其分,逍遥一也","任性逍遥",与学界常称的"适性逍遥""足性逍遥"一义不同,指只要能够遵从、发挥自己的"性分",人人皆可"逍遥"。⑥ 刘笑敢

① 汤一介. 郭象与魏晋玄学 [M] //汤一介集:第二卷. 北京:中国人民大学出版社,2014:338.

② 郭庆藩. 庄子集释·齐物论注 [M]. 王孝鱼,点校. 3 版. 北京:中华书局,2012:87.

③ 郭庆藩. 庄子集释·逍遥游注 [M]. 王孝鱼,点校. 3 版. 北京:中华书局,2012:15.

④ 郭庆藩. 庄子集释·秋水注 [M]. 王孝鱼,点校. 3 版. 北京:中华书局,2012:571.

⑤ "故所贵圣王者,非贵其能治也,贵其无为而任物之自为也"(《在宥注》);"任物之真性者,其迹则六经也"(《天运注》);"反任物性而物性自一"(《缮性注》);"任物而物性自通,则功名归物矣"(《秋水注》);"小知自私,大知任物"(《外物注》)。(参见郭庆藩. 庄子集释 [M]. 王孝鱼,点校. 3 版. 北京:中华书局,2012:374,534,556,575,928.)

⑥ "任物"与前所说"应物""顺物"等义同,只是表述上各有侧重,如"应务",便更侧重指政治活动。再如"夫无心而应者,任彼耳,不强应也"(郭庆藩. 庄子集释·人间世注 [M]. 王孝鱼,点校. 3 版. 北京:中华书局,2012:154.),就是以"任"对"应"作进一步解释。需要说明的是,正如前文讲的"与物俱往""无所不应""会通万物""陶铸天下""应务"等都表示圣人所"通"者,"物"也,"外"也,"任物"也有这一层面的意思,如郭象说"任物而物性自通"(郭庆藩. 庄子集释秋水注 [M]. 王孝鱼,点校. 3 版. 北京:中华书局,2012:575.)。

先生指出郭象的"逍遥有两种，一种是普通人的个体的逍遥，就此来说，一切个体都可以自足其性而逍遥；另一种是圣人的逍遥，即能实现万物的逍遥"①。普通人的"逍遥"，即"自得"，而圣人的"逍遥"，除了"自得"之外，还能"任万物之自为"②，也就是刘笑敢先生所说的"实现万物的逍遥"。③ 此外，郭象"自得"与其"逍遥"说的关系尚需要进一步说明。

三、"坐忘自得"

郭象对"自得"的认识，本于庄子。《庄子》一书用"自得"之处甚多，且义有不同。第一，作为"自以为得"理解，有贬义色彩。如真人"过而弗悔，当而不自得"（《庄子·大宗师》），指真人"于事偶有过失，也不去追悔，于事行之而当，也不自以为得"④；"荡荡默默，乃不自得"（《庄子·天运》），此处"不自得"也是不自以为得⑤。第二，"自己有所得"。如"夫不自见而见彼、不自得而得彼者，是得人之得而不自得其得者也"（《庄子·骈拇》），"不自得而得彼者"，即指不能得自己所应得之本性，而得人之性；"使人喜怒失位，居处无常，思虑不自得，中道不成章"（《庄子·在宥》），

① 刘笑敢. 郭象之自足逍遥与庄子之超越逍遥 [M] //刘笑敢. 庄子哲学及其演变. 北京：中国人民大学出版社，2010：332.

② 相近的表述还见于郭象《应帝王注》："天下若无明王，则莫能自得。令之自得，实明王之功也。然功在无为而还任天下。天下皆得自任，故似非明王之功。夫明王皆就足物性，故人人皆云我自尔，而莫知恃赖于明王。"（参见郭庆藩. 庄子集释 [M]. 王孝鱼，点校. 3 版. 北京：中华书局，2012：303.）

③ 李智福认为"'适性逍遥''足性逍遥'就是其（郭象——笔者注）'内圣外王'之道的另一种表述"（李智福. 内圣外王：郭子玄王船山章太炎三家庄子学勘会 [M]. 北京：中国社会科学出版社，2019：134.）。但笔者认为，在郭象的思想中，"内圣外王"者唯有圣人，而普通人也可以"适性逍遥"，故而"逍遥"并不是"内圣外王"的另一种表述。

④ 张默生. 庄子新释 [M]. 北京：新世界出版社，2007：129.

⑤ 张默生解为"浑浑沌沌，不能像平常那样把握自己"（张默生. 庄子新释 [M]. 北京：新世界出版社，2007：231.），陈鼓应也译为"把握不住自己"（陈鼓应. 庄子今注今译 [M]. 2 版. 北京：中华书局，2009：401.），均为义解，并未对"不自得"字义上贯通，且文义含糊，不知是取褒义还是贬义。曹础基"不自得，不能自主"（曹础基. 庄子浅注 [M]. 北京：中华书局，2014：249.），张松辉解为"不知所措"（张松辉. 庄子译注与解析 [M]. 北京：中华书局，2011：277.），均无文例可寻。

"思虑不自得"即"考虑问题而无所得"①。第三,"自我快意"。如"子贡卑陬失色,顼顼然不自得,行三十里而后愈"(《庄子·天地》),子贡"不自得",解为不快意,一目了然;"逍遥于天地之间,而心意自得"(《庄子·让王》),"逍遥"与"自得"对文,作快意解,也无歧义。②

郭象之"自得"义,对庄子之"自得"义既有继承,又有改造。

首先,庄子"自得"之"自以为得"的贬义解,在郭象注中仅一见,即注"乃不自得"为"不自得,坐忘之谓也"。需要说明的是,《庄子·天运》"荡荡默默,乃不自得"中"不自得",与《庄子·大宗师》"过而弗悔,当而不自得"同义,均指"不自以为得"。此处"不自得"历来有两种解释,一者郭象"不自得,坐忘之谓也",郭象此注影响极大,不只成玄英随之作疏"芒然坐忘,物我俱丧,乃不自得"③。其后取"乃不自得"为褒义者,多遵郭注,或以"忘"解,如吕惠卿言"荡荡默默,乃不自得,则至于忘己而已矣"④,宣颖亦言"二句形容惑字……惑者忘己,真深于闻乐者"⑤,或直接从"坐忘"义,如陈景元言"寂若死灰则机息"⑥,褚伯秀言"天机不张,堕体黜聪也"⑦。一者如林希逸"不自得,不自安也,为此乐所惊骇也"⑧,罗勉道"不自得者,心不自安"⑨,按北门成言己闻黄帝奏乐,而"始闻之惧,复闻之怠,卒闻之而惑,荡荡默默,乃不自得",后文黄帝分别解释"乐"何以使北门成"惧",使其"怠",使其"惑",又言"乐也者,始于惧,惧故祟;

① 张默生. 庄子新释 [M]. 北京:新世界出版社,2007:179. 陈鼓应先生认为"思虑不自得"之"不自得"为"不自主"(陈鼓应. 庄子今注今译 [M]. 第2版. 北京:中华书局,2009:295.),文义可通,但亦无文例可寻。

② "计人之所知不若其所不知,其生之时不若未生之时,以其至小求穷其至大之域,是故迷乱而不能自得也"(《庄子·秋水》);"心之与形,吾不知其异也,而狂者不能自得"(《庄子·庚桑楚》);"知足者不以利自累也,审自得者失之而不惧"(《庄子·让王》)。这里的三处"自得",难有定解,作"自己有所得""自我快意"均可通,要言之"自我快意"本由"自己有所得"引申而来,盖有所得者自有其快意。

③ 郭庆藩. 庄子集释·天运注 [M]. 王孝鱼,点校. 3版. 北京:中华书局,2012:505.

④ 吕惠卿. 庄子义集校 [M]. 汤君,集校. 北京:中华书局,2009:284.

⑤ 宣颖. 南华经解 [M]. 曹础基,点校. 广州:广东人民出版社,2008:104.

⑥ 褚伯秀. 南华真经义海纂微 [M]. 方勇,点校. 北京:中华书局,2018:630.

⑦ 褚伯秀. 南华真经义海纂微 [M]. 方勇,点校. 北京:中华书局,2018:632.

⑧ 林希逸. 庄子鬳斋口义校注 [M]. 周启成,校注. 北京:中华书局,1997:229.

⑨ 罗勉道. 南华真经循本 [M]. 李波,点校. 北京:中华书局,2016:182.

吾又次之以怠，怠故遁；卒之于惑，惑故愚，愚故道，道可载而与之俱也”，则分明“荡荡默默，乃不自得”，对应“愚故道，道可载而与之俱也”，实为褒义，而非作为“心不自安”的贬义。以上亦可见郭象以“坐忘”释“不自得”是从“惑故愚，愚故道”引发的义解，而并非从庄子“乃不自得”所作的实解，如《庄子·天地》篇“其合缗缗，若愚若昏”①，郭象注为“坐忘而自合耳”，也是因“愚”而解为“坐忘”。若以“自得”之意作实解，则不管此处“自得”取以上三义何种，均与“坐忘”了不相干。

其次，庄子“自得”之“自己有所得”与“自我快意”，也为郭象所接受，前者被郭象改造为“自得”己性，即“因其本性，令各自得”②，后者郭象有“恬愉自得”③“恬然自得”④ 的说法。⑤ 在郭象注中，此“自得”的二义与其“逍遥”说紧密相连。前文已言郭象将《庄子·逍遥游》题解为“夫小大虽殊，而放于自得之场，则物任其性，事称其能，各当其分，逍遥一也”⑥，“放于自得之场”也就是郭象常说的“逍遥乎自得之场”⑦，“自得之场”与“逍遥”之境，均体现了“快意”“乐”的一面⑧。除此之外，郭象还有“逍遥于天地之间，而心意自得”一语。也就是说，郭象既将能“自得”己性者视为“逍遥”，又将“自我快意”之“自得”视为“逍遥”的特质，其义指“自得”己性者，得“逍遥”，得“逍遥”者有“自得之乐”⑨。

---

① 郭庆藩. 庄子集释·天运注 [M]. 王孝鱼，点校. 3 版. 北京：中华书局，2012：431.

② 郭庆藩. 庄子集释·徐无鬼注 [M]. 王孝鱼，点校. 3 版. 北京：中华书局，2012：866.

③ 郭庆藩. 庄子集释·在宥注 [M]. 王孝鱼，点校. 3 版. 北京：中华书局，2012：375.

④ 郭庆藩. 庄子集释·缮性注 [M]. 王孝鱼，点校. 3 版. 北京：中华书局，2012：549.

⑤ 屈原《远游》有“漠虚静以恬愉兮，澹无为而自得”；《管子·心术上》有“君子恬愉无为，去智与故，言虚素也。其应非所设也，其动非所取也。此言因也，因也者，舍己而以物为法者也”；《淮南子·精神》：“圣人以无应有，必究其理，以虚受实，必穷其节，恬愉虚静，以终其命”，不知郭象是否受以上诸说的启发。

⑥ 郭庆藩. 庄子集释·逍遥游注 [M]. 王孝鱼，点校. 3 版. 北京：中华书局，2012：1.

⑦ “夫俯仰乎天地之间，逍遥乎自得之场”（《养生主注》）；“逍遥者用其本步而游乎自得之场矣”（《秋水注》）。（参见郭庆藩. 庄子集释 [M]. 王孝鱼，点校. 3 版. 北京：中华书局，2012：132，566.）

⑧ 成玄英言“故鹏鼓垂天之翼，托风气以逍遥；蜩张决起之翅，抢榆枋而自得”（郭庆藩. 庄子集释·逍遥游疏 [M]. 王孝鱼，点校. 3 版. 北京：中华书局，2012：7.），明是以“逍遥”与“自得”对文。

⑨ 冯达文. 庄子与郭象——从《逍遥游》《齐物论》及郭注谈起 [J]. 中山大学学报，2013 (1).

关于这一点，在郭象注解《刻意》时有所体现：

> 此数子者，所好不同，恣其所好，各之其方，亦所以为逍遥也。然此仅各自得，焉能靡所不树哉！若夫使万物各得其分而不自失者，故当付之无所执为也。

郭象言"山谷之士""平世之士""朝廷之士""江海之士""道引之士"等所喜好的不同，各自用各自的方法，满足各人的喜好，也可以称为"逍遥"。"然此仅各自得"之"自得"，考虑到后文"焉能靡所不树哉"，指要"树人"，则前文只能对文为"树己"，故"然此仅各自得"应理解为各得己性仅能自己得逍遥。而要使天下皆能得己性，得逍遥，则要倚赖"无为"的圣人。

郭象主张人人均应"自得"己性，也均可自得己性，人人均应"逍遥"，也人人均可"逍遥"，但唯有"遗知而知，不为而为，自然而生，坐忘而得"的真人①，"遗身而自得，虽淡然而不待，坐忘行忘，忘而为之，故行若曳枯木，止若聚死灰"的"神凝""神人"，可以使"不凝者自得矣"②，亦即所谓"君莫之失，则民自得矣"③。圣人不只自己能逍遥自得，还能使人逍遥自得，这也就将圣人引向了应务治世。

四、"坐忘而后能应务"

郭象认为圣人可以"乘万物御群材之所为，使群材各自得，万物各自为，则天下莫不逍遥矣，此乃圣人所以为大胜也"④，但一般人以为圣人要么只能够游于山林，要么只能够处于庙堂，实际上这都是偏见。庄子在《庄子·大宗师》虚构了一段孔子的自我评价："彼，游方之外者也；而丘，游方之内者也。"依庄子之意，则孔子仅能游于一隅，这是将孔子视为圣人的郭象所不能接受的，其辩曰：

> 夫理有至极，外内相冥，未有极游外之致而不冥于内者也，未有能冥于

① 郭庆藩. 庄子集释·大宗师注 [M]. 王孝鱼，点校. 3 版. 北京：中华书局，2012：230.
② 郭庆藩. 庄子集释·逍遥游注 [M]. 王孝鱼，点校. 3 版. 北京：中华书局，2012：34.
③ 郭庆藩. 庄子集释·则阳注 [M]. 王孝鱼，点校. 3 版. 北京：中华书局，2012：895.
④ 郭庆藩. 庄子集释·秋水注 [M]. 王孝鱼，点校. 3 版. 北京：中华书局，2012：593.

内而不游于外者也。故圣人常游外以冥内，无心以顺有，故虽终日挥形而神气无变，俯仰万机而淡然自若。夫见形而不及神者，天下之常累也。是故睹其与群物并行，则莫能谓之遗物而离人矣；睹其体化而应务，则莫能谓之坐忘而自得矣。岂直谓圣人不然哉？乃必谓至理之无此。是故庄子将明流统之所宗以释天下之可悟，若直就称仲尼之如此，或者将据所见以排之，故超圣人之内迹，而寄方外于数子。宜忘其所寄以寻述作之大意，则夫游外冥内之道坦然自明，而《庄子》之书，故是涉俗盖世之谈矣。①

庄子所谓"方"，原指"规矩""礼法"，"方外"者，孟子反、子琴张不拘束于现成的礼法，"方内"者，孔子遵守礼法。但后世在理解运用"方内""方外"时，常将"方"视为"区域"，如成玄英言："方，区域也。彼之二人……游心寰宇之外。而仲尼、子贡……游心区域之内。"② 按"区域"理解，则"方外"即山林，"方内"即"庙堂"，但实际上这种引申并不合于庄文，如强以此为作为引申，"方内"固然可以引为"入世"的"庙堂"，而"方外"则应指远离政治者，并不必然引申为"出世"的"山林"，实可指"世间"的日常生活。

"未有极游外之致而不冥于内者也"，即郭象所指责的"若谓拱默乎山林之中而后得称无为者，此庄老之谈所以见弃于当涂"③。"未有能冥于内而不游于外者也"，也是郭象所指责的"当涂者自必于有为之域而不反者，斯之由也"④。"外内相冥"者，则是郭象所赞同的"夫圣人虽在庙堂之上，然其心无异于山林之中"⑤。这里要注意的是，郭象所讲的圣人不能是身处山林，而心挂庙堂，而只能是处于庙堂之高位而心自得，这也就是郭象融贯儒道所塑造的圣人"内圣外王"的人格理想。

实际上，郭象的"圣人常游外以冥内，无心以顺有"对"内""外"又进行了一次转换。前文所言"方内""方外"之"内""外"还指区域性的

① 郭庆藩. 庄子集释·大宗师注 [M]. 王孝鱼，点校. 3 版. 北京：中华书局，2012：273.
② 郭庆藩. 庄子集释·大宗师疏 [M]. 王孝鱼，点校. 3 版. 北京：中华书局，2012：273.
③ 郭庆藩. 庄子集释·逍遥游注 [M]. 王孝鱼，点校. 3 版. 北京：中华书局，2012：27.
④ 郭庆藩. 庄子集释·逍遥游注 [M]. 王孝鱼，点校. 3 版. 北京：中华书局，2012：27.
⑤ 郭庆藩. 庄子集释·逍遥游注 [M]. 王孝鱼，点校. 3 版. 北京：中华书局，2012：32.

"庙堂"和"山林",而到了"无心以顺有",此"无心"已转为指圣人之"内",也就是"内圣"。后文"神气无变""淡然自若"均是形容圣人"内圣"状态,"顺有"则指圣人对"外"、对"物"的状态,也就是"外王",如"群物""万机"皆指圣人需要应对的"外""物"。郭象就在这里将"方内""方外"的区域理解,过渡到了圣人"内圣外王","自得"与"应务"的合一。

"终日挥形而神气无变,俯仰万机而淡然自若",可以说是有志于治国平天下的儒者之最高期望。"挥形",按世德堂本作"见形"①,需要说明的是。世德堂作"见形"当是据郭象后文注"夫见形而不及神者"之"见形"而改,但实际上两处所表达的意思并不一致。郭象"虽终日挥形而神气无变",应本于庄子"夫至人者,上窥青天,下潜黄泉,挥斥八极,神气不变"(《庄子·田子方》),郭注"挥斥,犹纵放也"②。"挥",《说文解字》言"奋也",段玉裁言"翚也,翚下曰,大飞也,此云奋也,挥与翚义略同"③,"挥"有异体字"撝","挥"原即"大飞"之意,又引申出舞动、摇摆,抛洒,散发等义。"斥",《说文解字》言"却屋也",段玉裁进一步解释,"却屋者,谓开拓其屋使广也"④,"斥逐""充斥"皆是引申义。"挥斥八极,神气不变",应即指飞广八极而神气不变,郭象义解为"纵放",可从之义,后世沿用郭象文义,视为精神纵放于八极。而郭象所谓"挥形",则用"挥"之延伸义舞动、抛洒等义,实指"用形",即圣人用形于世务。而后所言之"夫见形而不及神者",则指"人"只见圣人用形于世务之外,而不见圣人之神内。"挥形""见形"主语不同,圣人"挥形",凡人"见"圣人之"挥形",郭象义实为:圣人终日用形于外但内在神气并不损耗,能在极短时间内处理万千世务,但又不以这些为累,仍能保持恬然自得,而一般人只能看到圣人处理世务,而不能看到圣人的内在,这是一般人的过失。

"是故睹其与群物并行,则莫能谓之遗物而离人矣;睹其体化而应务,则

①　郭庆藩. 庄子集释·大宗师注 [M]. 王孝鱼,点校. 3 版. 北京:中华书局,2012:276.
②　郭庆藩. 庄子集释·田子方注 [M]. 王孝鱼,点校. 3 版. 北京:中华书局,2012:722.
③　许慎. 说文解字注 [M]. 段玉裁,注. 上海:上海古籍出版社,1981:606.
④　许慎. 说文解字注 [M]. 段玉裁,注. 上海:上海古籍出版社,1981:446.

莫能谓之坐忘而自得矣。岂直谓圣人不然哉？"与前文"未有极游外之致而不冥于内者也，未有能冥于内而不游于外者也"的核心思想一致。"是故睹其与群物并行，则莫能谓之遗物而离人矣"，是讲一般人看到圣人与世俗处，则说圣人不能忘物离人，即一般人指责圣人应对世务是有世俗心，而郭象则主张不是圣人不能离于物，而是"夫与物冥者，故群物之所不能离也"，是群物离不开圣人。

"睹其体化而应务，则莫能谓之坐忘而自得矣。"看到圣人能够顺应变化应对世务，则说圣人不能"坐忘而自得"，即指责圣人不能在应对世务的同时又自得快意逍遥。圣人"遗物""坐忘"，可以"入群"，可以"应务"，这在郭象看来是不需要解释和论证的。在古代学者眼中，"圣人"本就应该具有一些"天赋"的能力。

"岂直谓圣人不然哉？乃必谓至理之无此"，是郭象反问，圣人真的不能如此吗？并没有这样的道理，也呼应了上文"夫理有至极，外内相冥"。

"宜忘其所寄以寻述作之大意，则夫游外冥内之道坦然自明，而庄子之书，故是涉俗盖世之谈矣。"郭象清楚自己所解之文义，与庄子之原意并不相符合，所以在这里又强调读庄子之文，要"忘其所寄以寻述作之大意"[1]，也就是"寄言托意"，不能拘泥于庄子变幻莫测之文，而应寻庄子义外之旨。"涉俗"不是指不典雅，而是指处理世俗世务。"庄子之书，故是涉俗盖世之谈"，即指庄子所谈圣人处理世务的能力远超一般常人之理解，即前文所谓"游外冥内，内圣外王，而不能仅见圣人之形迹"。

郭象所说的"坐忘"圣人既能够日理万机之"应务"又能保持淡然自若之"自得""逍遥"，当然是一种美好的想象。这种想象中的圣人，常人不能企及，凸显了其人格理想的神秘色彩。

小　结

在认同中野达先生所说的"郭象注中坐忘被理想化、抽象化，被认为是

---

[1]　"将寄言以遗迹，故因陈蔡以托意"；"夫庄子推平于天下，故每寄言以出意，乃毁仲尼，贱老聃，上掊击乎三皇，下痛病其一身也。"（参见郭庆藩. 庄子集释·山木注 [M]. 王孝鱼，点校. 3 版. 北京：中华书局，2012：679，696.）

圣人独有的一种内圣外王境界"的基础上,笔者认为郭象继承了王弼圣人"应物而无累"的主张,并融汇了其"适性逍遥"说,拓展出圣人"自得任物"的思想。郭象主张圣人"坐忘"境界,在"内圣"层面,不只"无累",还"自得逍遥";在"外王"层面,不只"应务",还能使"物""自得逍遥"。在郭象思想中,"自得"是"逍遥"的特质,呈现为一种"恬愉""乐"的状态,而"任物"也可被"应物"所含摄,故而笔者将郭象"坐忘"思想在"内圣外王"的结构下总结为"自得应物"。王弼的"应物而无累"是针对何晏所主张的圣人"无累"而"不应物",郭象"自得应物"的"坐忘"说,也有其批判对象,即嵇康所主张的"遗世坐忘"①。

与庄子所主张的"坐忘""逍遥"都是真切的生活方式不同,郭象的"坐忘"是圣人独有,人人可以"逍遥""自得",但并不是人人可以"坐忘"。郭象的"适性逍遥说"已然蕴含了将"道"落实到现实生活的可能,但因其所处时代门阀士族仍占统治地位,使其不能将圣人从政治活动中超拔出来落实到现实生活,造成了两个层次的"逍遥",以及唯圣人能"坐忘"的割裂。郭象将"逍遥"落实到每一个个体,是其进步之处,但在他的思想中,"无心""行忘坐忘"仍然是圣人的专属。郭象既想维护当时的统治基础,又想要为其提供一套理论根据,其最终所形成的以"坐忘"统摄"内圣外王"的主张,似乎成了君权神授的变形。在郭象这里,"坐忘"不只有"自得"的一面,关键在于其"应物"的一面。圣人"应物"的能力,是一种天赋的超越之能,这使郭象的"坐忘"境界,不可避免地沾染了神秘性。

郭象从圣人"无累"拓展到圣人"逍遥""自得",与乐广言"名教之中,自有乐地"②的用意相类,都是要突出圣人不只受困于"名教"的烦扰,

---

① "遗世坐忘"一语出自嵇康《答难养生论》(嵇康. 嵇康集校注 [M]. 戴明扬,校注. 北京:中华书局,2014:300.)。嵇康虽对此语没有进一步解释,但从其整体思想来看,他是将最高的理想人格寄托在了世外。这当然一方面与中国传统的隐逸思想有关,一方面与其对司马氏政权的排斥有关。嵇康的《养生论》《答难养生论》、向秀的《难养生论》表面上是讨论养生长寿的问题,实际上关怀的仍是现实政治问题、儒道理想人格的认同问题、自然与名教的优劣问题。我们今天只能看到嵇康回应了向秀的论难,向秀本人是否还就此问题继续与嵇康讨论已不得而知,但郭象用"坐忘"统合内圣外王、自然与名教的观点,似可以看作对嵇康"遗世坐忘"的再回应。

② 余嘉锡. 世说新语笺疏 [M]. 周祖谟,余淑宜,整理. 北京:中华书局,1983:24.

在"名教"中也能体验到"乐"。郭象将庄子的思想改造一番，主张"坐忘"的圣人在"应物"中有其逍遥自得之"乐"。后世周敦颐每教"二程"寻"孔颜之乐"，与郭象融贯儒道的努力是一致的。"二程"大谈"智周万物而不遗""圣人岂不应于物"①，似亦受王弼、郭象思想的影响，可视为儒道融合的新发展。应该说，郭象基于"坐忘"境界发挥出"自得应务"的"内圣外王"说对后世理学家是有所启发的。

第二节　韩康伯"坐忘遗照"研究

唐代孔颖达在疏解《周易注》时，曾说："'坐忘遗照'之言，事出《庄子·大宗师》篇也。"② 这是一个很明显的错误，"坐忘"的确出自《庄子·大宗师》，但"坐忘"和"坐忘遗照"则是两个不同的概念，而不管是"坐忘遗照"，还是"遗照"在《庄子》书中均未出现。就笔者所见，最早使用"坐忘遗照"一语的，既不是庄子，也不是王弼，而是韩康伯，他在注解"阴阳不测之谓神"（《周易·系辞上》）时，使用了"坐忘遗照"。在韩康伯《周易注》受到学者重视后，"坐忘遗照"才被广泛接受，其影响力也不再仅仅局限于易学，儒道对"坐忘遗照"均有不同程度的接受和诠解。由于韩康伯"坐忘遗照"一说，文简而约，不易理解，本节笔者拟从韩康伯思想脉络，推断其"坐忘遗照"的理论背景，继而探讨韩康伯"坐忘遗照"的深层意蕴。

一、"坐忘遗照"出处

韩康伯将"阴阳不测之谓神"，注解为：

神也者，变化之极，妙万物而为言，不可以形诘者也，故曰"阴阳不测"。尝试论之曰：原夫两仪之运，万物之动，岂有使之然哉？莫不独化于大

---

① 程颢，程颐. 二程集 [M]. 王孝鱼，点校. 2版. 北京：中华书局，2004：27，461. 郭象化用《周易》"智周万物，道济天下"的说法提出"知周万物而恬然自得"（《缮性注》，郭庆藩. 庄子集释 [M]. 王孝鱼，点校. 3版. 北京：中华书局，2012：549.），其所谓"知周万物"亦即"应物"。

② 周易正义 [M]. 王弼，注. 孔颖达，疏. 卢光明，李申，整理. 北京：北京大学出版社，2000：320.

虚，欻尔而自造矣。造之非我，理自玄应，化之无主，数自冥运，故不知所以然而况之神。是以明两仪以太极为始，言变化而称极乎神也。夫唯知天之所为者，穷理体化，坐忘遗照。至虚而善应，则以道为称；不思而玄览，则以神为名。盖资道而同乎道，由神而冥于神者也。①

《周易·系辞》讲"阴阳不测之谓神"，即用"神"来指称阴阳变化之不可知的状况。韩康伯的整段注解也是围绕着"神"即不可知来注解，以"神"为"变化之极""妙万物而为言""不可以形诘者"，此三语在《周易》原文均有体现。

"变化之极"本于"知变化之道者，其知神之所为乎？"（《周易·系辞》）韩康伯注曰："夫变化之道，不为而自然，故知变化者，则知神之所为。"其义是指"变化之道"，超出了人的智性认知范围，无法像经验知识一样获得，不知其所以然，而又合于自然者，即"变化之道"不可知，"神"亦不可知，二者在"不可知"的问题上是一致的。②

"妙万物而为言"本于"神也者，妙万物而为言者也。"（《周易·说卦》）韩康伯注曰："于此言神者，明八卦运动、变化、推移，莫有使之然者。神则无物，妙万物而为言也。则雷疾风行，火炎水润，莫不自然相与为变化，故能万物既成也。"③ "妙万物"原指雷风水火山泽相互作用变化而成万物的过程、结果，非常神妙。韩康伯言"莫有使之然者"，即否定了在八卦之后有一个推动者，没有第一因，即"无物"，虽没有第一因，却又确实地在运动、变化、推移。这种情况便是高亨先生所说的"仅知其当然，不知其所以然也。不知其所以然，则无法解释之，因而提出神字以为言"④。

"不可以形诘者也"本于"故神无方而易无体。"（《周易·系辞》）韩康伯注曰："方、体者，皆为系于形器者也。神则阴阳不测，易则唯变所适，不可以一方、一体明。"⑤ "方"，方位、处所；"体"，形体、摹状；"方""体"

---

① 王弼. 王弼集校释 [M]. 楼宇烈，校释. 北京：中华书局，1980：543–544.
② 王弼. 王弼集校释 [M]. 楼宇烈，校释. 北京：中华书局，1980：550.
③ 王弼. 王弼集校释 [M]. 楼宇烈，校释. 北京：中华书局，1980：578.
④ 高亨. 周易大传今注 [M]. 北京：清华大学出版社，2010：458. 高亨先生认为此"以概括万物神妙之意义"，笔者认为这是形容万物生育的过程和结果。
⑤ 王弼. 王弼集校释 [M]. 楼宇烈，校释. 北京：中华书局，1980：541.

是人经验认识对象时的认知工具，即"皆为系于形器者也"。"一方""一体"可知、可明，而"神"与"易"则不是"方""体"这种经验性的认知工具所能认识的，因"神""易"不可知，不可明，故言"无言""无体"。

韩康伯以上述三者疏解"阴阳不测之谓神"，实皆指"神"不可通过常理常言、感性理性等方式把握，即所谓不可知者，从这一点来说，韩康伯的注解符合《周易》对"神"的认识。但是，韩康伯注的后半部分"尝试论之"一段，则拓宽了《周易》对"神"的定义，完全是韩康伯融合了儒道思想所进行的创造性解释，他在坚持"神"者"不知所以然"的基础之上进行了两方面的创新。一者引入"独化"说予以证明"神"之不可知，一者将"神"境界化，视为"知天之所为者"的状态，也就是用于形容"圣人"之境界。韩康伯这两方面的创新又都与郭象《庄子注》① 密切相关。

二、韩康伯"坐忘"义辨析

韩康伯与郭象思想的渊源已为学者所注意②，不过相关讨论尚嫌简略，笔者拟对此再作补充。

（一）"独化"之不知所以然而谓之神

原夫两仪之运，万物之动，岂有使之然哉？莫不独化于大虚，欻尔而自造矣。造之非我，理自玄应，化之无主，数自冥运，故不知所以然而况之神。是以明两仪以太极为始，言变化而称极乎神也。（韩康伯注《周易·系辞上》）

韩康伯所言"岂有使之然哉？莫不独化于大虚，欻尔而自造矣"，或本于

---

① 本书不讨论向秀、郭象的《庄子注》著作权问题，后文所论"自生""自造"等概念也一并视为郭象的观点。关于张湛引用过向秀讲"自生""自造"的问题，参见杨立华. 郭象《庄子注》研究 [M]. 北京：北京大学出版社，2010：102.

② 如朱伯崑先生便明言："就魏晋玄学的发展说，韩伯企图将郭象崇有论中某些观点纳入王弼派贵无论的体系。"（参见朱伯崑. 易学哲学史 [M]. 北京：昆仑出版社，2005：349.）潘雨廷先生言："康伯虽承于弼，且早已融合郭象之注《庄》，而实为僧肇著《肇论》时所取则"（潘雨廷. 易学史论丛 [M]. 上海：上海古籍出版社，2007：316.）；王晓毅教授也认为韩康伯"以郭象的'独化'论为基础，融合何晏、王弼的贵'无'论与嵇康、阮籍所持的传统'元气'说……在'有''无'关系上创立新说"（王晓毅. 郭象评传 [M]. 南京：南京大学出版社，2006：347.）。

郭象"未有不独化于玄冥者也。故造物者无主，而物各自造"①。"岂有使之然"即郭象"造物者无主"，否定天地万物的运转有一个推动者、终级根据、第一因，前文引韩康伯《说卦注》"于此言神者，明八卦运动、变化、推移，莫有使之然者"，也是此意。韩康伯言天地万物"独化于大虚"，明是用郭象的"独化"论支撑自己天地万物的运转没有"使之然"者的观点，但他用"大虚"取代了郭象的"玄冥"。依郭象之意，"玄冥者，所以名无而非无也"②，《说文解字》"冥"为"幽也"，有幽暗、不明之意。郭象说"名无"即取"冥"之幽暗义，而"玄"常有深奥，玄妙之意，故此处郭象所谓"玄冥"似指玄妙的"冥"，以"玄"修饰"冥"。③而韩康伯之注本于《周易》，《周易》的作用恰恰是通过对《易》的认识，使不明者可明，与郭象追求的"玄冥"有所不同。

再者，郭象的"独化"即"自生"④，被视为崇有说的代表，与王弼"以无为本"⑤的贵无说，向来被视为魏晋玄学关于宇宙本体论思考的两大对立观点。韩康伯补注王弼《周易》注，受王弼思想的影响自不待言，但在此处却没有跟从王弼的见解，而是选择了与王弼思想对立的郭象"独化""自生"，

---

① 郭庆藩. 庄子集释·齐物论注 [M]. 王孝鱼，点校. 3 版. 北京：中华书局，2012：118.

② 郭庆藩. 庄子集释·大宗师注 [M]. 王孝鱼，点校. 3 版. 北京：中华书局，2012：262.

③ "冥"还有暗合、默契等义，也为郭象注所常用，如"与物冥"（《逍遥游注》"唯圣人与物冥而循大变，为能无待而常通""夫与物冥者，故群物之所不能离也"；《齐物论注》"故无心者与物冥，而未尝有对于天下也""夫神全形具而体与物冥者，虽涉至变而未始非我"；《人间世注》"与物冥而无迹，故免人闲之害"；《德充符注》"夫神全心具，则体与物冥。与物冥者，天下之所不能远，岂但一国而已哉"；《大宗师注》"夫与物冥者，物萦亦萦，而未始不宁也"等）也是郭象的一个重要思想，即合于物，不逆于物之意。杨立华言："'自然'的这一不可知的面相，也就是所谓的'玄冥'"（杨立华. 郭象《庄子注》研究 [M]. 北京：北京大学出版社，2010：107.）；"郭象《庄子注》虽然也讲'齐物'，但更为常见的表达则是'冥物'，比如'夫神全心具，则体与物冥'。而这里的'冥'，有时也被表述为'忘'"（杨立华. 郭象《庄子注》研究 [M]. 北京：北京大学出版社，2010：145.）。若以此推论，"玄冥"即指玄妙得不可知的境界，又指达到这种境界需要玄妙的体会，而这种体会在郭象这里自然就是"无心"，也就是"忘"，唯有"坐忘""都忘"能体会"玄冥"之境。处于玄佛合流的支道林等人常用"冥"字，不知是否受郭象启发，佛教此时所言之境界，及道教重玄之域或均受郭象"玄冥"说的影响。

④ "'独化'其实并不是一个与'自生'相关联的结构性概念，而是在特定的注释语境下对'自生'观念的另一种强调性的表述。"（参见杨立华. 郭象《庄子注》研究 [M]. 北京：北京大学出版社，2010：117.）

⑤ 王弼. 王弼集校释 [M]. 楼宇烈，校释. 北京：中华书局，1980：578.

用以说明"神"之不可知。韩康伯所谓"自造"之"自"，不能理解为"我"，这一点从后文所讲的"造之非我"上也可以看出，"自"之意突出的是"个体的无从确知、无法掌握的一面"①，从不可知等意理解"自造"，正呼应了韩康伯对"神"的见解。

"造之非我"，不由"自"主；"化之无主"，不由"他"主；"理自玄应""数自冥运"，事与理以"玄"应、命数以"冥"运，"玄""冥"皆指神秘不可把捉者，即所谓不知所以然，亦即所谓"神"②。

韩康伯言"是以明两仪以太极为始"，本自"易有太极，是生两仪"（《周易·系辞》），但韩康伯并不从实体的角度去理解"太极"，而是认为"夫有必始于无，故太极生两仪也。太极者，无称之称，不可得而名，取有之所极，况之太极者也"③。韩康伯理解的"太极"即"无"的代名词，也是将"有"推至极致，无可称名的指代。④"言变化而称极乎神也"，其义指阴阳不测之变化无端，也不知如何言明，只能用"神"这一词来指代。⑤

韩康伯引入郭象的"独化"观，强调"物各自造"。不过，"物"的"自造"既指主体不能对"物"施以影响和作用，也指"物"不能掌握自己的发

---

① 依杨立华教授之见，在郭象的哲学话语中"自"与"我"是不同的，"'我'构成了一个个体的具有主体性的、富有主观意味的一面，而'自'则是个体的无从确知、无法把握的一面。"笔者认为，杨立华教授对郭象哲学话语中"自"与"我"的分辨，同样适用于韩康伯。（参见杨立华. 郭象《庄子注》研究 [M]. 北京：北京大学出版社，2010：105.）

② "不知所以然而况之神"，"况"即"谓"的意思。参见杜泽逊. 释《周易·系辞》韩康伯注之"况"字 [J]. 周易研究，2020（3）.

③ 韩康伯在此处取了"有必始于无"的生成说，在前文又选择了反对"有生于无"的"独化"（"自生"）论，体现了明显的融合倾向，但这种将两种矛盾的"道"论，生硬地融合在一起，也只能造就一种粗糙的理论，孔颖达疏韩康伯注解的"太极"为"太极虚无"，即这种粗糙理论的后继反应，似是将韩康伯之"大虚"与"太极"的拼接。这不只是说明韩康伯对"道"的思考没有突破王弼的"贵无"与郭象的"崇有"，也代表了魏晋时期的哲人虽然已经对生成论与本体论的区别有所思考，但在具体地构建理论体系时仍是试图生硬地兼容二者，并不能做到理论上的圆融。后世朱、陆的"无极""太极"之辩，似在韩康伯对"太极"的理解中已可见端倪。

④ 韩康伯所理解的"太极"与郭象的"玄冥"，用词虽有别，但所指有相近之处。

⑤ 孔颖达疏为："言欲明两仪天地之体，必以太极虚无为初始，不知所以然，将何为始也？"依孔颖达之意，此处指若不明"太极虚无"，则不知"两仪"以何为始。"言变化而称极乎神也。"孔颖达疏为："欲言论变化之理，不知涯际，唯'称极乎神'，神则不可知也。"其义指，变化之理，不似两仪之理，可从"太极"始论，即"阴阳不测之谓神"。但实际意思是，"两仪"之始，不可名，姑且以"太极"指代，"阴阳不测"的变化也不可指称，只能以"神"来指代。（参见周易正义 [M]. 王弼，注. 孔颖达，疏. 卢光明，李申，整理. 北京：北京大学出版社，2000：320.）

育变化。"自造"的"无从确知、无法掌握",既是主体无从确知、无法掌握,也是"物"自身所无从确知、无法掌握的,其最终是要说明个体只是实然与所当然的呈现,但无法把握自身运动的所以然。从另一方面来看,自身运动的所以然虽隐而不见,但又实际控制着个体的发展变化。因而"自造"是不可知的神妙"变化之道"在物上的体现和展开。韩康伯选用郭象的"独化""自造"等概念,均含有"不可知"这一层意思,用这些概念与"神"相互发明,显然是经过了审慎的思考。

那么"神"就完全不可知,完全不可把握吗?并非如此,整部《周易》都是在讲如何通过确定的、可知的爻辞、卦象来把握不可知在经验上的"所当然"。需要注意的是,这不意味着任何人都可以通过《易》来把握不可知、把握"神"的"所当然",唯有对《易》"极深而研几"的圣人才可以做到这一点,故而韩康伯的后半段注解都是在讲"唯知天之所为者"的境界,亦即圣人的身心状态。

(二)"自得"与"应务"

夫唯知天之所为者,穷理体化,坐忘遗照。至虚而善应,则以道为称;不思而玄览,则以神为名。盖资道而同乎道,由神而冥于神者也。(韩康伯注《周易·系辞上》)

韩康伯所言"知天之所为者"本自"知天之所为,知人之所为者,至矣。知天之所为者,天而生也……且有真人而后有真知"(《庄子·大宗师》),原是庄子对"真人"状态的描述,而在庄子的话语体系中,"真人"与"神人""圣人"三者,所强调的侧重点虽有不同,但均是对修养达到最高状态者的指称,并没有境界高低之别。郭象也继承了庄子的这种理解,言明"夫神人即今所谓圣人也"[1]。所以,我们说韩康伯所谓的"知天之所为者",实际上也是指的"圣人"。

韩康伯所说的"穷理体化",乍一看似乎是对"穷神知化"(《周易·系辞》)或"穷理尽性"(《周易·说卦》)的改造,但实际上可能仍是对郭象思

① 郭庆藩. 庄子集释·逍遥游注 [M]. 王孝鱼,点校. 3 版. 北京: 中华书局,2012: 32.

想的吸收，特别是韩康伯将"穷理体化"和"坐忘遗照"并言，更是为我们追溯其思想渊源提供了线索。郭象曾对庄子所谓的"神人"这样注解：

夫体神居灵而穷理极妙者，虽静默闲堂之里，而玄同四海之表，故乘两仪而御六气，同人群而驱万物。苟无物而不顺，则浮云斯乘矣；无形而不载，则飞龙斯御矣。遗身而自得，虽淡然而不待，坐忘行忘，忘而为之，故行若曳枯木，止若聚死灰，是以云其神凝也。(《逍遥游注》)①

再如郭象将庄子笔下的孔子全部等同于"圣人"，并反对一般人以为孔子只能游内而不能游外。其言：

故圣人常游外以冥内，无心以顺有，故虽终日挥形而神气无变，俯仰万机而淡然自若。夫见形而不及神者，天下之常累也。是故睹其与群物并行，则莫能谓之遗物而离人矣；睹其体化而应务，则莫能谓之坐忘而自得矣。(《大宗师注》)②

以方内为桎梏，明所贵在方外也。夫游外者依内，离人者合俗，故有天下者无以天下为也。是以遗物而后能入群，坐忘而后能应务，愈遗之，愈得之。苟居斯极，则虽欲释之而理固自来，斯乃天人之所不赦者也。(《大宗师注》)③

前面已经提到，郭象认为"神人即今所谓圣人也"，故而形容"神人"为"体神居灵而穷理极妙者"，同样适用于"体化而应务"的圣人。韩康伯"穷理体化"，盖取此两义。中野达认为："郭象注中坐忘被理想化、抽象化，被认为是圣人独有的一种内圣外王的境界，其实践性、体验的个体性和普遍性都已消失。"④ 在上面两段引文中，中野达的观点也确实得以体现。郭象所说的圣人既能够日理万机（"应务"），又能保持淡然自若（"自得""逍遥"），当然是一种美好的想象，这种想象中的圣人，常人不能企及，体现了"圣人"这一人格理想的神秘色彩。而在郭象的话语体系中，"坐忘"于内则显为"自得""逍遥"，"坐忘"于外则显为"应务"，在"坐忘"这一境界

① 郭庆藩．庄子集释·逍遥游注 [M]．王孝鱼，点校．3版．北京：中华书局，2012：34.
② 郭庆藩．庄子集释·大宗师注 [M]．王孝鱼，点校．3版．北京：中华书局，2012：273.
③ 郭庆藩．庄子集释·大宗师注 [M]．王孝鱼，点校．3版．北京：中华书局，2012：277.
④ 中野达．《庄子》郭象注中的坐忘 [J]．宗教学研究，1991 (Z1).

上，郭象完成了"内圣外王"的统一。

从上述可以看到，韩康伯在对"阴阳不测之谓神"进行注解时，从天地万物以不知其所以然而然的"独化"方式运转，到形容"知天之所为者"的圣人的修养境界，均对郭象思想吸收颇多，故而我们认为韩康伯所理解的"坐忘"与郭象以境界义理解"坐忘"有相近之处，也就是说韩康伯所说的"坐忘"也不具备修养方法义。

三、韩康伯"遗照"义辨析

"遗照"一语，魏晋以前典籍未见，或为韩康伯首创，但义较含混，需要进一步说明。

（一）"遗照"之"遗"

后世对"遗照"有两种不同的注解取向。一者，孔颖达疏"坐忘遗照"为"静坐而忘其事，及遗弃所照之物，任其自然之理，不以他事系心，端然玄寂"①。一者，杜光庭《道德真经广圣义》疏解唐玄宗"释题"中的"坐忘遗照"曰："坐忘者，隳肢体，黜聪明，遗形去智，以至乎大通，谓之坐忘。至道深微，不可以言宣，止可以心照，既因照得悟，其照亦忘。故曰坐忘遗照，此皆大乘之道也。"②

很明显，孔颖达和杜光庭二人对"遗照"之"遗"的认识存在分歧。孔颖达将"遗"理解为"遗弃"，从"遗"之本义；而杜光庭则将"遗"理解为"忘"，当然这并非杜光庭的个人创造性诠解，其源头应追溯至庄子，庄子对"遗"的用法具有特殊性，在庄文中"遗"与"忘""遣""外""丧"等文义相同，可以相互替代③。

事实上，韩康伯自己对"遗"也有一个比较清楚的表述。《周易·系辞》

---

① 周易正义［M］．王弼，注．孔颖达，疏．卢光明，李申，整理．北京：北京大学出版社，2000：320.

② 杜光庭．道德真经广圣义校理［M］．周作明，校理．北京：中华书局，2020：75.

③ 如"忘其肝胆，遗其耳目"（《庄子·大宗师》），"外天地，遗万物"（《庄子·天地》）。

有"极数知来之谓占""极其数，遂定天下之象""极数知来之谓占"等说法①，其中"极"所表达的意思与"至精""至变""至神"之"至"同义均是作为至高、顶点之义，而韩康伯则将"极其数"注为"非遗数者，无以极数"②。依照韩康伯之义，他对于"遗"的使用既含"遗"之本义，又近于庄子对"遗"的理解——圣人遗弃了对"蓍"的依赖，是因为他已经完全掌握了"蓍"所能达到的极致，其义近于老子所讲的"善数不用筹策"。"遗数"者，并不是主观上为了"遗数"，而是因为他已经达到了"极数"的境界。换言之，韩康伯之"遗照"，是讲圣人不是主观上"遗弃""照"，而是因为他已经达到了"极照"的境界，不只是对"照"的否定，而且主张圣人之"照"已达到极致。

（二）"遗照"之"照"

"遗照"之"照"，看似简单，似乎并不需要作更多的释读，但我们认为，"照"在中国修养论中是一个极其重要的内容，其具体意蕴尚需进一步澄清。

"照"，金文写作"[图]"③，"[图]"示手持火把。"[图]"，即"召"，甲骨文有"[图]"④的字形，也有复杂些字形"[图]"⑤，金文与甲骨文相类，两种写法均有存留，写作"[图]""[图]"⑥，显然复杂的写法为"召"之本字，"表示两手捧出放在座子上的酒樽。上边是匕匙，表示挹取"⑦，邀人饮酒的意思。"召"之"口"或象器口，《说文解字》"召""呼也"，似是以"口"喻为人之口，盖非。"召"之本义，应为邀请，召唤或为其延伸义。

---

① 对"数"最简单的理解便是通过蓍草来进行计算推论，韩康伯《说卦注》："卦，象也。蓍，数也……蓍极数以定象，卦备象以尽数"（周易正义 [M]. 王弼，注. 孔颖达，疏. 卢光明，李申，整理. 北京：北京大学出版社，2000：576.），如"大衍之数五十，其用四十有九"，即用蓍草进行占卜推知后事。

② 周易正义 [M]. 王弼，注. 孔颖达，疏. 卢光明，李申，整理. 北京：北京大学出版社，2000：550.

③ 董莲池. 新金文编 [M]. 北京：中华书局，2011：1422.

④ 李宗焜. 甲骨文字编 [M]. 北京：中华书局，2012：931 – 932.

⑤ 李宗焜. 甲骨文字编 [M]. 北京：中华书局，2012：1035 – 1038.

⑥ 董莲池. 新金文编 [M]. 北京：中华书局，2011：112 – 113.

⑦ 曹先擢. 汉字源流精解字典 [M]. 北京：人民教育出版社，2015：812.

《说文解字》言"照""明也","明"甲骨文已写作"𝄞"①，象日、月。以"日""月"为"明"，其义指白昼、黑夜最明亮者。"明"是人持火照物之结果，而非"照"之本义，其本义盖指持火照物此行为。

"照"之篆文写作"𝄞"，手持火之形被替换为"日"，后"火"演变为"灬"，成为"照"之字形。篆文用"日"代替手持火之形，代表着人主动行为义，被火、日之有能照之功能义取代，如《易·恒》："日月得天而能久照"，"照"即指"日月"有能照之功。可见，不管是金文还是篆文，"照"都与光线射在物体上相关，"明"只是光线照射物，使物显现、或更加显明之结果，可以视为"照"之引申义，而不应如《说文解字》所说视为"照"之本义。

1. 德照

除以上所说"照"之本义外，古代典籍对"照"的运用也赋予了"照"更丰富的意蕴。如《管子·四时》言："五谷百果乃登，此谓日德"，万物之生长莫不倚赖于"日德"，旧题房玄龄解曰："日以照育为德也。"② 日以照育群生为德，百姓用之而不觉，而"日德"之照，在古代典籍中常常引申为君主之德照。

《尚书》曰："惟我文考若日月之照临，光于四方，显于西土，惟我有周诞受多方。"（《尚书·泰誓下》）其所谓如日月之照临，即指文王有德，对统治范围内的诸侯、臣民爱护有加，如日月之照育群生。

《周易·明夷卦》曰："上六：不明，晦，初登于天，后入于地"，指"日初升于天空，后入于地中"③；《周易·象卦》曰："'初登于天'，照四国也。'后入于地'，失则也"，将日之起落，引申到王侯之起落，王侯以"则""照四国"，又因"失则"，"后入于地"。《周易·象卦》所谓"则"也可理解为一种"德"。

---

①　李宗焜. 甲骨文字编［M］. 北京：中华书局，2012：419.

②　黎翔凤. 管子校注［M］. 北京：中华书局，2009：847.

③　高亨. 周易大传今注［M］. 北京：清华大学出版社，2010：245.

君主之德照，又有两种特点，一曰遍照，一曰无私照。

（1）遍照。

"日居月诸，照临下土"（《诗经·日月》），"日月"可以自天之上而下照世间，基于其位置的独特性，故又有"日月""遍照"的说法。《韩诗外传》："日月之明，遍照天下"[①]；《白虎通义》言："天有三光然后而能遍照"[②]，这两种文献所阐述重点虽均非"日月""遍照"，而"日月"有"遍照"之能，则可视为共识。

正如前言"日月"之"照"常被引申为"德照"，"日月""遍照"义，也常引申为"德"之"遍照"。孟子称："日月有明，容光必照焉"，赵岐注："容光，小郤也。言大明照幽微。"焦循则称："苟有丝发之隙可以容纳，则光必入而照焉。容光非小隙之名，至于小隙，极言其容之微者，以见其照之大也，故以小郤明容光。"[③] 以赵岐言，似义在突出日月"明"的程度，是就深度、程度而言，义与"幽微"相对。而焦循所突出的则是日月之"照"的范围，哪怕是丝发一样的空隙，也能被日月所照射到，故言"照之大也"。观孟子原文[④]，前言"观水有术，必观其澜"，指见微知著，"日月有明，容光必照焉"，似在解释前说，通过极细微之处把握人的德性、国家的治理水准，而之所以如此，是因为人的德行、国家的治理水准本身（"日月有明"）必然体现在所有地方，包括极细微之处（"容光必照"）。此"容光必照"似即突出的"遍照"义，具体到孟子之言则应从焦注而非赵注。

（2）无私照。

"遍照"之"遍"，有普遍、全部的意思，也含平均的意蕴。换言之，"遍照"本就有"无私""照"之义。"日月""无私照"，"德"亦应"无私照"。最典型的说法在《礼记》：

① 韩婴. 韩诗外传集释 [M]. 许维遹，校释. 北京：中华书局，1980：218.

② 陈立. 白虎通疏证 [M]. 吴则虞，点校. 北京：中华书局，1994：131.

③ 焦循. 孟子正义 [M]. 沈文倬，点校. 北京：中华书局，1987：914.

④ 孟子曰："孔子登东山而小鲁，登泰山而小天下。故观于海者难为水，游于圣人之门者难为言。观水有术，必观其澜。日月有明，容光必照焉。流水之为物也，不盈科不行；君子之志于道也，不成章不达。"（《孟子·尽心上》）从"流水之为物也，不盈科不行，君子之志于道也，不成章不达"一句来看，则似是指事物发展到一定的程度才会有之后的进益，是就程度而言的，与前半句略有区别。

子夏曰："三王之德，参于天地，敢问何如斯可谓参于天地矣？"孔子曰："奉三无私以劳天下。"子夏曰："敢问何谓三无私？"孔子曰："天无私覆，地无私载，日月无私照。奉斯三者以劳天下，此之谓三无私……"（《礼记·孔子闲居》）

"无私"与儒家偏重讲亲疏之仁似有矛盾，但在实际的政治治理当中，儒家又特重强调为君者当"无私"，以此来抑制为君者过度扩张的私欲。这种意义上所讲的"照"虽然与儒家德性伦理紧密相连，但其最终的指向仍是政治层面，而非修身面向。

简而言之，"德照"，初指万物化育倚赖于"日月"的"照"之功能，后用于政治层面，则是君主以其"德"来"照育"万民，君主之"照"也如"日月"之"照"一般，有"遍照""无私照"的特点。

2. 知照

"日月"之"照"可以化育万物，也可以使万物"明"。"明"，最直接的理解是与"暗"相对，换言之，即将"物"从隐蔽中显现出来。需要说明的是，这里的"物"，实兼"物"与"人"两义。

（1）物明。

这里所说的"物明"，是指人对事物的透彻把握，涉及"知"的领域。[1]如韩非子讲："明主者，使天下不得不为己视，天下不得不为己听，故身在深宫之中而明照四海之内，而天下弗能蔽弗能欺者，何也？暗乱之道废而聪明之势兴也。"（《韩非子·奸劫弑臣》）韩非子明确反对运用儒家主张的德行、仁爱来治理天下（可以理解为上文所说的"德照"），而主张运用一整套的法、术、势相关的法家学说管理臣下、民众，使天下人均成为自己的耳目，帮助自己"明照四海"，洞察管理天下。在韩非子看来，掌握法家学说的君才可以称为"明主"，而掌握法家学说自然也就是有"知"，君主应"知照"天下，而非如儒家一般"德照"天下。反面的例子，则如韩非子所说的"齐、魏之君不明，不能亲照境内，而听左右之言"（《韩非子·外储左下》），齐、魏君主不足以"知照"境内，使之被臣下蒙蔽。

---

① 纯粹物理意义上的"物"，本节不作谈论。

当然，"知照"并不是仅限于韩非子所说的掌握实用的法家学说，先秦时期所强调的"知"，更多时候是带有"神秘"色彩的"知"。①

《管子·内页》有"神明之极照乎知万物"，其中"神明"应作为分读，解意为"神妙"的"明"，"神"修饰"明"，是用以形容"明"的神秘作用。在此种意义上，"神明"又可视为一种"明"的"神妙"境界。②《管子·内业》中"神明之极"的主语是其多次强调的"圣人"，故完整的说法是"圣人""神明之极"。韩非子所说的"明主"也是这样的用法，只是韩非子所谓的"明主"是指掌握了法、术、势的知识，并能熟练运用于管理天下的君主，而《管子·内业》中说的"圣人""神明之极"，是指通过一些修养方法所自然获得的一种"神秘"的"知"，当然认为这种"知"可以"照乎知万物"，对天下万物均能把握、洞彻则有想象的成分。

《管子·内业》所说的"圣人""神明之极照乎知万物"，与《周易·系辞》所说的"圣人""知周乎万物，而道济天下"具有一致性。③ 成玄英称"神者，妙物之名；明者，智周为义"④，亦从《周易·系辞》出。古有"心

---

① 《淮南子·修务》主张君主应借助臣下的力量，才能"遍照海内"，或对《韩非子》有所借鉴，其言："为一人聪明而不足以遍照海内，故立三公九卿以辅翼之。"（参见刘文典. 淮南鸿烈集解 [M]. 北京：中华书局，1997：633.）

② 丁四新教授曾总结"神明一词的内涵，一是指外在于人的神灵实体，二是指人物内涵的作为生命力或灵性根源的东西，简单说即是精神，三是指就其功能而言其神妙的作用，四是指境界层面的灵通透达与仙化，五是指作为动词用时，神明乃以神性发明德性质谓。这些语义在文本中常常又是交互在一起的，不可分析太过"（丁四新. 郭店楚墓竹简思想研究 [M]. 北京：东方出版社，2000：106.）。贾晋华概括了学界对《太一生水》"神明"的八种解说，并认为"神的字源为申，即电的本字，引申为神，起初应指雷电风云等气象之神。明字初义为日月之光明和照明，引申为明神，指日月星辰之神，并以其光明、明察、诚信而被奉为盟神""当神明合称或对举，最初可能用来指此两类天神，其后才延伸泛指天神、地示、人鬼等一切神祇，并进而引申指道的神妙作用、人的精神境界及人体内之神灵等"。贾晋华. 神明释义 [J]. 深圳大学学报，2014（3）. 笔者同意丁四新教授所说"神明"的多种语义在具体的文本中常交互在一起，也同意贾晋华教授将"神明"分读，但笔者不认同贾晋华教授将"明"引申为"明神"之后需再引申出境界、作用等义。笔者认为从"明"的本义，已然可以引申出境界、作用义，并不需要经过"明神"的中间阶段。

③ 《鹖冠子》："成鸠之制，与神明体正。神明者，下究而上际，克啬万物，而不可猒者也，周泊遍照，反于天地总，故能为天下计。"（参见黄怀信. 鹖冠子校注 [M]. 北京：中华书局，2014：167-168.）

④ 郭庆藩. 庄子集释·天下疏 [M]. 王孝鱼，点校. 3版. 北京：中华书局，2012：1060.

主神明"说①，故所谓"神明""照知万物"，实为"心照"，即"心"能照知万物。"心照""知照"，都不仅仅是指向于外部世界，使物明。在道家修养理论中，"心照""知照"常常指向内部世界，自我世界，即所谓"照己"，使己明。"照己"又有二义，一者照己之外，一者照己之内。

（2）己明。

人通过持火，或日月所照，均能达到照物使物明的效果，但若要"照己"，则需要借助于工具——镜，即古之"鉴"。"照"作为按某种标准执行之意，应是由"照"之镜喻义延伸而来，镜中呈现的影像，与原物相同，由此而有"示范"义，如"以铜为鉴，可以正衣冠，以人为鉴，可以明得失"的说法。

"鉴"本于"监"字，"监"甲骨文写作"𓀠"②，金文写作"𠂤"③，《说文解字》篆字写作"𥂔"，从甲骨文、金文、篆文看，均表示人低下头通过盛水的器皿照见自己，其本义或为"照视、照影"④，或本就是突出"镜"的器物义，《说文解字》言"临下也"，至少是不准确的。"鉴"字出现较晚，今所见较早的是战国金文"𨯎"⑤，《说文解字》篆字写作"𨮯"，可以看到是在"监"字的字形基础上加了一个金字旁，从"监"之本字中分出了"照影"的器具义，但在古籍实际使用中，也常与"监"字混用。

不论是从字形上看，还是从常识推断，"水"都应该是最早起"鉴"作用的物质。道家对"水"的思考无疑也包括此方面，如庄子讲的"人莫鉴于流水而鉴于止水"（《庄子·德充符》）、"水静则明烛须眉，平中准，大匠取法焉"（《庄子·天道》）等内容均标此义。⑥从以"水"为鉴的思考，又可以看出中国文化向内向外的两种不同取向，如儒家强调"人无于水监，当于

---

① 《素问·灵兰秘典论》载："心者，君主之官也，神明出焉。"（参见张志聪. 黄帝内经集注 [M]. 杭州：浙江古籍出版社，2002：66.）

② 李宗焜. 甲骨文字编 [M]. 北京：中华书局，2012：1025.

③ 董莲池. 新金文编 [M]. 北京：中华书局，2011：1134.

④ 曹先擢. 汉字源流精解字典 [M]. 北京：人民教育出版社，2015：288.

⑤ 董莲池. 新金文编 [M]. 北京：中华书局，2011：1938.

⑥ 关于道家对"水"的思考，可参看艾兰. 水之道与德之端——中国早期哲学思想的本喻 [M]. 张海晏，译. 上海：上海人民出版社，2002：31-68.

民监"（《尚书·酒诰》），还有前面提到的唐太宗的名言"以铜为鉴，可正衣冠；以古为鉴，可知兴替；以人为鉴，可明得失"。唐太宗虽不必归于儒家，但他对"鉴"的思考无疑是取向于外的。而道家则倾向将"鉴"内化，作为一种修养的方法，即以心为鉴，最典型的如前引《庄子·天道》言及"水"的后半句"水静犹明，而况精神！圣人之心静乎！天地之鉴也，万物之镜也"，"水静犹明"以正衣冠，"心静"为"鉴"，指向于圣人修养。以"心"为鉴的说法出现得也很早，在《诗经》中有"我心匪鉴"（《诗经·柏舟》），虽然在诗中是指"心"非"鉴"，但它所回应的对象，则是将"心"视为"鉴"者。前所言"心照"实已包含"心鉴"之意，先有以"心"为"鉴"，才可以用"心"照"天地"，照"万物"。

"心鉴"，在道家又有一个特别的称呼，即所谓"玄鉴"。在通行本《老子》中作"涤除玄览"，帛书甲本写作"玄蓝"，乙本作"玄监"。[1] "览"字始见于篆文，《说文解字》写作""，从见监，义从"监"字出，或因字形相近，且"监"之字义愈益分化，致使《老子》传写时误为"览"字。《淮南子·修务》："诚得清明之士，执玄鉴于心，照物明白，不为古今易意，撼书明指以示之，虽阖棺亦不恨矣。"此"玄鉴"即本于《老子》。"玄鉴"之"玄"亦是"玄妙"之意，"心"能如"镜"一般，照物明、照己明，本就是"玄妙"难言之事。由"玄鉴"变为"玄览"，有将其义简化的嫌疑，"心鉴"向内可照己，向外可照物，而"览"则更倾向主体向外观物。韩康伯所说的"不思而玄览"的"玄览"无疑也需要从这个角度去理解。

简言之，"照"的意蕴，用在政治层面，是指帝王的德行如日月普照万物，使万物得其恩惠；用在心性层面，可分为向内、向外两层，向内为自我反思，向外为对事物的透彻认识。具体到韩康伯的"遗照"，则是指圣人对世务有最为通透的认识。

---

① 高明先生校注曰："'监'即古'鉴'字，商代甲骨文'监'字写作'🐟'作人向皿中水照面，实即'鉴'之本字。后因字义引申，'监'字别有他用，又在其中增加一'金'符，而写作'鉴'或'鑑'，从此分道扬镳，别为二字。甲本'蓝'字在此亦读为'鉴'，借字耳。"（参见高明.帛书老子校注［M］.北京：中华书局，1996：265.）

四、韩康伯"坐忘遗照"义辨析

夫唯知天之所为者，穷理体化，坐忘遗照。至虚而善应，则以道为称；不思而玄览，则以神为名。盖资道而同乎道，由神而冥于神者也。（韩康伯注《周易·系辞上》）

前文虽言韩康伯接受郭象的见解，将"坐忘"视为一种圣人的境界，但这种描述过于模糊，没有说明在韩康伯这里"坐忘"作为一种圣人境界，究竟表现为怎样的一种状态。我们认为韩康伯"至虚而善应"的"至虚"以及"不思而玄览"的"不思"均指的是"坐忘"的具体表征，与此种认识相近，"至虚而善应"的"善应"和"不思而玄览"的"玄览"，也是对"遗照"的进一步解释。

（一）"至虚"和"不思"

"至虚而善应，则以道为称"，即"称之为道"；"不思而玄览，则以神为名"，即"名之为神"。① 韩康伯也说过"至神者，寂然而无所不应"②，与"至虚而善应"实为一义。也就是说在韩康伯思想中，"至虚而善应"与"不思而玄览"皆可说是对"神"的解说。从常识来讲，"至虚""寂然"与"应务"是矛盾的，韩康伯所言的"不思"者却可以对万物有玄妙的洞察，这也是难以理解的，而这种对立的、矛盾的、常识所无法理解的能力，却可以在"圣人"身上得到体现，这就是韩康伯所谓的"神"。

韩康伯"至虚而善应"的思想，在郭象这里也有所反映。郭象常讲"无心玄应""虚心以应物""无心而应"，更具体的说法如：

此忘天地，遗万物，外不察乎宇宙，内不觉其一身，故能旷然无累，与物俱往，而无所不应也。（《齐物论注》）

郭象在注庄子"坐忘"寓言时，将"坐忘"视为"内不觉其一身，外不识有天地，然后旷然与变化为体而无不通也"。按照郭象的理解，"圣人"处于

---

① 杜泽逊. 释《周易·系辞》韩康伯注之"况"字［J］. 周易研究，2020（3）.

② 王弼. 王弼集校释［M］. 楼宇烈，校释. 北京：中华书局，1980：550.

"坐忘"境界，自然能够应物，这与韩康伯所谓的"至虚而善应"也是一致的。

"虚"是否能够视为"坐忘"的一种体现，我们认为关键在于怎样理解庄子"心斋"与"坐忘"的关系。概言之，若认同"心斋"与"坐忘"所指一致，则"虚"与"忘"可相通。如唐代李鼎祚言"圣人以此洗心，退藏于密，自然虚室生白，吉祥至止，坐忘遗照，精义入神"①，"虚室生白，吉祥至止"出自庄子"心斋"寓言，李鼎祚将"心斋"与"坐忘"并言，无疑是认同二者义近。

以"不思"释"坐忘"则较好理解，郭象言"外不察乎宇宙，内不觉其一身"，"内不觉其一身，外不识有天地"，包括《周易·系辞》"易，无思也，无为也"，均对韩康伯以"不思"释"坐忘"有助力。

（二）"善应"与"玄览"

前文言郭象所说的圣人既能够日理万机（"应务"），又能保持淡然自若（"自得""逍遥"），"坐忘"于内则显为"自得"，"坐忘"于外则显为"应务"，在"坐忘"这一境界上，郭象完成了"内圣外王"的统一。

郭象还有"顺物""应物""任物"等说法，这些说法表达的思想一致，只是描述的侧重点有所不同，如"应务"便侧重描述政治活动。郭象也讲"坐忘"则"无所不应"，韩康伯讲"至神者，寂然而无不应"，二人所言实为同义，包括韩康伯所说的"善应"也是此意。结合前面对"玄鉴""玄览"的分析，韩康伯所谓的"不思而玄览"的"玄览"，与"遗照"所表达的意思也相近。"善应"与"玄览"二者之间在描述上又有所侧重，前者侧重讲圣人善于应对"物"，后者侧重讲圣人能够对"物"有深刻的洞察。

（三）"坐忘"与"遗照"

通过前文的分析，笔者认为韩康伯"坐忘遗照"的"坐忘"和"遗照"是两个并列的语汇，他们不是递进、因果、体用的关系。不能将"坐忘"认作修养实践或"因"，而将"遗照"视为经过"坐忘"实践而得的"境界"

---

① 李鼎祚. 周易集解［M］. 王丰先，点校. 北京：中华书局，2016：序.

"果""用"。"坐忘"和"遗照"代表两种不同的乃至在一般人看来相反的两种境界，而这两种在一般人看来相反的境界，之所以能够一并地体现在圣人身上，在于圣人之"神"。

总而言之，与"坐忘遗照"相同，"至虚而善应""不思而玄览"均是用以形容圣人"神"的境界，在这一点上三者并无不同。不过，由于"坐忘遗照"是韩康伯首创，描述过于简单，"至虚而善应""不思而玄览"则可以帮助我们理解韩康伯的"坐忘遗照"说。韩康伯所谓的"坐忘遗照"最终表现为圣人内在的"至虚""不思"与对外的"玄览""善应"。相较于庄子的"坐忘"，韩康伯的"坐忘遗照"说受郭象的"坐忘"思想影响更大。

郭象、韩康伯二人对"坐忘"的认识有同有异，同者在于二人均将"坐忘"视为圣人的境界，异者在于郭象将"坐忘"视为圣人的最高境界，"自得""应物"是这种境界的具体体现，韩康伯则将"神"视为圣人的最高境界，"坐忘"只是圣人之"神"境界的内在状态。在"圣人"这一理想人格上，郭、韩二人均认为"圣人"有超验的"应物"之能，但郭象突出的是圣人在"应物"时有"自得""逍遥"之乐，受庄子"逍遥"说影响较大，而韩康伯则认为圣人是以"至虚""不思"的状态"应物"，受老子"虚静"和王弼"圣人体无"说①影响较大。同时，韩康伯直接以"坐忘遗照"注解圣人"神"的境界，也将郭象以"坐忘"境界塑造"圣人"理想人格时所隐含的神秘性体现得淋漓尽致。②

余　论

"坐忘遗照"一语，不只在道家道教一系被广为接受，因其本就出自注解《周易》，故而儒家对其颇有好感。加之"坐忘遗照"所体现的修养论特征，与佛教修养论有可沟通之处，这就使致力于使佛教思想本土化的东晋南北朝

---

① 王弼的"圣人体无"思想，参见李兰芬．"体无"何以成"圣"？——王弼"圣人体无"再解［J］．中山大学学报，2008（4）．

② 郭象与韩康伯对"坐忘"认识的不同，类似于佛教对"禅"的认识，一些宗派仅将"禅"视为"禅定"，而禅宗则将"禅"视为"定""慧"之合，《天隐子》近于前者，而云本《坐忘论》以"坐忘"统合"定""慧"，则更近于后者。

佛教徒对"坐忘遗照"也青睐有加。不过，需要注意的是，韩康伯所提出的"遗照"说，常被后世所误解，进而成为被否定的对象。

（一）慧远与"静无遗照"

东晋南北朝时期，尚属于佛学努力中国化的阶段，不管是在译经的用语上，还是对于佛学的理解上，多借助老庄和玄学。"忘"作为一种修养方法，与佛教般若学"空"有相近之处，般若学本就偏向"智"解，而"照"也与"智"相关，故而"坐忘遗照"与东晋时期的佛教有可以沟通之处。

东晋时庐山慧远作为南方佛教的领袖人物，其一生思想轨迹虽然发生了多次转变，但其思想的底层仍有道玄色彩，如其所作《念佛三昧诗集序》曰：

夫称三昧者何？专思寂想之谓也。思专，则志一不分；想寂，则气虚神朗。气虚，则智恬其照；神朗，则无幽不彻……况夫尸居坐忘，冥怀至极，智落宇宙，而暗蹈大方者哉……菩萨初登道位……体寂无为而无弗为。及其神变也……三光回景以移照……穷玄极寂，尊号如来，体神合变，应不以方。故令入斯定者。昧然忘知，即所缘以成鉴。鉴明则内照交映而万像生焉……①

"念佛三昧"，即佛教之修行正定。从"智恬其照""尸居坐忘""智落宇宙"②"移照""忘知""成鉴""内照"等语，可以看到慧远明显是以"忘""照"理解佛教正定。慧远所说的"体寂无为而无弗为""神变""穷玄极寂""体神合变应不以方"也总让人想起前文所述的韩康伯思想。但这并不意味着慧远同意韩康伯的"遗照"之说。如慧远在《庐山出修行方便禅经统序》言："禅非智无以穷其寂，智非禅无以深其照。则禅智之要，照寂之谓，其相济也。照不离寂，寂不离照，感则俱游，应必同趣。"③ 慧远所主张的"寂照"即其所谓"静无遗照，动不离寂者哉"④，此处"静无遗照"之"遗"

---

① 慧远. 念佛三昧诗集序 [M] //石峻，楼宇烈，方立天，等. 中国佛教思想资料选编：第一册. 北京：中华书局，2014：98.

② "智落宇宙"，"落"与"络"通，即以"智"笼络宇宙，"照"宇宙之意。

③ 慧远. 庐山出修行方便禅经统序 [M] //石峻，楼宇烈，方立天，等. 中国佛教思想资料选编：第一册. 北京：中华书局，2014：91.

④ 慧远. 庐山出修行方便禅经统序 [M] //石峻，楼宇烈，方立天，等. 中国佛教思想资料选编：第一册. 北京：中华书局，2014：93.

就不能如韩康伯一样理解为"极照",而是"遗失"的意思。慧远对"遗"
的涵义理解与韩康伯相反,反而使他的"无遗照"与韩康伯"遗照"的语义
相近,即慧远主张以"静"来达到"极照"。唐代王勃用"坐忘遗照,返寂
归真"①评价慧远的学识风范,或与慧远本人对"遗照"的理解有差距。

　　与慧远同时代,年辈稍晚一些的裴松之也如慧远一般用"无遗照"一说,
其言:"臣闻智周则万理自宾,鉴远则物无遗照。"②裴松之所讲的"物无遗
照"与上文所讲"遍照"义相近,侧重的不是修养层面,而是统治者在政治
层面对天下的掌握。而具体到裴松之的"遗照",则也与韩康伯的取义相反。

　　慧远的"静无遗照",裴松之的"物无遗照",因对"遗"语义的取向不
同而使他们的"遗照"与韩康伯"遗照"正相反,但在加入"无"的限定之
后,二者所说的"无遗照"则延续了韩康伯"坐忘遗照"所达到的最终结
果,即"极其照"。

　　僧肇多用"虚不失照,照不失虚""若穷灵极数,妙尽冥符,则寂照之
名,故是定慧之体耳""圣人玄心默照"等说法,皆用以形容般若之最高境
界③。与韩康伯所认为的"圣人"能够"坐忘遗照""至虚而善应""不思而
玄览"虽然理论基础不同,思维方式也有浅深之别,但他们对于最高理想人
格应是能"寂"能"虚"且能"照"能"应"这一点上是相同的。

(二)儒家与"坐忘遗照"

　　因为"坐忘"一语,在《庄子》文本中是借用孔子与颜回的对话展开
的,故而儒家学者对"坐忘"本就有亲近感,而"坐忘遗照"又是作为儒家
经典《周易》的注文出现的,故而随着王弼、韩康伯《周易注》的影响越来
越大,"坐忘遗照"一语在儒家内部也被广为接受,但这种接受有不少偏离了
韩康伯的原意。

　　前文已经提及,孔颖达将"坐忘遗照"理解为"静坐而忘其事,及遗弃

---

　　①　"支道林之好事,语默方融;释慧远之高居,风埃遂隔。泊乎坐忘遗照,返寂归真。"参见王
勃. 益州绵竹县武都山净慧寺碑[M]//董浩. 全唐文. 北京:中华书局,1983:1864.

　　②　裴松之. 上三国志注表[M]//陈寿. 三国志. 北京:中华书局,1959:1471.

　　③　僧肇. 肇论校释[M]. 张春波校释. 北京:中华书局,2010.

所照之物"，与韩康伯原义相悖。特别是与慧远所讲的"静无遗照"对比，孔颖达对于中国心性修养的认识明显存在问题。李鼎祚言"圣人以此洗心，退藏于密，自然虚室生白，吉祥至止，坐忘遗照，精义入神"，是将"心斋"与"坐忘遗照"并言，也就是用"虚"来理解"坐忘遗照"，这与韩康伯的"至虚而善应"的"至虚"说有相近之处。

韩愈对"坐忘遗照"也有所关注。《论语·先进篇》载："子曰：回也其庶乎，屡空，赐不受命，而货殖焉，亿则屡中。"韩愈解为：

一说屡犹每也，空犹虚中也，此近之矣，谓富不虚心，此说非也。吾谓回则坐忘遗照，是其空也，赐未若回每空，而能中其空也，"货"当为资殖，当为"权"字之误也，子贡资于权变，未受性命之理，此盖明赐之所以亚回也。①

韩愈赞成以"虚中"亦即"虚心"解"空"，他认为颜回"坐忘遗照"即"空"的修养，但他反对将"赐不受命，而货殖焉，亿则屡中"，解为"富不虚心"。韩愈认为"货殖"为"权殖"之误，是孔子批评子贡用权变，不明"性命之理"。原本是孔子有感于道德学问并不必然与物质财富的获得呈正相关的内容，被韩愈穿凿为孔子对颜回道德修养的赞扬，当然这种理解的源头又并非始自韩愈。韩愈所评价的"空犹虚中""富不虚心"两个观点皆本于何晏，何晏在注解"回也其庶乎，屡空"时，除"言回庶几圣道，虽数空匮"外，还提到一种观点："一曰：屡，犹每也。空，犹虚中也……其于庶几，每能虚中者，唯回怀道深远。不虚心，不能知道。子贡无数子病，然亦不知道者，虽不穷理而幸中，虽非天命而偶富，亦所以不虚心也。"② 有学者将此处"空"的诠释分为"空匮"和"心空"两种③，何晏所提及的观点，是今可见最早以"心空"解颜回"屡空"者，后又有太史叔明发挥顾欢之

① 韩愈，李翱. 论语笔解 ［M］//文渊阁四库全书：第196册. 台北：台湾"商务印书馆"，1986：15.

② 皇侃. 论语义疏 ［M］. 高尚榘，校点. 北京：中华书局，2013：281－282.

③ 参见甘祥满. 经典：诠释转换与意义生长——以《论语》"回也其庶乎屡空"之注疏为例 ［C］//儒家典籍与思想研究：第5辑. 北京：北京大学出版社，2013.

见，直接以颜回"坐忘"注解"心空"①。

需要注意的是，韩愈是以"坐忘遗照"解空，这与太史叔明以"坐忘"解空是有不同的。这一点，李翱与韩愈相近，其亦用"坐忘遗照"诠解颜回"不愚"②。从"坐忘"到"坐忘遗照"，或可视为时人对坐忘理解的转变，以此看，韩康伯"坐忘遗照"说在唐代儒者之间已收获了相当多的认同。

（三）"了无所照"与"不灭照心"

"坐忘遗照"一语在唐代道教中的使用率也极高，其中较有特点的体现在两处。一处体现在用"坐忘遗照"注解《道德经》，一处是与司马承祯相关的《天隐子》和《坐忘论》。

成玄英所作《老子道德经义疏》是现今可知第一个用"坐忘"注解《道德经》的著作，为后世注解《道德经》开创了新的思路。其释"及吾无身，吾有何患"为：

> 只为有身，所以有患，身既无矣，患岂有焉？故我无身，患将安托？所言无者，坐忘丧我，隳体离形，即身无身，非是灭坏，而称无也。③

---

① "大史叔明申之云：颜子上贤，体具而敬则精也，故无进退之事，就义上以立'屡'名。按其遗仁义，忘礼乐，隳支体，黜聪明，坐忘大通，此忘有之义也。忘有顿尽，非空如何？"（参见皇侃. 论语义疏［M］. 高尚榘，校点. 北京：中华书局，2013：280.）

② 《论语笔解》又载："子曰：性相近也，习相远也。子曰：惟上智与下愚不移……李曰：穷理尽性以至于命，此性命之说极矣，学者罕明其归，今二义相戾，当以易理明之。乾道变化，各正性命，又利贞者，情性也。又一阴一阳之谓道，继之者善也，成之者性也，谓人性本相近，于静及其动感外物，有正有邪，动而正则为上智，动而邪则为下愚，寂然不动，则情性两忘矣，虽圣人有所难知。故仲尼称颜回不言如愚，退省其私，亦足以发回也。不愚，盖坐忘遗照。不习如愚，在卦为复天地之心，邈矣亚圣，而下性习近远，智愚万殊。仲尼所以云，困而不学，下愚不移者，皆激劝学者之辞也，若穷理尽性则非易莫能穷焉。"（参见韩愈，李翱. 论语笔解［M］//文渊阁四库全书：第196册. 台北：台湾"商务印书馆"，1986：22－23.）李翱以孔子所讲"困而不学""下愚不移"为劝学之辞，而"性相近"一语才是不刊之论，其用意在于弥合两句话之间存在的矛盾。依李翱之解，其似将"吾与回言，终日不违，如愚。退而省其私，亦足以发，回也不愚"断为"吾与回言终日，不言（违）如愚。退而省其私，亦足以发回也，不愚"。李翱称孔子说颜回"不言如愚"，是启发颜回，这当然也是对文句的穿凿理解，其最终意思是说，颜回如愚，实则不愚，而颜回这种境界就是"坐忘遗照"。因其文句也过于简略，笔者推测李翱也是从"至虚""不思"的角度去理解"坐忘遗照"的。

③ 道德经义疏：第十三章［M］//蒙文通. 道书辑校十种. 成都：巴蜀书社，2001：401.

释"虽有拱璧以先驷马，不如坐进此道"为：

言纵有高盖全璧，富贵荣华，亦不如无为坐忘，进修此道。①

成玄英将"无身"解为"即身无身"，有"身"而不为"身"所累，其义所指炼养方法即"坐忘"，其后又以"坐进此道"为"坐忘"，则嫌牵强，但后世道教学者注《道德经》又多遵成玄英之见。

成玄英用"坐忘"，而未用"坐忘遗照"，但他对"照"的认识是同于韩康伯的，如其言："既空有行圆，故能慧照于物也。虽复用光照物，即照而忘，韬光晦迹，归明于昧，故云复归其明也。"②"妙体真宗，照不乖寂，虽涉事有，而即有体空，内则虽照而无心，外则虽涉而无事也。"③ 所谓"即照而忘""照而无心"，与韩康伯"遗照"一语实为一义。

《唐玄宗御制道德真经疏》"释题"有："及乎穷理尽性，闭缘息想，处实行权，坐忘遗照，损之又损，玄之又玄，此殆不可得而言传者矣。"④ 《唐玄宗御制道德真经疏》（以下简称"御疏"）是唐玄宗召集精通《道德经》的臣下共同参议而成，约成于开元二十三年（735 年），其中有道士王虚正、赵仙甫在内。如前文所引成玄英释"及吾无身，吾有何患"一段，御疏为："无身者，谓能体了身相虚幻，本非真实，即当坐忘遗照，隳体黜聪，同大道之无主。"⑤ 还有注第二十七章，御疏为："夫坐忘遗照，深契道源于诸法中。"

杜光庭《道德真经广圣义》疏解唐玄宗"释题""坐忘遗照"曰："坐忘者，隳肢体，黜聪明，遗形去智，以至乎大通，谓之坐忘。至道深微，不可以言宣，止可以心照，既因照得悟，其照亦忘。故曰坐忘遗照，此皆大乘之道也。"⑥ 杜光庭以"由照得道，得道而忘照"理解"坐忘遗照"，强调"心照"。杜光庭对"遗照"的理解，似更接近韩康伯本义。

① 道德经义疏：第六十二章［M］//蒙文通. 道书辑校十种. 成都：巴蜀书社，2001：503.

② 释"用其光，复其明"，参见道德经义疏：第五十二章［M］//蒙文通. 道书辑校十种. 成都：巴蜀书社，2001：483.

③ 释"事无事"，参见道德经义疏：第六十三章［M］//蒙文通. 道书辑校十种. 成都：巴蜀书社，2001：504.

④ 杜光庭. 道德真经广圣义校理［M］. 北京：中华书局，2020：74 – 75.

⑤ 杜光庭. 道德真经广圣义校理［M］. 北京：中华书局，2020：75.

⑥ 杜光庭. 道德真经广圣义校理［M］. 北京：中华书局，2020：75.

已有学者指出《天隐子》与云本《坐忘论》的其中一个差异，在于"前者主张'坐忘'是'彼我两忘，了无所照'；而后者则主张'坐忘'当'惟灭动心，不灭照心'"①。这个问题较为复杂，云本《坐忘论》与《天隐子》"坐忘遗照"的观点确实是对立的。《天隐子》正文未见"坐忘遗照"，也未见"遗照"。"遗照"出现在司马承祯所作前序"归根契于伯阳，遗照齐于庄子"，不过《天隐子》"坐忘"条目"彼我两忘，了无所照"实等同于对"坐忘"与"遗照"的分别注解。后世将"坐忘遗照"归属于司马承祯名下应该追溯到《天隐子》而非云本《坐忘论》。②《正统道藏》本《天隐子》"神解"条目，写作："斋戒谓之信解""安处谓之闲解""存想谓之慧解""坐忘谓之定解"，总为"信、定、闲、慧"。按照《天隐子》不断强调的渐次修习理论③，"慧"当在"定"前，以"信、闲、慧、定"④为是。前文已述，不管是中国传统思想还是佛教思想，"照"均与"智"与"慧"相关。

《天隐子》的落脚处在"了无所照"，又将"慧"置于"定"之前，可见《天隐子》所述修道法，当修至"定"（"坐忘"条目）时，"慧"是要被舍弃的。所以，《天隐子》对"遗照""了无所照"的理解并非如韩康伯的"遗照"、杜光庭"其照亦忘"的理解，而是理解为"遗弃"。而云本《坐忘论》除讲由"定"发"慧"，"息乱不灭照"，还讲"恬智交相养""慧而不用"等内容，"定慧"实是交织在一起，并无舍弃。二者的对立是非常明显的。

综合来看，"坐忘遗照"是一个影响范围大、含义复杂且容易引起误解的概念，它的中心思想在后世宗教修养论中得到了比较完善的继承。这说明韩

---

① 何建明. 道教"坐忘"论略——《天隐子》与《坐忘论》关系考［C］//宗教研究（2003）. 北京：中国人民大学出版社，2004：275－290.

② 苏轼《水龙吟·古来云海茫茫》："清净无为，坐忘遗照，八篇奇语。"（参见苏东坡词编年校注［M］. 邹同庆，王宗堂，校注. 北京：中华书局，2007：556.）

③ 《天隐子·渐门》："是故习此五渐之门者，了一则渐次至二，了二则渐次至三，了三则渐次至四，了四则渐次至五，神仙成矣。"

④ "周校荆山本、荆本作'信闲慧定'"，参见吴受琚. 司马承祯集辑校［D］. 北京：中国社会科学院研究生院，1981：339（注83）。六子本、十子本、范氏抄本均作："安处谓之定解""存想谓之闲解""坐忘谓之慧解"。《道枢》："安处者定解也，无定心则不能解矣""存想者闲解也，无闲心则不能解也""坐忘者慧解也，无慧心则不能接矣"，与以上版本文字略异，意义相同，因是节录本，并无"信、定、闲、慧"的总结。

康伯"坐忘遗照"的观点反映着中国古代较为固定的心性认识，甚至南宋前期理学"静中体验未发"的修养方法中也可以看到"坐忘遗照"的痕迹。三教虽然基本宗旨各有不同，但通过对思想史的观察，可以发现韩康伯借"坐忘遗照"所树立的圣人境界，在魏晋至宋明的长时段中是三教的共同追求。这种思想的长期存在和盛行反映了一种为中国传统思想所共同重视的心性观，即肯定心性内在对现象世界的超越性。

第三章

道教对"坐忘"修养方法义的发展

相较于玄学名家郭象、韩康伯通过发展"坐忘"的修养境界义为"圣人"这一理想人格注入新的内容，道教信徒则更着重于发展"坐忘"的修养方法义。学界以往考察道教对庄子"坐忘"思想的发展，多以云本《坐忘论》为代表，但道教对"坐忘"的阐释并非如此简单。早在南北朝时期，道教徒已开始从方术的角度去理解"坐忘"；随着佛道论衡的不断深入，道教也认识到自身学说的不足，庄子"兼忘"的思维方式受到道教徒的重视，并由此发展出重玄思潮，"坐忘"也因其心性修养义的解读空间成了与重玄思潮相匹配的修养方法；到了唐代，道教徒思考的问题，从义理深化转移到如何将新兴的重玄义理，与传统修养实践的肉身成仙说相协调，也就是"心""形"如何沟通的问题，经过一系列的探索，最终"坐忘"被主张性命双修的内丹学所吸收。

第一节 方术化的"坐忘"

早期道教义理的建立除以老子思想为依托，主要吸收汉代流行的阴阳五行、谶纬、方技等学说，形体的"长生"是其修养论的核心。而庄子对生死的达观态度，与道教徒执着于肉身长存之间有着难以调和的矛盾①，连带着庄

---

① 如葛洪便站在道教神仙信仰的立场上批评庄子生死观，其言："至于文子庄子关令尹喜之徒，其属文笔，虽祖述黄老，宪章玄虚，但演其大旨，永无至言。或复齐死生，谓无异以存活为徭役，以殂殁为休息，其去神仙，已千亿里矣，岂足耽玩哉？"（参见王明. 抱朴子内篇校释［M］. 2版. 北京：中华书局，1985：151.）

子的“坐忘”修养法在早期道教也并没有被接受。早期道教徒对“忘”的理解多遵从“忘”之“忘记”义，更强调“不忘”①。在经过魏晋时期玄学、佛学等思想体系的熏染之后，道教徒的兴趣才逐渐转向庄子，“坐忘”也进入道教徒的视野，并以方术的面貌为道教徒所接受。

一、“众术”中的“心斋坐忘”

就笔者所见，现存资料中较为明确地将“坐忘”作为一种方术的是残卷敦煌本佚名《灵宝经义疏》②。此义疏由三部分内容构成，第一部分即受到海内外学者广泛关注的“灵宝经目”③；第二部分，依撰者所记本于陆修静，陆修静将“灵宝经”总结分类为“第一本源”“第二神符”“第三玉诀”“第四灵图”“第五谱录”“第六戒律”“第七威仪”“第八方诀”“第九众术”“第十记传”“第十一玄章”“第十二表奏”等十二种，每种分类之后又附简要说

---

① 如《太平经》“念其帝王矣，至老不忘也”“不忘诚长得福诀”“念恩不忘”（参见王明. 太平经合校［M］. 北京：中华书局，1960：230，581，592.）。

② 笔者此处讨论的“敦煌本佚名《灵宝经义疏》”是指敦煌道书残卷 P.2861.2 和 P.2256。此残卷大渊忍尔认为是南朝道士宋文明《通门论》；王卡先生倾向定名为宋文明《灵宝经义疏》（参见宋文明. 灵宝经义疏［M］//张继禹. 中华道藏：第 5 册，北京：华夏出版社，2004：509. 王宗昱先生怀疑此部分内容不是宋文明原著，而是对宋文明著作的转述或辑录（参见王宗昱.《道教义枢》研究［M］. 上海：上海文艺出版社，2001：176.）；刘屹进而认为此部分可以确定并非宋文明《灵宝经义疏》，而将其拟名为“敦煌本佚名《灵宝经义疏》”，“里面既有陆修静的思想，又有宋文明的思想，还有这位不知名的第三位作者的思想”（刘屹. 六朝道教古灵宝经的历史学研究［M］. 上海：上海古籍出版社，2018：181.）。笔者认为刘屹教授的观点可从。

③ 古灵宝经的相关研究极其繁复，最新研究成果可参见王承文、刘屹相关著作。对于二者学术观点的争论，孙齐曾以《新旧与先后：近年来古灵宝经研究的新进展及其争议述评》为题，在武汉大学珞珈中古史青年学术沙龙第 45 期做学术报告。“孙齐博士的报告首先介绍了古灵宝经的研究历史。大渊忍尔对 P.2861 和 2256 号文书的揭示使学者能够辨识出最早成书的灵宝经，引发了关于古灵宝经‘元始旧经’与‘仙公新经’成书先后的争论，形成了‘新经’整体上晚于‘旧经’、‘新经’整体或部分早于‘旧经’与‘新’‘旧’不分先后三种观点。然后主要以刘屹和王承文的研究为中心讨论了关于新旧成书先后的争论与差异。在时间模式上，刘屹认为旧经是循环的，而新经是线性的；王承文认为新旧经没有遵循特定时间逻辑。在神灵体系上，刘屹认为旧经至上神是元始天尊，而新经是太上虚皇；王承文认为新旧经始终以元始天尊为最高神。在教理倾向上，刘屹认为新经着眼个人成仙，旧经强调无量度人，新经推崇道德经、上清经，旧经推崇灵宝经，新经有三洞观念，旧经只是泛称；王承文认为新、旧经都推崇《五篇真文》，旧经有完成的三洞观念，新经继承发展。在新经与旧经的相互征引上，刘屹认为目前没有一例确证新经引用旧经；王承文认为新经直接引用了旧经，或者提到了旧经的经名。最后提出了古灵宝经断代的可能突破点，认为《灵宝经目》中的未出经典可能当时已经被造出，而陆修静认为是伪经，故著录为未出，今后的研究可以以未出经典为突破口。”（转引自武汉大学“中国三至九世纪研究所·珞珈中古史青年学术沙龙·第 45 期”会议摘要。）

明；若将第二部分所载陆修静分类视为"义"，则第三部分便是针对"义"所作疏解，撰者言"宋法师于陆先生所述后，名为灵宝部属条例，区品十二"①。需要强调的是，第三部分并不只是宋文明的疏解，还有佚名撰文者对宋文明疏解的辩正。其中，陆修静十二分类的"第九众术"言：

> 玄圣所述，思神存真，心斋坐忘，步虚飞空，飡吸五方元气，道引三光之法。②

"众术"之"术"即修养之术，"思神存真"是传统存思术自不待言；"心斋坐忘"是我们后文所说的重点，暂且不表；"步虚飞空"，"步虚"并非后世道教"步虚词"的唱经礼赞，而是指凌空飞行之术。结合《上清丹景道精隐地八术经》所记内容可知，"步虚"的核心仍是"存思"术，即在不同的时间，存思不同的景象，并配合符箓、祝祷等，修之有恒，最终"乘虚驾景"，即所谓凌空蹈虚的飞行术③；"飡吸五方元气"，可以视为服气和存思的结合，司马承祯所编撰的《服气精义论》有"五牙论"，盖近于此，即根据不同的时间服食东西南北中五个方位的"气"，同时要存想五个方位"气"的不同颜色；"道引三光"，"三光"即根据不同的时间将日、月、星等光导引入体内，尚有引"光"入体匹配的手势动作，引"光"入体亦需与"存思"结合。依后文之"疏"，其言：

> 第九部众术一条，有二义：一者论冥通，二者论变化。
>
> 一者论冥通。术者，道也、通也，无所不通也。大而论之，略有五事：一者思神存真；二者心斋坐忘；三者步虚飞空；四者吸飡五元；五者导引三光。此皆以恋心相使，而神道冥通也。
>
> 二者论变化，有三事：一者白日升天……二者尸解……三者灭度形不灰也……

"疏"将"义"所论五种"术"概括为"论冥通"；"术"，依《说文解

---

① 张继禹. 中华道藏：第5册 [M]. 北京：华夏出版社，2004：511.
② 张继禹. 中华道藏：第5册 [M]. 北京：华夏出版社，2004：511.
③《上清丹景道精隐地八术经》是早期上清经，撰者不详。经文主要讲"藏影匿形""乘虚御空""隐轮飞霄""出有入无""飞灵八方""解形遁变""回晨转玄""隐地舞天"等八术，并称修之有恒将有隐通飞升的效果。（参见上清丹景道精隐地八术经 [M] //正统道藏：第33册. 北京：文物出版社；上海：上海书店；天津：天津古籍出版社，1988：782－788.）

字》"邑中道也"，《广雅》"术，道也"；"疏"言"术者，道也"，再引为"通也，无所不通也"，其义盖指修行者以"术"通"道"，这种观点也可以追溯至庄子所着重阐发的"道"之"通"性。而"论变化"则为撰"疏"者添加，盖指通过修炼"术"可以变化形体。

现今常将"方术"并称，不过，观陆修静分"方诀"和"众术"为二，应有其划分依据，而在"疏"中则将二者混在一起，似不妥，具体地说陆修静"第八方诀"言：

玄圣所述，神药灵芝，柔金水玉之法。①

"神药""灵芝"是指植物，"柔金""水玉"是指矿物。而依"疏"，"方诀"作"方法"，有"序名教"和"述变易"二义，其言：

一者序名教。方者，随方所处也；法者，有节度也。采服神药灵芝众精，及柔金化水之法，各有方处节度也。

二者变易，大略有九：一者粗食……二者蔬食……三者节食……四者服精，符水及丹英，具身神，体成英华也；五者服牙……六者服光……七者服六炁……八者服元炁……九者胎食……

"疏"将"方"释为"随方所处"，既指合药、炼药的处所，如葛洪便强调"古之道士，合作神药，必入名山"②，又指药、芝、金、玉等产地，如葛洪言："雄黄当得五都山所出者""得于阗国白玉尤善。其次有南阳徐善亭部界中玉及日南卢容水中玉亦佳"③。"法者，有节度"，即材料的处理、炼制具

① 张继禹. 中华道藏：第5册 [M]. 北京：华夏出版社，2004：511.

② "又按仙经，可以精思合作仙药者，有华山泰山霍山恒山嵩山……大小天台山四望山盖竹山括苍山，此皆是正神在其山中，其中或有地仙之人。上皆生芝草，可以避大兵大难，不但中以合药也。若有道者登之，则此山神必助之为福，药必成。"（参见王明. 抱朴子内篇校释 [M]. 2版. 北京：中华书局，1985：85.）

③ "又雄黄当得武都山所出者，纯而无杂，其赤如鸡冠，光明晔晔者，乃可用耳。其但纯黄似雄黄色，无赤光者，不任以作仙药，可以合理病药耳"，"不可用已成之器，伤人无益，当得璞玉，乃可用也，得于阗国白玉尤善。其次有南阳徐善亭部界中玉及日南卢容水中玉亦佳。"（参见王明. 抱朴子内篇校释 [M]. 2版. 北京：中华书局，1985：203－204.）

体步骤、过程等。① 不过，"疏"将"方"释为"随方所处"，虽合于炼制丹药的情况，但仍将"方"的意思窄化了。依《汉书·艺文志》中"方技略"已载多种病方，如《五藏六府痹十二病方》《风寒热十六病方》《金创瘛瘲方》等②，结合中医常识，"方"应有各种材料的名称、剂量和用法。作为道教"方诀"似应包括材料名称、产地、图谱③，更详细些应注明炼制地点、时间等要求，亦应包括更具体、关键的炼制方法等。

再者，依"疏"所谓九种"述变易"，前三种"粗食""蔬食""节食"讲日常饮食，至于"方法"还可以说得通；"服精"指"符水及丹英"最为切题；但之后的服"五方云牙"、服"日月七元三光"，便与"众术"所讲的"飡吸五方元气""道引三光"重复，这就将本应有分类依据的"方诀"和"众术"掺杂在了一起；后所谓"服六炁""服元炁""胎食"也属"服气"的范畴，"众术"的"飡吸五方元气"本已包含此部分内容。故而"疏"对"方诀"的理解，不可依凭，连带着也说明其对"众术"的理解也有未妥之处。

陆修静所谓的"方诀"应是对修道者如何借用植物、矿物修行的具体指导，而"众术"则专指人的修养"技术"，与《汉书·艺文志》之"方技"的"技"是同一类④。而陆修静将"心斋坐忘"列为"众术"之一，与存思、

① "服五云之法，或以桂葱水玉化之以为水，或以露于铁器中，以玄水熬之为水，或以硝石合于筒中埋之为水，或以蜜搜为酩，或以秋露渍之百日，韦囊捼挻以为粉，或以无巅草樗血合饵之，服之一年，则百病除，三年久服，老公反成童子，五年不阙，可役使鬼神"，"饵服之法，或以蒸煮之，或以酒饵，或先以硝石化为水乃凝之，或以玄胴肠裹蒸之于赤土下，或以松脂和之，或以三物炼之，引之如布，白如冰，服之皆令人长生，百病除，三尸下"。（参见王明. 抱朴子内篇校释［M］. 2版. 北京：中华书局，1985：203.）

② 班固. 汉书［M］. 北京：中华书局，1962：1777.

③ "及夫木芝者……此辈复百二十种，自有图也"，"菌芝，或生深山之中，或生大木之下，或生泉之侧，其状或如宫室，或如车马，或如龙虎，或如人形，或如飞鸟，五色无常，亦百二十种，自有图也。"王明先生注曰："本书《遐览篇》著录《木芝图》《菌芝图》《肉芝图》《石芝图》《大魄杂芝图》。"（参见王明. 抱朴子内篇校释［M］. 2版. 北京：中华书局，1985：200－202，213.）《汉书·艺文志》有"《黄帝杂子芝菌》十八卷"，李零先生言："《黄帝杂子芝菌》，神仙服食有所谓五芝，石芝、木芝、草芝、肉芝、菌芝。"（参见李零. 兰台万卷［M］. 上海：三联书店，2011：210.）笔者疑汉代《黄帝杂子芝菌》十八卷或已有图。

④ 如《汉书·艺文略》"方技略"中的《容成阴道》，即讲"男女交接之术"（李零. 兰台万卷［M］. 上海：三联书店，2011：210.）；《黄帝岐伯按摩》中按摩也可以视为一种技术。

服气、导引等并列，无疑是将"坐忘"也视为一种技"术"，而这种"心斋坐忘"术的实践，似是以"斋"法为主导。

二、"斋"中的"心斋坐忘"

《正统道藏》收有《洞玄灵宝五感文》，题为"陆修静集"，前有"序"称：

> 癸巳年冬，携率门人建"三元涂炭斋"，科禁既重，积旬累月，负戴霜露，足冰首泥。时值阴雨，衣裳霑濡，劲风振厉，严寒切肌，忍苦从法，不敢亏替，素冬羸冷，虑有怠懈，乃说五感以相劝慰。并统序众斋标题门户，均途异辙，粗为详辨，岂曰矜夸。数十同志信好之士，幸鉴之哉。①

"癸巳年"，陆修静时当为 453 年，陆修静建"涂炭斋"一事当有相当之影响，道安还曾对其修涂炭斋提出批评②。从"序"中看，陆修静携众修涂炭斋时天气严寒，斋法持续时间也长，十分辛苦，陆修静撰此文以鼓励劝勉众共修者。"序"中言，下文共有两部分，一者述"五感文"，一者标举众斋法。因"五感文"与本论题无干，笔者从略。在标举众斋法中，陆修静将斋法总结为九等十二法，最先讲的是：

> 一曰洞真上清之斋，有二法：

> 其一法，绝群离偶（舍朋友之交，无妻奴之黑③，孤相独宴，泊然穷寂，形影相对），无为为业（端推好然④，无所一为，胎息后视，心所神机）、寂胃（胃以受食为有事，既虚息不食，则泊然寂定也）、虚申（请斋以耳⑤为期，至申而食，今既不食，徒有此中虚过而已）、眠神（神司外，务躁动，今

---

① 陆修静. 洞玄灵宝五感文 [M] //正统道藏：第 32 册. 北京：文物出版社；上海：上海书店；天津：天津古籍出版社，1988：618–619.

② 佛教对道教涂炭斋的批评特别提及陆修静，事见《弘明集·卷八·辩惑论》《广弘明集·卷八·二教论·服法非老》《集古今佛教论衡·卷乙·周高祖登朝论屏佛法，安法师上论事》。杨联陞先生撰有《道教之自搏与佛教之自扑》《〈道教之自搏与佛教之自扑〉补论》两篇论文（杨联陞. 东汉的豪族 [M]. 北京：商务印书馆，2011），对道教涂炭斋做出了开拓性的研究。另参见王桂平. 道教涂炭斋法初探 [J]. 世界宗教研究，2002（4）.

③ "无妻奴之黑"，义不可通，"黑"或为"累"字误。

④ "端推好然"，义不可通，疑"端推"为"端拱"、"好然"为"妙然"。

⑤ "斋以耳为期"之"耳"，置于此处，义不可通，疑为误字。

既无事，怡静内藏，故谓之眠）、静炁（炁者，体之化，神之舜^①，神动则炁奔，今神遂内，后则炁静体宁神^②）、遗形忘体（形以有待，故接物，体之以有，累不可忘，今内无饥寒之切，外无缠缚之累，洞遂虐漠^③，故不知四大之所在也）、无与道合（道体虚无，我有故隔，今既能忘，所以玄合）。

其二法，孤影夷豁（皆与上同，但混合形神，讽经有异）。^④

从《正统道藏》本所载来看，正体字部分，或为前人所撰，小体字部分为陆修静对前人所述上清斋法所作的简要说明。故而《正统道藏》题"陆修静集"，而不题"撰"。本段文字缺误较多，文义难明，依照笔者理解，此段去除陆修静释文，应断句为"绝群离偶，无为为业，寂胃虚申，眠神静炁，遗形忘体，无与道合"，校改之后的陆修静释文为：

绝群离偶（舍朋友之交，无妻奴之累，孤相独宴，泊然穷寂，形影相对）。

无为为业（端拱妙然，无所一为，胎息后视，心所神机）。

寂胃（胃以受食为有事，既虚息不食，则泊然寂定也）。

虚申（请斋以旦为期，至申而食，今既不食，徒有此中虚过而已）。

眠神（神司外，务躁动，今既无事，怡静内藏，故谓之眠）。

静炁（炁者，体之化，神之舍，神动则炁奔，今神遂内，后则炁静、体宁、神［安］）。

遗形忘体（形以有待，故接物，体之以有，累不可忘，今内无饥寒之切，外无缠缚之累，洞遂玄漠，故不知四大之所在也）。

无与道合（道体虚无，我有故隔，今既能忘，所以玄合）。

---

① "炁者""神之舜"，义不可通，疑"舜"或为"主""舍""车""母"等字之误。如《西升经》："念我未生时，无有身也，直以积气聚血成我身尔。我身乃神之车也，神之舍也，神之主也，主人安静，神即居之，躁动，神即去之"（陈景元. 西升经集注［M］//正统道藏：第14册. 北京：文物出版社；上海：上海书店；天津：天津古籍出版社，1988：587.）；"气者神之母"，在道教内部更为流行，如题名强名子注的《真气还元铭》："夫神者是气之子，气者神之母"（真气还元铭［M］. 强名子，注//正统道藏：第4册. 北京：文物出版社；上海：上海书店；天津：天津古籍出版社，1988：880.）。《云笈七签·神气养形说》："且气者，神之母；神者，气之子。欲致其子，先修其母"（张君房. 云笈七签［M］. 李永晟，点校. 北京：中华书局，2003：771.）。

② "后则炁静体宁神"，依文义，"神"后当缺一字，"后则炁静体宁神□"，或可补"安"字。

③ "洞遂虐漠"，义难通，"遂"可作通、达解，或即"達"字之误，"虐"或为"玄"之误，作"洞遂玄漠"或"洞达玄漠"。

④ 括号内为《正统道藏》夹行注。

陆修静所据原文也有较少见者，如"眠神静炁"，其中"眠神"之"眠"，本字为"瞑"或"瞑"。"瞑"，《说文解字》言"翕目也"，为"眠"之本字，而"瞑"亦是"冥"之异体字，故笔者怀疑"眠神静炁"，应为"冥神静炁"，即宁神（安神、凝神）静炁等义。"寂胃虚申"一语，若无陆修静之释，义几不可通，而陆修静用"食"释"胃"，以"食"之时解"申"，并将这种未进食的状态视为"寂""虚"，其迂曲之处，显而易见。不过，关键问题在于"寂胃虚申"之说，究竟是陆修静所本之上清斋法的误字，还是上清斋法确有此说？参照《洞真太上说智慧消魔真经》卷一言：

> 尔乃遂辞荣散华，振策崇岭，咀嚼元炁，吸引二景，抗翅鸿征，极神测挺，寂胃虚中，敛炁倾鼎，殊荏守玄，弥春闲静，淡身自丧，尸不束整，放形存空，无执无秉矣。①

"辞荣散华，振策崇岭"与陆修静"绝群离偶"义相近；"寂胃虚中"与"寂胃虚申"应有关联；"元炁""极神""守玄""闲静"等与"眠神静炁"义近；"淡身自丧""尸不束整""放形存空"等义同"遗形忘体"；"无执无秉"亦即"无为"。

《洞真太上说智慧消魔真经》自言有七卷，今《正统道藏》存有五卷，学界一般认为此五卷造作时间不一②，以第一卷出世最早，约在魏晋时造作，是早期上清经的代表。陆修静所本未必出于此经，但此经所载的"寂胃虚中"或反映了当时上清一系结合服食方术对老庄思想的改造，因此陆修静所谓"寂胃虚申"应不是其个人的独撰附会，而是有道教内部传承。

陆修静所谓的"寂胃虚申"，或是根据道家"寂静""虚中"演变而来。先秦"静""清""青"三字常混用，"寂胃"之"胃"盖与"青"有关，很可能不单纯是因为字形相近而导致的误解，而是有意将道家"寂静""虚中"

---

① 洞真太上说智慧消魔真经 [M] //正统道藏：第 33 册. 北京：文物出版社；上海：上海书店；天津：天津古籍出版社，1988：599 – 600.

② "按出于晋代之《四极明科》一书云：'消魔智慧经七卷，藏于玉清之阙，高上虚皇丹房也.'又《真诰》卷三、卷九、卷十、卷十八亦常引《消魔经》《太上消魔经》《消魔智慧七篇》《智慧七卷》，谓其书乃晋许长史史录。是晋代已有'消魔智慧'一书名称。然考《真诰》各卷引文，多不见于本经，且《真诰》各卷引文之后常注明'此经未出世'。"（任继愈. 道藏提要 [M]. 北京：中国社会科学院出版社，1995：650.）

和传统服食、辟谷等方术结合在一起。

笔者疑"寂胃虚申""眠神静炁"即指"心斋"。"寂胃虚申",或原为"寂静""虚中",是对"心斋"的注解。而之所以从对"心斋"注解的"寂静""虚中"引申成"寂胃虚申",一方面因为庄子"心斋"寓言中有颜回自称"不饮酒不茹荤者数月"的"祭祀之斋",确与饮食相关,另一方面是道教有意将庄子的"心斋"与传统服食、辟谷等方术结合在一起。而"遗形忘体""无与道合",则无疑与"坐忘""隳肢体、黜聪明,离形去知,同于大通"有关。

综上,笔者认为,《五感文》中陆修静所说的上清斋法第一法"绝群离偶,无为为业,寂胃虚申,眠神静炁,遗形忘体,无与道合"实际上就是前文"众术"所讲的"心斋坐忘"。[①] 若嫌论证简略,笔者还可增补一证。

陆修静在《五感文》除讲了上清两种斋法之外,还论及灵宝斋九法,分别是"金箓斋""黄箓斋""明真斋""三元斋""八节斋""自然斋""洞神三皇之斋""太一之斋""指教之斋",再加上不属上清、灵宝斋法的"三元涂炭之斋"。而在敦煌本佚名《灵宝经义疏》"义""第七威仪"中列六种斋法,分别是"金箓斋""黄箓斋""明真斋""三元斋""八节斋""自然斋"[②],对应《五感文》灵宝斋法的前六种,而没有上清两种斋法。与敦煌本佚名《灵宝经义疏》关系密切的《玄门大义》"释威仪"中则略有不同,其言:

论斋功德者,宋师旧举六条,今家大明二种:一者极道,二者济度。极道者,《洞神经》云:心斋坐忘,极道矣。济度者,依经总有三箓七品。三箓者,一者金箓斋……二者玉箓斋,救度人民……三者黄箓斋……七品者,一者三皇斋……二者自然斋……三者上清斋……四者指教斋……五者涂炭斋……六者明真斋……七者三元斋……其外又有六斋、十直、甲子、庚申、八节、本命、百

---

① 上清的第二种斋法"孤影夷豁",也就是清静独修的意思,陆修静言其要旨与第一种斋法相同,唯所颂经有差别,不再赘述。
② 张继禹. 中华道藏:第 5 册 [M]. 北京:华夏出版社,2004:511.

日、千日等斋，通用自然之法……①

刘屹教授认为："所谓'宋师旧举六条'，即 P. 2256 所见宋法师延续陆修静的'六斋说'，而所谓'今家'则是陆、宋之后道教对斋法及功德观念新的发展，并已得到公认，即从'六斋'变为'三箓七品'的'七斋'，具体斋名也有变化。可见，关于斋法功德，P. 2256 还遵循刘宋之说，而《玄门大义》则对陆宋和 P. 2256 都有新发展……P. 2256 更像是从陆修静、宋文明到《玄门大义》《道教义枢》之间的一个重要桥梁和过渡。"②

笔者基本同意刘屹教授的结论③，但刘屹教授所描述的论据细节，以及几部经典传承之间的脉络过于线性，实际上问题可能更为复杂。刘屹教授认为宋文明的"旧"到《玄门大义》的"新"，是从"六斋"变为"'三箓七品'的'七斋'"，但笔者认为《玄门大义》相较于敦煌本佚名《灵宝经义疏》最大的不同是，《玄门大义》将道教斋法根据不同的作用分为侧重个人修行的"极道"和侧重群体仪式的"济度"两类，之后才是"六斋"和"三箓七品"的区别。

不过，问题的复杂之处也在于此，依敦煌本佚名《灵宝经义疏》为准，则《玄门大义》"三箓七品"与《义疏》有别，但若以陆修静《五感文》为准，则《玄门大义》更多是建立于陆修静思想之上。按《五感文》结构，其

① 洞玄灵宝玄门大义［M］//正统道藏：第 24 册. 北京：文物出版社；上海：上海书店；天津：天津古籍出版社，1988.：738－739.《玄门大义》对斋法的分类，当有相当之影响，如佛教对道教斋法的评论，很可能直接引自《玄门大义》。法琳《辩证论》："公子问曰：窃览道门斋法。略有二等，一者极道，二者济度。极道者，《洞神经》云：'心斋坐忘至极道矣'；济度者，依经有三箓七品，三箓者，一曰金箓……二曰玉箓……三曰黄箓……七品者，一者洞神斋……二者自然斋……三者上清斋……四者指教斋……五者涂炭斋……六者明真斋……七者三元斋……其外又六斋十直甲子庚申本命等斋，通用自然斋法。坐忘一道，独超生死之源。济度十斋，同离哀忧之本。"（参见法琳. 辩证论［M］//大正新修大藏经：第 52 册. 影印本. 台北：新文丰出版公司，1984：497.）"洞神"部收"三皇经"，所谓洞神斋，与三皇斋应是同种斋法，以此可见法琳的记述与《玄门大义》几乎完全相同。唯"坐忘一道，独超生死之源。济度十斋，同离哀忧之本"一句，似为法琳以问者口吻对道教斋法的评判，"坐忘一道"的说法，似已区别于作为斋法的"心斋"，而重视其个人的修行特色，但不管是文有所本，还是法琳自撰，其对"坐忘"青眼相看，则是确定无疑的。

② 刘屹. 六朝道教古灵宝经的历史学研究［M］. 上海：上海古籍出版社，2018：180.

③ 比较敦煌本佚名《灵宝经义疏》"第八部方法""第九部众术"与《玄门大义》"释方法第八""释众术第九"两部分，可以看到现存《玄门大义》残卷相关内容是对敦煌本佚名《灵宝经义疏》"疏"的部分做出概括后，又做了发挥。

将斋法分为"上清""灵宝"两大类,"涂炭斋"单列,上清斋法有两种,灵宝斋法有"金箓斋""黄箓斋""明真斋""三元斋""八节斋""自然斋""洞神三皇之斋""太一之斋""指教之斋"九种。而《玄门大义》较之《五感文》,是将"金箓斋""黄箓斋"与新增的"玉箓斋"作为三个品级;将《五感文》两种统摄性大类的"上清斋"列于七斋中;去除《五感文》九斋中的"太一斋"和"指教斋",且将九斋中的"八节斋"作为"通用自然之法",不入七斋;将《五感文》单列的"涂炭斋"纳入"七斋"。内容较为繁复,列为下图更为直观:

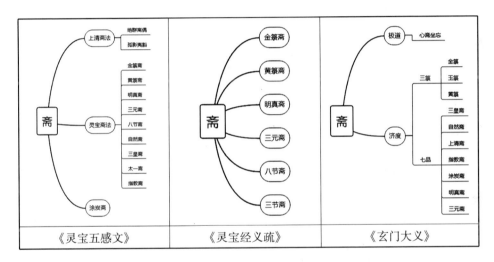

从图中可以看到,这些并不是如刘屹教授所说的是"具体斋名"的变化,其"斋名"并未变化,而是对斋法层次性的调整、具体斋法的升降,其背后既涉及道派话语权的问题,又涉及斋法是否有特色和代表性、解释力度是否能让人信服等问题,其背后的历史事实和整理逻辑值得深究。

回到我们所要讨论的主题,《玄门大义》所说的"极道"之"极",作为名词理解是"至高"之义,即至高之"道";作为动词理解是"至""到达"之义,即通向"道"、达到"道"。《玄门大义》称"论斋功德者……一者极道,二者济度",显是以"极道"与"济度"对文,取动词义。"心斋坐忘,极道矣",其义是指通过修行"心斋坐忘"可以得"道"。以此来看,"斋"法讲的"心斋坐忘"与在"众术"中所讲的"心斋坐忘"实为一义。从陆修静的"寂胃虚申"等语来看，作为斋法的"心斋坐忘"也带有浓厚的方术色彩。

<h2>三、"存思"与"坐忘"</h2>

陆修静以"寂胃虚申"等语理解"心斋坐忘"，是将庄子修道理论与服食辟谷等传统道教方术相结合。与此相类而又有不同的是唐初道士王悬河，他在《三洞珠囊》中明确地将"坐忘"理解为"精思"。

（一）"坐忘精思"

《三洞珠囊》卷五"坐忘精思品"言：

《南华·齐物论》第二云："南郭子綦隐几而坐，仰天而嘘，嗒焉似丧其偶也。"

第六篇云："堕肢体、黜聪明，离形去智，同于大通，此谓坐忘也。"

第四篇云："支离其形，役则不预，又况更支离其德者乎？"又云："无听之以耳，无听之以心，而听之以气。气者，虚而待物也。虚室生白，吉祥止矣。"[1]

以上所引，第一条出自《庄子·齐物论》"吾丧我"寓言，第二条出自《庄子·大宗师》"坐忘"寓言，第三、四条均出自《庄子·人间世》，分别是"支离疏"寓言、"心斋"寓言。以"吾丧我""心斋"与"坐忘"三者相互阐释的思想，前文已多有述及。以"支离疏"寓言论"坐忘"，盖因"支离其形"与"坐忘""堕支体"意近。从中可以看到，王悬河所引的"坐忘"相关内容全本于《庄子》，而不似《三洞珠囊》其他条目皆广征博引各种道教典籍。由此可以推测，关于"坐忘"，唐代以前道教没有超出《庄子》原文做出更有力的解释，否则王悬河不会不著录。前文已明，南北朝时期所讲的"心斋坐忘"，更多的是发挥"心斋"之"斋"法义，"坐忘"更多的是作为"心斋"义的补充，没有更进一步的阐发。

---

① 王悬河. 三洞珠囊［M］//正统道藏：第 25 册. 北京：文物出版社；上海：上海书店；天津：天津古籍出版社，1988：321.

后文王悬河连续引用《道学传》《道迹经》《上清八景经》等经典来说明实践"精思"者将得到"道"的青睐，有真人、仙人降授神文、仙药，可助奉道者精进。此部分内容，并没有具体实践方法，主要是强调"精思"的重要性。其后又言：

《庄子·大宗师篇》云："夫坐忘者，堕肢体，黜聪明，离形去智，同于大通。"此亦是精思之义也。又《南华论·齐物篇》云："南郭子綦隐几而坐，嗒焉似丧其偶，故行若曳槁木，坐若聚死灰。"此亦是精思之义也。①

此处《三洞珠囊》明确地将"坐忘"等同于"精思"。那么，它所讲的"精思"又是什么呢？其言：

《登真隐诀》云："五灵道人支子元乃于静室精思，存五星在头上，岁星在左，太白在右，荧惑在膝中，使镇星在心中，各见光芒气色也，久久行之，出入远行，常思不忘，无所不却也。此五神因共人身，则白日升天也。"

此段《三洞珠囊》所引内容于现存传本《登真隐诀》未见，或为《登真隐诀》佚文。其所谓"存五星在头上……各见光芒气色"，可见它所载的是一种以存思星辰为主的存思法。又有：

《真诰》第五云：凡人常存思识己之形，极使髣髴，对在我前，使面上恒有日月之光，照洞一形，使日在左，月在右，去面前九寸，令存毕，乃啄齿三通，微祝曰："元胎上真，双景三玄，右制七魄，左拘三魂，令我神明，与形常存。"毕，又叩齿三七通，咽液三七过。此名为帝君录形拘魂之道，使人精明神仙，长生不死。若不得祝者，亦可单存之也。②

此段《三洞珠囊》所引见于现存传本《真诰》，今本《真诰》于此段文后，尚有一句"《道授》乃由识形，而未见此祝法"③，即《道授》中有前所说"常存思识己之形"的"识形"图，"极使髣髴，对在我前"，即通过不断地对"识形"图的存想，使修行者可以脱离图卷而使所存对象如在人眼前。

①　王悬河. 三洞珠囊［M］//正统道藏：第25册. 北京：文物出版社；上海：上海书店；天津：天津古籍出版社，1988：322.

②　王悬河. 三洞珠囊［M］//正统道藏：第25册. 北京：文物出版社；上海：上海书店；天津：天津古籍出版社，1988：322.

③　陶弘景. 真诰［M］//正统道藏：第20册. 北京：文物出版社；上海：上海书店；天津：天津古籍出版社，1988：552.

以上略举两例，可以看到《三洞珠囊》所理解的"精思"，与上清传统存思法一般无二。传统存思术的要领，是修行者通过文字、图画对仙人形象，包括眼、鼻、身形乃至衣饰颜色、形制的细致描摹，以此不断加深对"仙人"形象的影像记忆，使"仙人""髣髴"在前，最终使"仙人"感应修行者，而真正地降临修行者身边，帮助修行者。《三洞珠囊》后文引《太一金真记》"裴君……修行精思，一年之中，髣髴形象，二年之中，五帝乘日，形见在君左右"①，即是此意。

若用一种并不精准但较为简单的方式说明道教存思术与庄子"坐忘"的差异，可以将道教存思术理解为对特定内容做"加法"，而庄子"坐忘"则是要做"减法"。"坐忘"和"精思"二者除了在实践时，均采取"坐"姿外，其理论核心几乎可以说是南辕北辙。《三洞珠囊》将"坐忘"等同于道教传统方术"精思"，是带有目的性的曲解，盖是为援引庄子思想以深化道教方术理论。

（二）"化身坐忘法"

与《三洞珠囊》"坐忘精思"将"坐忘"视为"存思"方术相近的，还有《云笈七签》记载的"化身坐忘法"，其言：

> 每夜人定后，偃卧闭目，然后安神定魄忘想，长出气三两度，仍须左右捩之，便起拗腰如前法，摄心入脐下，作影人，长三四寸；然后遣影人分身百亿，耸头而出屋，钻房而上，上至天，满法界皆是我身，便想中明即自见之。既见之，便令影人入脐下，便大饱。其化身到来亦身战动②，大况似行气法。仍须正念凝情于身，但用心无不动也。故老君曰："道以心得之。"

《云笈七签》所载"化身坐忘法"与其后文所记的"胎息法""影人""服紫霄法"关系密切，故为行文方便，亦引之于下：

> 胎息法
>
> 老君曰："人之不死，在于胎息矣。"夜半时日中前，自舒展脚手，拗脚

---

① 《三洞珠囊》所引此段《太一金真记》"裴君"精思成仙之事，参见上清太一金阙玉玺金真纪[M]//正统道藏：第6册. 北京：文物出版社；上海：上海书店；天津：天津古籍出版社，1988：378.

② 原作"战身动"，不通，据"影人"条"其气到来，觉身战动"，当校改为"身战动"。

咳嗽，长出气三两度。即坐握固，摄心脐下，作影人长三二寸，以鼻长吸引来，入口中即闭，闭定勿咽之，亦勿令出口，即于脐下合气作小点子下之米大。如下数已尽，却还吸引如前。初可数得三十二十点子，渐可数百及二百，后五百，若能至数放千点子，此小胎息长生却老之术。

影人

分身作影人长三四寸许。立影人鼻止，令影人取天边元空太和之气，从天而下，穿屋及头，直入四肢百脉，无处不彻。其气到来，觉身战动，每一度为一通，须臾即数十通，便大饱矣。人有大病，作之十日，万病俱差。当下气之时作念之："我身本空，我神本通，心既无碍，万物以无障碍。何以故？得神通故。"凡一切作法，一种即须下之吐气法，皆须作蛇喙，莫动上颌。其吸气之时，微叩齿令热。

服紫霄法

坐忘握固，游神筝头而出，钻屋直上，到彼天边，引紫霄而来，直下穿屋，而从头上入，内于腹中，常含紫气随神而来。向作解心，我本未悟之时，不知道体，今既觉悟，法本由来，不从他得。我知今来得自在者，更无别法，直作定心。心决定故，即得作意，见此气众多而来，并聚稠密如赤云，拯神上天。但作解脱，直以心往天上取亦得，即下方万物皆空，屋亦空，人性与道同，此神通久视也。①

这四种方术，不管是从用语上看还是从撰写逻辑上看，都出自同一人的手笔，故笔者将此四种方术视为一个整体，但在具体论述时，以"化身坐忘法"为主。

"化身坐忘法"所说的"偃卧闭目，然后安神定魄忘想"，盖指"坐忘"。从"胎息法"言"即坐握固"，"服紫霄法"言"坐忘握固"，可见其文本形成的轨迹。"握固"，从文献上来看，最早见于《老子》"骨弱筋柔而握固"，后道教进行修养实践时常将握固、扣齿、漱液等连言，一并作为修行前的准备工作，有仪式化的倾向。道教之"握固"，即屈大拇指于四指内，握而成

---

① 张君房. 云笈七签 [M]. 李永晟，点校. 北京：中华书局，2003：777–779.

拳。南北朝时期道教方术，有"冥目握固"①、"平坐闭气临目握固"② 等说法，即道教在描述修行实践方法时，闭眼、坐姿、握固是一套通用的常识性话头。而"坐忘握固"则是创新性的说法，需要特别强调的是，不能将"坐忘握固"视为"坐忘"法兴起时以"坐忘"替代"平坐""静坐"的简单文字游戏。笔者认为，至少在这四种方术中，方术的造作者是注意到"坐忘"法与"心"有密切联系的。如"化身坐忘法"讲"摄心入脐下"，"胎息法"讲"摄心脐下"，乍看之下不过是简单地将意念集中于丹田，但要知道传统存思、服气术都是将存思的"气""星"等对象"入脐"③，而非"心"入"脐"。此处二者先言"摄心"入脐是非常特殊的。更不用说，"影人"所念"我身本空，我神本通，心既无碍，万物以无障碍"；"服紫霄法"以"我本未悟之时，不知道体，今既觉悟，法本由来，不从他得。我知今来得自在者，更无别法，直作定心"一段"解心"，都强调方术实践与"心"有关，这是此处四种方术与传统存思、服气等方术最为不同的地方，盖亦是造作者特别将"坐忘"纳入传统方术中的特殊用意。但正如"化身坐忘法""胎息法"最终仍是将自己存想的对象——"影人""化身"入"脐"，可以看到，他仍然要归为"方术"，而非心性化的"坐忘"修养方法。

"长出气三两度，仍须左右捩之，便起拗腰如前法"中所言的"前法"，盖因《云笈七签》为节选，故已不可见。后文"胎息法"所述较详，可补之，其言"自舒展脚手，拗脚咳嗽，长出气三两度"。此为道教在进行打坐等

① 上清握中诀［M］//正统道藏：第2册. 北京：文物出版社；上海：上海书店；天津：天津古籍出版社，1988：898.《正统道藏》所收《上清握中诀》，不题撰人，学界一般认为此书是六朝时期上清派修道方术的杂录，"宋代目录书如《四库阙书目》《通志·艺文略》《宋史·艺文志》均著录陶弘景撰《上清握中诀》三卷"（任继愈. 道藏提要［M］. 北京：中国社会科学院出版社，1995：61.），王家葵教授认为"《上清握中诀》成于陶弘景之后，应该不是无根之言。不能肯定此书一定是《登真隐诀》遗篇，但其内容与今本《登真隐诀》及诸书引用《登真隐诀》佚文相合处甚多"，参见陶弘景. 登真隐诀辑校［M］. 王家葵，辑校. 北京：中华书局，2011：251.

② 陶弘景. 登真隐诀辑校［M］. 王家葵，辑校. 北京：中华书局，2011：14.

③ 如约出于东晋南朝的《洞真太上飞行羽经九真升玄上记》："若夜半时，入室正坐接手，定气临目毕，乃存北斗九星来下，入脐中三寸下元宫中"（正统道藏：第33册［M］. 北京：文物出版社；上海：上海书店；天津：天津古籍出版社，1988：642.）；再有《太上养生胎息经》："须仰排水藏，覆排食藏，次倚壁翘一足，拳两手，以舌搅口中，候津液满口，即想气咽入脐，至脚为度，彻视肠胃，指能吹灯，谓九九八十一，天地之终始。"（参见正统道藏：第18册［M］. 北京：文物出版社；上海：上海书店；天津：天津古籍出版社，1988：402.）

静功修行前所做的舒展筋骨的准备活动，与今日运动前的热身活动的作用相同。①

"作影人……满法界皆是我身，便想中明即自见之……其化身到来亦身战动，大况似行气法"一段，义有含混，结合"胎息法""影人""服紫霄"等方术大义②，"化身坐忘法"所述应是修行者存想"影人"化形亿万，飞遁天际，遍布法界；"便想中明即自见之"，义指存想"满法界"之"影人"，实际上就是修行者自己"化身"的自我显现；后文便如"服紫霄法"和"影人"条等存想"气"入体一般，存想"影人""化身"入脐，如此则完成了"化身坐忘法"的修炼。

"化身坐忘法"与其他三种方术最大的不同，即在于它有一个"想中明即自见"的步骤，而不是通过"取天边元空太和之气"或"引紫霄"，要点是在存想中明"影人"是"己"之"化身"。

"化身坐忘法"仅见于《云笈七签》，尚不能确定其创作时间，笔者怀疑它的创作受到了唐代中后期"坐忘"修道论兴盛的影响，也就是说要晚于南北朝时期的"心斋坐忘"和唐初的"精思坐忘"。不过，从文本来看，特别是"坐忘握固"等说法来看，"化身坐忘"的理论内核仍然是道教方术，并以"存思"术为主，庄子的"坐忘"在这里更像一个借名。

第二节　"坐忘"与重玄思潮

重玄学是道教思想发展的重要阶段，已经成为学界共识，不过，重玄学的起源问题，至今仍存分歧。笔者认为重玄学的诞生与发展固然与佛教中观

---

①　当然，这些并非仅仅只能作为热身动作，如《云笈七签》卷三十四："初入气之时，善将息，以饱为度。若饱后，即左右拓，更开托，左右揿及蹴空各三度，然后咳嗽耳。拔发，摩面，转腰，令四肢节、皮肉、骨髓、头面贯彻，腹中即空。"此即修行进行中的舒展活动。简单地说，结合我们的生活常识，常久坐工作者皆对此有体会，即活动舒展筋骨，不必将此部分实践过于神秘化。

②　"胎息法"是将存想的"影人"，通过服气的形式，转存想为"于脐下合气作小点子下之米大"，即存想米粒大小的实体"气"入脐下。"影人"条，依其表述，即存想"影人"往"天边"取气，待"影人"取气后，再纳入身，实际上也是存想"影人"之往返，所谓"取气"也是存想的一部分。"服紫霄法"与"影人"和"化身坐忘法"的形式并无差别，唯将所取之"气"，存想为"紫霄"。

学相关，但是，"坐忘"思想特别是经过郭象阐释的"坐忘"思想，对重玄学的产生也起了不容忽视的作用。笔者此论并非因论文的撰写而故作攀缘，而是经过审慎的考察。下面笔者将结合现有研究成果来展开论述。

一、重玄学溯源

20 世纪 40 年代，蒙文通先生通过对成玄英、李荣、陈景元等人注《老》、注《庄》著作的辑校梳理，拈出"重玄学"的主题，"对重玄学的学术渊源、传播范围、历史演变、代表人物、经典文献、思想内涵与学术特征均进行了详细考辨与阐述，持之有故，言之成理，多发他人所未发"①。

（一）郭象与"双遣"

蒙文通先生评成玄英《道德经义疏》为"集重玄之大成，宗六代之奥论"②，着重强调成玄英③、李荣④解"玄之又玄"的"双遣""三翻"之说，又以此为基础，提出"究乎注《老》之家，双遣二边之训，莫先于罗什，虽未必即什公之书，要所终实不离其义，重玄之妙，虽肇乎孙登，而三翻之式，实始乎罗什，言《老》之别开一面，究源乎此也"。蒙文通将成玄英、李荣之"双遣""三翻"追溯到鸠摩罗什，确有相当之见地。成玄英明言"超兹四句，离彼百非"⑤，"百非四句，都无所滞，乃曰重玄"⑥，可见成玄英受到中观学的影响是完全不成问题的，但据此是否能说重玄学的渊源就只有佛教呢？恐怕未必，蒙文通先生亦未如此看待。

---

① 黄海德. 20 世纪道教重玄学研究之学术检讨［C］//诸子学刊：第 15 辑. 上海：上海古籍出版社，2017：274.
② 蒙文通. 道书辑校十种·辑校成玄英《道德经义疏》［M］. 成都：巴蜀书社，1987：359.
③ "有欲之人，唯滞于有，无欲之人，又滞于无，故说一玄，以遣双执。又恐行者滞于此玄，今说又玄，以祛后病。既而非但不滞于滞，亦乃不滞于不滞，此则遣之又遣，故曰玄之又玄。"（参见蒙文通. 道书辑校十种·辑校成玄英《道德经义疏》［M］. 成都：巴蜀书社，1987：360 – 361.）
④ "定名曰玄，借重玄以遣有无，有无既遣，玄亦自丧，故曰又玄，又玄者三翻不足以言其极，四句未可致其源，寥廓无端，虚通不碍。"（参见蒙文通. 道书辑校十种·辑校成玄英《道德经义疏》［M］. 成都：巴蜀书社，1987：361.）
⑤ 蒙文通. 道书辑校十种·辑校成玄英《道德经义疏》［M］. 成都：巴蜀书社，1987：531.
⑥ 蒙文通. 道书辑校十种·辑校成玄英《道德经义疏》［M］. 成都：巴蜀书社，1987：551.

蒙文通先生继续推论说:"寻诸双遣之说,虽资于释氏,而究之《吕览》之论圜道、《淮南》之释无为,重玄之说最符老氏古义,而王、何清谈,翻成戏论,孟、臧胜义,方协至言,故《吕览》《淮南》之旧轨,何嫌释氏之借范也。"①"双遣之说",在蒙文通先生语境中即指"重玄",不必多言。蒙文通先生认为"重玄之说"与《吕氏春秋》"圜道",《淮南子》释"无为"一脉相承,符合老子的学说,王弼、何晏的玄学清谈则违背了老子之义,直到孟智周、臧玄静才借助佛教中观学重新发挥了老子学说的胜义。蒙文通先生将重玄学与黄老学联系起来,发前人所未发,却忽视了魏晋玄学对重玄学形成所起的推动作用。

随着研究的推进,玄学与重玄学之间的关系日趋明朗,有学者将"双遣"寻流穷源至玄学大家郭象《庄子注》,提出郭象思想才是重玄学的源头。何建明教授曾以"简明"的笔名发表《"道家重玄学"刍议》一文,指出"郭象已明确地阐述过成玄英等人所极力标榜的'双遣'重玄思想,只是郭象没有以'重玄'相称""'遣之又遣,以至于无遣无不遣'和'玄之又玄',在郭象的《庄子注》中屡见不鲜"。何建明教授以此为基础对此前的重玄学研究提出质疑,认为"有些学者在分析隋唐时期重玄学思潮发达的原因时,片面地强调佛教中道观念和'双遣''双非'思维方法的重要影响。而事实上,就所谓'重玄学之集大成者'成玄英而言,他的重玄理论,正是在隋唐佛教思想与郭象、孙登以来的中国重玄思想相契合而共生的产物"②。

不过,何建明教授虽将"双遣"之说追溯到郭象,却认为"真正的'道家重玄学'之宗,应当是庄子",理由是"郭象之所以能够提出为后来成玄英所点破的'双遣'重玄思想方法,正是对《庄子》中的'坐忘''齐物'思想的引发"③。董恩林教授对何建明教授的这个观点提出质疑,其言:"既然认为是郭象首先阐述了重玄思维方法,而《庄子》只是郭象借以阐发思想的注脚与支点而已,那么,道家重玄学之宗就应当是郭象,为什么反倒归到为

① 蒙文通. 道书辑校十种·辑校成玄英《道德经义疏》[M]. 成都: 巴蜀书社, 1987: 362.
② 简明. "道家重玄学"刍议 [J]. 世界宗教研究, 1996 (4);何建明. 道家思想的历史转折. 武汉: 华中师范大学出版社, 1997: 26-42.
③ 简明. "道家重玄学"刍议 [J]. 世界宗教研究, 1996 (4).

郭象作注脚的庄子身上去了呢？"故而董教授认为"'道家重玄学'的源头只能追溯到郭象那里"①。

笔者对何建明、董恩林两位教授的观点都表示部分同意，确如何建明教授所说"双遣"的思想可以追溯到郭象，也确如董恩林教授所说按照何建明教授提出的论据，"道家重玄学"的源头只能是郭象，而不是庄子。同时，何、董两位教授在追溯"道家重玄学"的渊源时似都受到了蒙文通先生的误导。

（二）重玄学的特色是"兼忘"

笔者认为，自蒙文通先生起便对"重玄学"有一个误解，即对"双遣"之说过于看重，而忽略了"重玄"之"玄"，"双遣"之"遣"实取义于庄子之"忘"。

成玄英曰："玄者深远之义，亦是不滞之名。"②"玄"释为"深远"，符合"玄"之本义，如《说文解字》即言"玄""幽远也"，但将"玄"释为"不滞"则并不合于"玄"之字义，也不合于秦汉典籍对"玄"的义解。所谓"不滞"，即今所谓不执着，原是在"忘"义上嫁接而来。"遣"字，《庄子》书中未见，但与"遣"字形相近的"遗"字却常见，而现在"双遣"之源头在郭象《齐物论注》"既遣是非，又遣其遣。遣之又遣之，以至于无遣，然后无遣无不遣而是非自去矣"③，文中"遣"字在"赵谏议本作遗"④。笔者当然并非要据此将郭象注的"遣"字认为是"遗"字之误，而是说从文义上来讲，"遣"和"遗"二者义可通，而"遗"在《庄子》文本中与"外""忘""丧"等义同，"双遣"与"两忘"意蕴实同。在成玄英《道德经义疏》中便常见这样的对文：

---

① 董恩林. 试论重玄学的内涵与源流 [J]. 华中师范大学学报，2002 (3).

② 蒙文通. 道书辑校十种·辑校成玄英《道德经义疏》[M]. 成都：巴蜀书社，1987：377. 成玄英疏解"玄"为"不滞"，也并非成玄英之发见，总结南北朝隋唐义理的《道教义枢》释"三洞义"即讲"真以不杂为义，玄以不滞为义，神以不测为义"。（参见孟安排. 道教义枢 [M] // 正统道藏：第24册. 北京：文物出版社；上海：上海书店；天津：天津古籍出版社，1988：812.）

③ 郭庆藩. 庄子集释·齐物论注 [M]. 王孝鱼，点校. 3版. 北京：中华书局，2012：85.

④ 郭庆藩. 庄子集释·齐物论注 [M]. 王孝鱼，点校. 3版. 北京：中华书局，2012：89.

执著我身，不能忘遣……①

　　欲明至道绝言，言即乖理，唯当忘言遣教，适可契会虚玄也。②

　　明利物之德，以下三句，明能遣其功也……指前体道之士，利物忘功……③

　　假使有心学于正道者，则执正为正，未解忘遣，不与实性相应，故为虚诈也。④

　　净秽双遣，贪廉两忘……⑤

　　既而境智双遣，根尘两幻，体兹中一，离彼二偏……⑥

　　圣人能所两忘，境智双遣，玄鉴洞照……⑦

　　从上文所引可以看到，在成玄英的认识中，"遣"与"忘"并无不同，是可以相互替换的，更有"境智虚忘"⑧"境智双绝"⑨"境智双遣"⑩，文义明显一致，只是用字有别。故而若如蒙文通先生所言，抓住"双遣"为重玄学的特色恐怕不确。相比较而言，笔者反而认为与"双遣"文义相近之"兼忘"更能突出"重玄学"的特色。成玄英有"自他平等，物我兼忘"⑪ 的说法，李荣注也有"净秽兼忘"⑫ 之说。唐玄宗御注用"兼忘"最多，有"假寄托之近名，辩兼忘之极致""兼忘言行""教以兼忘""兼忘此心"等说法，⑬ 其在注"玄之又玄，众妙之门"更明言"犹恐执玄为滞，不至兼忘，

　　① 蒙文通. 道书辑校十种·辑校成玄英《道德经义疏》[M]. 成都：巴蜀书社，1987：401.
　　② 蒙文通. 道书辑校十种·辑校成玄英《道德经义疏》[M]. 成都：巴蜀书社，1987：421.
　　③ 蒙文通. 道书辑校十种·辑校成玄英《道德经义疏》[M]. 成都：巴蜀书社，1987：479－480.
　　④ 蒙文通. 道书辑校十种·辑校成玄英《道德经义疏》[M]. 成都：巴蜀书社，1987：495.
　　⑤ 蒙文通. 道书辑校十种·辑校成玄英《道德经义疏》[M]. 成都：巴蜀书社，1987：496.
　　⑥ 蒙文通. 道书辑校十种·辑校成玄英《道德经义疏》[M]. 成都：巴蜀书社，1987：517.
　　⑦ 蒙文通. 道书辑校十种·辑校成玄英《道德经义疏》[M]. 成都：巴蜀书社，1987：520.
　　⑧ 蒙文通. 道书辑校十种·辑校成玄英《道德经义疏》[M]. 成都：巴蜀书社，1987：391.
　　⑨ 蒙文通. 道书辑校十种·辑校成玄英《道德经义疏》[M]. 成都：巴蜀书社，1987：491.
　　⑩ 蒙文通. 道书辑校十种·辑校成玄英《道德经义疏》[M]. 成都：巴蜀书社，1987：517.
　　⑪ 蒙文通. 道书辑校十种·辑校成玄英《道德经义疏》[M]. 成都：巴蜀书社，1987：381.
　　⑫ 蒙文通. 道书辑校十种·辑校李荣《道德经注》[M]. 成都：巴蜀书社，1987：663.
　　⑬ 李隆基. 唐玄宗御注道德真经 [M] //正统道藏：第11册. 北京：文物出版社；上海：上海书店；天津：天津古籍出版社，1988：721、727、728、736.

故寄又玄以遣玄，示明无欲于无欲能如此者，万法由之而自出，故云众妙之门"①，这里的"兼忘"无疑与"重玄"密切相关。也有道教人士早已认识到这一点，如稍早于成玄英的隋唐道士刘进喜、李仲卿在撰写《本际经》② 时似已注意区分"兼忘"与"重玄"：

帝君又问："何谓兼忘？"太极真人答曰："一切凡夫从氤氲际而起愚痴，染著诸有，虽积功勤，不能无滞，故使修空，除其有滞。有滞虽净，犹滞于空，常名有欲，故示正观。空于此空，空有双净，故曰兼忘，是名初入正观之相。"

帝君又问："何谓重玄？"太极真人曰："正观之人前空诸有，于有无著；次遣于空，空心亦净，乃曰兼忘。而有既遣，遣空有故，心未纯净，有对治故。所言玄者，四方无著乃尽玄义。如是行者，于空于有无所滞者，名之为玄，又遣此玄，都无所得，故名重玄众妙之门。"③

这里清楚地区分了什么叫"兼忘"，什么叫"重玄"，"兼忘"是一玄，"重玄"是两玄，即在忘空有的"兼忘"之后，忘"忘"即为重玄，将"兼忘"视为"重玄"的一个步骤。再如《道教义枢》：

达观兼忘，同归于玄。既曰兼忘，又忘其所忘。知泯于有无，神凝于重玄，穷理尽性者之所体也。④

按《道教义枢》，则"兼忘"之后又"忘其所忘"，最终体会"重玄"境界，与《本际经》义相近，均将"兼忘"视为达到"重玄"的一个阶段，而非至极之境。

因此，重玄学的理论核心实际上就是庄子的"忘"，其思维方式则在不执两边的"兼"，"兼忘"和"重玄"是思维深度上的差别，而并非理论指导和

① 李隆基. 唐玄宗御注道德真经 [M] //正统道藏：第 11 册. 北京：文物出版社；上海：上海书店；天津：天津古籍出版社，1988：716.

② "至如本际五卷. 乃是隋道士刘进喜造. 道士李仲卿续成十卷."（参见玄嶷. 甄正论 [M] //大正新修大藏经：第 52 册. 影印本. 台北：新文丰出版公司，1984：569.）

③ 敦煌本《太玄真一本际经》辑校 [M]. 叶贵良，辑校. 成都：巴蜀书社，2010：208.

④ 孟安排. 道教义枢 [M] //正统道藏：第 24 册. 北京：文物出版社；上海：上海书店；天津：天津古籍出版社，1988：835.

思维方式的差别。对"重玄学"的考察应以"兼忘"为重点，而不应以"双遣"为准的。[①]

（三）庄子"兼忘"与郭象"兼忘"

以"兼忘"之说，追溯"重玄学"之源，庄子无疑是其创始者，其言：

以敬孝易，以爱孝难；以爱孝易，而忘亲难；忘亲易，使亲忘我难；使亲忘我易，兼忘天下难；兼忘天下易，使天下兼忘我难。（《庄子·天运》）

"兼"有同时、全部、且等义，这里的"兼忘"可以理解为两忘、全部忘、同时忘等义。庄子这里所"兼忘"的"亲"与"天下"似并不存在对立的意思，而是"忘"的程度不断加深，如《庄子·大宗师》女偊教导南伯子葵"外天下""外物""外生"等，都是"忘"的实践不断深化。与老子"损之又损，以至于无为"，从"有"之繁多损到"有"之极少，最终以致"无"义近。《庄子》中与"兼忘"表达方式相近但思维方式又有所差别的有：

泉涸，鱼相与处于陆，相呴以湿，相濡以沫，不如相忘于江湖。与其誉尧而非桀也，不如两忘而化其道。（《庄子·大宗师》）

与其誉尧而非桀，不如两忘而闭其所誉。（《庄子·外物》）

庄文此处"两忘"字面义较浅白，而所忘者则与庄子"齐物"思想相关，"誉尧"是"是"，"非桀"是"非"。这里的"两忘"，无疑为"忘是非"之意，此义与上引，从"有"至"无"不同，而是处于"有""无"之间，与中观之"遣有空"之后的"中"似有相近之处，而用庄子自己的话讲，则是"两行""环中"。

---

① 从现存鸠摩罗什注《老》残句来看，他同样以"忘"解《老》，如其解"损之又损"为："损之者无粗而不遣，遣之至乎忘恶，然后无细而不去，去之至乎忘善。恶者非也，善者是也，既损其非，又损其是，故曰损之又损。是非俱忘，情欲既断，德与道合，至于无为。己虽无为，任万物之自为，故无不为也。"（参见李霖.道德真经取善集［M］//正统道藏：第13册.北京：文物出版社；上海：上海书店；天津：天津古籍出版社，1988：902.）但鸠摩罗什"忘恶""忘善""是非俱忘"等说法似亦未至"重玄"的深度，或因受资料所限，无法体现鸠摩罗什注《老》之全貌。鸠摩罗什此处用了"任万物之自为"一语，笔者所见甚狭，疑此或本于郭象。

以上"兼忘"与"两忘"两段所表达的意蕴相比，或直接以老子之"损之又损，以至于无为"与庄子之"两忘"相较，已是从"遣有"到"遣有空"之思维进益，以重玄学的思维来讲，庄子之"两忘"已是"一玄"。当然，笔者并不认为庄子主观上将"两忘"与"兼忘"视为有严格区分的不同概念，其更可能是依篇章语韵随手拈来。但客观而言，郭象注意到了庄子"两忘"的深沉意蕴，其常有"遣彼忘我"①"遣我忘彼"②"忘善恶而居中"③"天物皆忘"④ 等说法，发扬了庄子"两忘"说。

郭象之所谓"玄冥"似亦近此，"玄冥者，所以名无而非无也"⑤，按《说文解字》"冥"为"幽也"，有幽暗，不明之意，郭象说"名无"即取"冥"之幽暗义，而"玄"常有深奥、玄妙之意。故此处郭象所谓"玄冥"似指玄妙的"冥"、以"玄"为"冥"之修饰。玄妙的"冥"则有"无"之名而无"无"之实，即处于非有、非无之间，此即重玄学所说的"一玄"。但郭象又并非全然遵从庄子的观点，其对庄子之"兼忘""两忘"又有深化，郭象所常用之"都忘"，似能体现其超越庄子义处。其言：

吾丧我，我自忘矣；我自忘矣，天下有何物足识哉！故都忘外内，然后超然俱得。⑥

若不结合郭象整体思想，仅就此处"都忘内外"来看，似与前文所引并无不同，仍是停留于一玄。但若结合以下文例，郭象思想的深层意蕴则可以得到体现。其言：

此忘天地，遗万物，外不察乎宇宙，内不觉其一身，故能旷然无累，与

---

① "遣彼忘我，冥此群异。"（参见郭庆藩. 庄子集释·逍遥游注 [M]. 王孝鱼，点校. 3 版. 北京：中华书局，2012：13.

② "愧道德之不为，谢冥复之无迹，故绝操行，忘名利，从容吹累，遣我忘彼，若斯而已矣。"（参见郭庆藩. 庄子集释·骈拇注 [M]. 王孝鱼，点校. 3 版. 北京：中华书局，2012：337.）

③ "忘善恶而居中，任万物之自为，阆然与至当为一，故刑名远己而全理在身也。"（参见郭庆藩. 庄子集释·养生主注 [M]. 王孝鱼，点校. 3 版. 北京：中华书局，2012：122.）

④ "天物皆忘，非独忘己，复何有哉？"（参见郭庆藩. 庄子集释·天地注 [M]. 王孝鱼，点校. 3 版. 北京：中华书局，2012：434.）

⑤ 郭庆藩. 庄子集释·大宗师注 [M]. 王孝鱼，点校. 3 版. 北京：中华书局，2012：262.

⑥ 郭庆藩. 庄子集释·齐物论注 [M]. 王孝鱼，点校. 3 版. 北京：中华书局，2012：50.

物俱往，而无所不应也。虽未都忘，犹能忘其彼此。虽未能忘彼此，犹能忘彼此之是非也。①

依郭象所言，从"忘彼此之是非"到"忘彼此"再到"都忘"，是有层次性的，"都忘"之境界显然处于最高的位置。而"都忘"的具体所指则无疑是"忘天地，遗万物，外不察乎宇宙，内不觉其一身"，而这一段内容同样是郭象对"坐忘"的注解。其言：

夫坐忘者，奚所不忘哉！既忘其迹，又忘其所以迹者，内不觉其一身，外不识有天地，然后旷然与变化为体而无不通也。②

郭象所谓"都忘"与"坐忘"之关系一目了然，可见在郭象的眼中"坐忘"确实是"忘"之最高境界，而其所谓"忘其所以迹者"也明显要比"忘其迹"的意蕴更深一层。忘"迹"，得"所以迹"，"所以迹者，真性也"③，而忘"所以迹"之"真性"，所得者何？④此即郭象"遣之又遣"说：

然则将大不类，莫若无心，既遣是非，又遣其遣。遣之又遣之以至于无遣，然后无遣无不遣而是非自去矣。⑤

"无心"即"忘"也，若将"遣是非"比作"玄"，"遣之又遣"则是"玄之又玄"。而实际上借用"玄之又玄"来表达"玄冥"之上的境界，郭象也有论及。前文已引郭象对"玄冥"的注解，在庄子文"玄冥"之后，尚有"玄冥闻之参寥"，郭象注之曰：

夫阶名以至无者，必得无于名表。故虽玄冥犹未极，而又推寄于参寥，亦是玄之又玄也。⑥

成玄英将郭象此段直接明确地疏解为"夫玄冥之境，虽妙未极，故至乎三绝，方造重玄也"⑦。前辈学者常将"玄冥"之境视为郭象思想的最高境

①　郭庆藩. 庄子集释·齐物论注 [M]. 王孝鱼，点校. 3 版. 北京：中华书局，2012：81.
②　郭庆藩. 庄子集释·大宗师注 [M]. 王孝鱼，点校. 3 版. 北京：中华书局，2012：290.
③　郭庆藩. 庄子集释·天运注 [M]. 王孝鱼，点校. 3 版. 北京：中华书局，2012：534.
④　参见本书第二章第一节《郭象"坐忘"思想研究》。
⑤　郭庆藩. 庄子集释·齐物论注 [M]. 王孝鱼，点校. 3 版. 北京：中华书局，2012：85.
⑥　郭庆藩. 庄子集释·大宗师注 [M]. 王孝鱼，点校. 3 版. 北京：中华书局，2012：262.
⑦　郭庆藩. 庄子集释·大宗师注 [M]. 王孝鱼，点校. 3 版. 北京：中华书局，2012：262.

界，但在这里郭象自己却明确地说"玄冥"并非最高境界，"参寥"的"玄之又玄"较"玄冥"更进一层。而且在"参寥"之后，庄子还有"参寥闻之疑始"的说法，郭象注为：

> 夫自然之理，有积习而成者。盖阶近以至远，研粗以至精，故乃七重而后及无之名，九重而后疑无是始也。①

"七重而后及无之名"是指"副墨之子""洛诵之孙""瞻明""聂许""需役""于讴"为六，而七为"玄冥"，"九重"即以"参寥"为八，九为"疑始"。郭象将"疑始"视为"疑无是始"，似是反对以"无"为本，而不以"无"为本，又不能说"始"是有，似乎又回到了"名无而非无"之"玄冥"，这自然合于郭象自己的理论体系。在这整段的注解中，郭象从"玄冥"之"一玄"推至"玄之又玄"，又有"七重""九重"之说，不知是否对时人"重玄"二字的使用有所启发。②

何建明教授认为"郭象之所以能够提出为后来成玄英所点破的'双遣'重玄思想方法，正是对《庄子》中的'坐忘''齐物'思想的引发"③。此说虽论证不足，但不乏真知灼见。从前文可以看到，郭象之"重玄"思维确实是从注解"坐忘""齐物"中引发出来的，郭象或凭其思维的敏锐把握到了

---

① 郭庆藩. 庄子集释·大宗师注 [M]. 王孝鱼，点校. 3 版. 北京：中华书局，2012：262.

② 按强昱教授所说："有时间可考最先使用重玄一语的是西晋的文学家陆机。他在《汉高祖功臣颂》中说：'游精杳漠，神迹是寻。重玄匪奥，九地匪沉。'李善注曰：'重玄，天也。《邓析子》曰：九地之下，重天之巅。'""重玄的初始含义为重天，是文学上的一种修辞手法，其诞生时间大致在公元300 年之前。"因强教授所辨的是"重玄"非支道林首先使用，故强教授强调"陆机生于公元 261 年，遇害于 303 年，长道林约五十五岁"（强昱. 从魏晋玄学到初唐重玄学 [M]. 上海：上海文化出版社，2002：31.）。郭象生年不详，"永嘉末病卒"，王晓毅教授推断，郭象生年约于西晋王朝诞生时泰始元年（265），卒于永嘉五年（311）石勒围歼之前，年仅 46 岁（王晓毅. 郭象评传 [M]. 南京：南京大学出版社，2006：380–392.）。可从。按此陆机与郭象活动年代相近，陆机或有机会读到郭象之《庄子注》。

③ 简明. "道家重玄学"刍议 [J]. 世界宗教研究，1996（4）.

庄子"坐忘""齐物"之说超越"两忘""兼忘"之处①。

笔者认为，庄子、郭象二人皆未明确地提出"重玄"这个关键说法。就庄子而言，他在文中强调更多的是"兼忘""两忘"，似仅至"一玄"。而《庄子·齐物论》一篇向称难读，文字恣肆汪洋，不容易把握，其理论的深微之处很容易被忽略，而"坐忘"一直以来被视为一种与身体相关的修养方法，少有人从义理上去揣摩。而郭象虽然在文中有多处能深入"重玄"之义理，但其主要目的在于发挥"内圣外王"的"经国体致"②，而并非一味地强调玄辨，"玄之又玄"的玄远思维与其"内圣外王"的精神并不相契。所以，郭象虽有所得，也并未从此处贯通其全部思想。依此来看，前辈学者对于重玄学渊源的追溯均有偏颇亦均有所见。庄子"兼忘""两忘"的思想确为重玄

---

①　《庄子·知北游》有一段关于"无无"的讨论，其言："光曜问乎无有曰：'夫子有乎？其无有乎？'光曜不得问，而孰视其状貌，窅然空然，终日视之而不见，听之而不闻，搏之而不得也。光曜曰：'至矣，其孰能至此乎！予能有无矣，而未能无无也。及为无有矣，何从至此哉！'""及为无有"一句，王叔岷先生言："褚伯秀云：'及为无有矣'，诸本皆然，审详经意，当是'无无'，上文可照。吴氏《点堪》改'无有'为'无无'，云：依《道应》校改，《俶真》引此亦作'无无'。案'无有'当从《淮南子》《俶真》《道应》二篇作'无无'。"（参见王叔岷. 庄子校诠［M］. 北京：中华书局，2007：839.）《淮南子·道应》"及其为无无，又何以至于此哉"，《淮南子·俶真》"及其为无无，至妙何从及此哉"，从《俶真》所添"至妙"来看，《淮南子》的编撰者似已经注意到此句义难通，故改字、添字以求通。成玄英实也注意到此点，其言："而言有无者，非直有无，亦乃无无，四句百非，悉皆无有。以无之一字，无所不无，言约理广，故称无也。"（参见郭庆藩. 庄子集释［M］. 王孝鱼，点校. 3版. 北京：中华书局，2012：760.）成玄英是从庄子所说的"无无"受到启发，强用重玄学的思维方式疏解"无有"，理虽可通，但不可视为庄子本义。笔者认为"及为无有"之"无有"是倒句，义同于"无"，"无"是指"无无"之能，也就是说"及为无有"，是指有"无无"之能。前辈学者多从《淮南子》改为"无无"，则只能对应前光曜之"未能无无也"，而不能对应光曜言谈的对象是"无有"，依言谈对象"无有"之名，和光曜之言。所谓"无有"者，盖指人有可以"无无"之"无"能，故而不需改字求通。王叔岷先生又言："'无无者'，遣去无也。无之观念不可执著，甚至'无无'之观念亦不可执著。《齐物论》篇：'有无也者，有未始有无也者，有未始有夫未始有物也者。'即由无进而遣无，更进而遣无无也。"王叔岷先生指出"无无"与《庄子·齐物论》思想相关，确为有见。钱钟书先生亦言："郭象注《齐物论》所谓'又遣其遣'，即《知北游》所谓'无无'。按《庚桑楚》又云：'若有能为有，何谓无乎？一无有遂无矣。无者遂无'（此句为郭象注——笔者注）；王先谦《集解》引宣云：'并无有二字亦无之。'龙树《中论·观涅槃品》既言：'何处当有无？'……庄子于'无有一无有'，释氏'空破空'，皆丁宁反复。西方近日论师目佛说为'消极之虚无主义'，并'虚无'而否定之尚未及于漆园之微言也。……《庄子·达生》云：'……无适之适也'；忘其忘即遣其遣……《维摩诘所说经·文殊师利问疾品》第五：'空病亦空'，僧肇注：'阶级渐遣，以至无遣也'；显取郭象'遣其遣'之文，'阶级'犹三、五、七、九年之以两年为一级。"（参见钱钟书. 管锥编：第二册［M］. 北京：三联书店，2001：131 - 133.）钱钟书先生也注意到庄子"忘""无无"的思想经过郭象之发挥，与佛教中观尤为相近。

②　郭庆藩. 庄子集释·天下注［M］. 王孝鱼，点校. 3版. 北京：中华书局，2012：1107.

思维的源头，对后世影响深远。重玄学虽较庄子"兼忘"思想有所深化，但他们的思维方式仍是建立在"兼忘"基础之上；郭象从庄子"坐忘""齐物"入手，对重玄式的思维方法有开创之功，重玄学的基本要素在郭象思想中已均有体现；支道林、鸠摩罗什、僧肇等佛教思想家吸取老庄玄学，译解佛教般若中观，与中国本土思想相互发明，相互"滋养"①，促使"兼忘""两忘"的"一玄"思维方式发展为成熟的"玄之又玄"之"重玄"思维，并最终发展为一套真正的重玄理论体系②。而后世之所以将重玄源头追溯到孙登③，与孙登之道教徒身份固然有关，但更重要的或与其率先用"重玄"思维贯通注《老》有关。再者，笔者猜测，或也与孙登直接将"玄"视为"不滞"而非"深远"有关。

二、成玄英对"坐忘"的理解

前文已言重玄学的理论核心是庄子的"忘"，不执两边的"兼忘"是思维方式的基础，那么不管是从历史渊源上还是从理论发展上，"坐忘"都必然成为重玄学者最为重视的修养方法。这些重玄学者中，又以成玄英和王玄览

① 李养正先生说："支遁、僧肇的佛学思想融摄道家重玄思想于前，道教重玄学者融摄支遁、僧肇佛学思想于后，两者之间是相互融摄、相得而益彰的关系。支遁、僧肇的佛学思想不是道教重玄学的根基因素，不居于主导地位，只是在道教重玄派形成的过程中，在客观上给予了较显著的思想影响和一定的思想资料方面的滋养。"（参见李养正. 试论支遁、僧肇与道家（道教）重玄思想的关系 [J]. 宗教学研究，1997（2）.）"郭象提出了'双遣'思维方法以后，孙登等人将其运用到注解《老子》的工作中，因此产生了'老学重玄'思想与思维方法，然后便是道教学者吸取郭象道家'双遣'思维方法与孙登老学'重玄'思想，从而产生了道教的'重玄理论'。"同时，董恩林教授还强调，佛教"注《老》解《庄》，接受郭象与孙登的重玄思想，从老庄的哲学思想中吸取养分"。参见董恩林. 试论重玄学的内涵与源流 [J]. 华中师范大学学报，2002（3）.

② 将"重玄"视为一个真正存在过的学派或教派的观点已然不为学界所接受，"重玄"应该首先是一种思维方法，继而以"重玄"的思维方法，试图建立一整套的理论体系，或才是重玄学的真正面貌。强昱教授说："重玄学是道教史上，唯一一包括本体论、方法论、心性论、成真论、圣人论、境界论的完整全面的哲学体系。"（参见强昱. 从魏晋玄学到初唐重玄学 [M]. 上海：上海文化出版社，2002：10）强昱教授"唯一""完整全面"的论断可以再商榷，但在中国古人考虑建立思想体系时，确需对世界的构成、人的本性、修行的目的、途径等问题做出回答。重玄学即从一种"无对待"的思维方式进而发展为回应上述问题的理论体系。

③ 针对"既然成玄英自觉推展了郭象的'双遣'思维方法，为什么他不将郭象而是将孙登列为'重玄之宗'呢"的问题，何建明教授提出了两点原因：第一，郭象的主导思想是执有而"崇有"，而孙登完全是"托重玄以寄宗"；第二，郭象是调和名教与自然的世俗之人，而孙登是道士，更适合被标榜。（参见简明."道家重玄学"刍议 [J]. 世界宗教研究，1996（4）.）

对"坐忘"的诠解最具特色。

很多学者在讨论成玄英思想时已将"坐忘"视为成玄英修养论的一个重要方面展开论述，但多停留于以成玄英的重玄思想逻辑来谈"坐忘"，对成玄英的"坐忘"思想与前人的关系和成玄英的"坐忘"对后世的影响均未涉及。① 这样的讨论仅仅突出了成玄英以重玄解"坐忘"的一面，而未能揭示成玄英的"坐忘"思想在"坐忘"思想史、学术史上的独特价值。接下来在前辈学人以成玄英"重玄"解"坐忘"的基础之上，另从两方面谈谈成玄英"坐忘"思想的独特性。

（一）"坐忘""丧我""心斋"互相阐释

在疏解庄子"坐忘"寓言时，成玄英将颜回"忘仁义"释为"解心尚浅"，将"忘礼乐"释为"虚心渐可，犹未至极"，以"外则离析于形体，一一虚假"释"隳肢体"，以"内则除去心识，悗然无知"释"黜聪明"，最后将"坐忘"之状态释为"枯木死灰，冥同大道"。足见成玄英是用重玄的渐悟②思维方式来理解"坐忘"的。需要强调的是，成玄英用"枯木死灰"形容"坐忘"的身心状态，实际上是在以"丧我"来注解"坐忘"。在《在宥

---

①　因成玄英之前的《老》《庄》注疏散佚严重，前人是否对"坐忘"已经有此等见解，已不可考。强昱教授将成玄英的思想分为前后两截，认为《老子疏》和《度人经注》代表其前期重玄思想，《庄子疏》代表其后期重玄学思想。强昱认为"重玄学的思想追求和方法论的主要确定者与阐释者是成玄英"。强昱教授将成玄英的前期"修养论"总结为"穷理尽性的双遣兼忘学说"（强昱. 从魏晋玄学到初唐重玄学［M］. 上海：上海文化出版社，2002：246）。这种方法论"消化了玄学与中观学的方法，而且高度突出了《老》《庄》原著中极富个性的坐忘的意义，以说明知性与真理的依存关系，重玄学因此具备了丰富充实的形态"（强昱. 从魏晋玄学到初唐重玄学［M］. 上海：上海文化出版社，2002：254）。在论述成玄英后期的重玄思想时，强教授也强调"穷理尽性是成玄英修养论的根本原则"，是"在吸收中观学破道主张的基础上，深化《庄子》坐忘论的思想内涵，为重玄学建立了完整的方法论"（强昱. 从魏晋玄学到初唐重玄学［M］. 上海：上海文化出版社，2002：324）。其后分列"（1）穷理尽性：三绝与兼忘""（2）修学：理教""（3）知行：真知与恬静""（4）道德：仁义是非""（5）有无：生死""（6）动寂：有为无为""（7）坐忘：离形去智""（8）逍遥：自得"等8个条目分而述之，其义似指此八个条目均为成玄英之"修养论"的内容，最后又总结说成玄英"以坐忘解释穷理尽性"，"以三绝与坐忘消解了中观学以破执达涅槃方法与目标间隔绝的缺陷，赋予了坐忘超越分别与无上智慧的积极内容"（强昱. 从魏晋玄学到初唐重玄学［M］. 上海：上海文化出版社，2002：324－359）。

②　强昱教授认为"成玄英在方法论上持渐修之后的顿悟的主张，这与双遣兼忘的思想原则一致"（强昱. 从魏晋玄学到初唐重玄学［M］. 上海：上海文化出版社，2002：253）。

注》中，也有成玄英用"死灰枯木"疏解郭象"坐忘"的例子：

庄子：隳尔形体，吐尔聪明……解心释神，莫然无魂……

郭象注：……坐忘任独……

成玄英疏：莫然无知，涤荡心灵，同死灰枯木，无知魂也。①

郭象用"坐忘"注解"隳尔形体，吐尔聪明"，本于"坐忘"寓言的"隳肢体，黜聪明"，并无特别之发挥。而成玄英以"死灰枯木"疏解，实际上是通过了"吾丧我"寓言的桥接。若嫌证据不够充分，可将成玄英疏解"吾丧我"寓言再做对比：

庄子：南郭子綦隐几而坐，仰天而嘘，嗒焉似丧其耦。

成玄英疏：子綦凭几坐忘，凝神遐想，仰天而叹，妙悟自然，离形去智，嗒焉隳体，身心俱遣，物我兼忘，故若丧其匹偶也。

庄子：今者吾丧我，汝知之乎？

成玄英疏：丧，犹忘也……而子綦境智两忘，物我双绝，子游不悟而以惊疑，故示隐几之能，汝颇知不？②

子綦"隐几而坐"，成玄英直言是"凭几坐忘"。在疏解《庄子·大宗师》南伯子葵问乎女偶时，成玄英也直言"隳体离形，坐忘我丧，运心既久，遣遣渐深也"，其释老子"及吾无身，吾有何患"为"所言无者，坐忘丧我，隳体离形，即身无身，非是灭坏而称无也"③。这些将"坐忘"与"丧我"并言的地方，无疑均说明成玄英是将二者等同。

除将"坐忘"与"丧我"相互诠释，成玄英还常用"虚忘"的说法，这实际上是将"坐忘"与"心斋"联系在一起，如：

颜回殷勤致请，尼父为说心斋。但能虚忘，吾当告汝，必有其心为作，便乖心斋之妙……志一汝心，无复异端，凝寂虚忘，冥符独化。此下打于颜子，广示心斋之术也……未禀心斋之教，犹怀封滞之心，既不能隳体以忘身，尚谓颜回之实有也。既得夫子之教，使其人以虚斋，遂能物我洞忘，未尝回之可有也……夫能令根窍内通，不缘于物境，精神安静，忘外于心知者，斯

---

① 郭庆藩. 庄子集释［M］. 王孝鱼，点校. 3版. 北京：中华书局，2012：398－399.

② 郭庆藩. 庄子集释［M］. 王孝鱼，点校. 3版. 北京：中华书局，2012：48－50.

③ 蒙文通. 道书辑校十种·辑校成玄英《道德经义疏》［M］. 成都：巴蜀书社，1987：401.

则外遣于形，内忘于智，则隳体黜聪，虚怀任物，鬼神冥附而舍止，不亦当乎！①

在《庄子》本文的"心斋"寓言中实际上并没有出现"忘"字，而在成玄英这里则多次使用"虚忘""洞忘"，特别是"隳体黜聪"等语更是"坐忘"寓言的内容。再有以"苟不能形同槁木，心若死灰，则虽容仪端拱，而精神驰骛，可谓形坐而心驰者也"疏解"心斋"寓言中的"坐驰"，也是用"丧我"来理解"心斋"。

可见，在成玄英的思想中，"坐忘"与"丧我""心斋"是可以相互诠解的。若作简化，成玄英的"坐忘"思想可理解为：坐忘＝吾丧我＝死灰枯木＝心斋。特别需要说明的是，虽然王悬河在《三洞珠囊》"坐忘精思品"中已将"丧我""坐忘""心斋"等寓言并列，似有将三者等同的意向，但王悬河更强调的是将"坐忘"与道教"存思"术联系在一起，是从方术的角度来理解"坐忘"。成玄英所讲"坐忘""离形"之"形"、"隳体"之"体"、"身心"之"身"、"物我"之"物"、"境智"之"境"均指人对外部世界的执着，而"智""心""我""智"也无非是指人对内心欲望的执着；"离""去""遣""忘""绝"则均是对"可欲之境""能欲之心"②种种执着的摒弃、排除，以此明了"物境空幻"，体证"心恒虚寂"③，这无疑是从心性修养的角度去理解"坐忘"，也是成玄英的"坐忘"思想对后世"坐忘"思想发展影响最大、最直接的一面。

（二）以"坐忘"注解《道德经》

除"吾丧我""心斋"与"坐忘"互相阐释，从现存材料来看，成玄英也是较早用"坐忘"诠解《道德经》的学者，这为后世注解《道德经》开创了新思路，如：

---

① 郭庆藩. 庄子集释［M］. 王孝鱼，点校. 3 版. 北京：中华书局，2012：151－157.

② "外无可欲之境，内无能欲之心"，参见蒙文通. 道书辑校十种·辑校成玄英《道德经义疏》［M］. 成都：巴蜀书社，1987：382.

③ "心恒虚寂，故言不乱也"，"妙体物境空幻"，"了知诸境空幻"，参见蒙文通. 道书辑校十种·辑校成玄英《道德经义疏》［M］. 成都：巴蜀书社，1987：382、496、508.

只为有身，所以有患。身既无矣，患岂有焉？故我无身，患将安托？所言无者，坐忘丧我，隳体离形，即身无身，非是灭坏而称无也。①

成玄英以重玄思维将"无身"解为"即身无身"，有"身"而不为"身"所累，亦即"忘身"之意，而"坐忘"无疑是达到"即身无身"的修养方法。"非是灭坏"，盖是对佛教徒举老子"无身"说批评道教徒执着肉体长存的回应。石刻本《坐忘论》也载有相近内容：

或曰：坐忘者，长生之门也，老子何得云及吾无身，吾有何患。若如无身，还同泯灭，不谓失长生之中乎。余应之曰：所谓无身者，非无此身也，谓体合大道，不徇荣贵，不求苟进，恬然无欲，忘此有待之身。②

石刻本《坐忘论》设问，有人以老子"无身"说，反对其所言"坐忘"可以长生，"还同泯灭"与成玄英所谓"灭坏"无疑是同义；"忘此有待之身"与成玄英所谓"即身无身"亦无差别。可以看到，石刻本《坐忘论》与成玄英《老子疏》对"无身"的理解，以及对人以老子"无身"说指责道教长生信仰的回应是一致的，而且都选择了"坐忘"作为"无身"的修养方法。但究竟是石刻本《坐忘论》直接承袭了成玄英《老子疏》的说法，还是此说法在当时已成为道教界共识，我们不得而知。与成玄英解"无身"相类，又稍有别的是唐玄宗对《道德经》的注解，其言：

身相虚幻，本无真实，为患本者，以吾执有其身，痛痒寒温，故为身患。能知天地委和，皆非我有，离形去智，了身非身，同于大通，夫有何患？③

从"离形去知""同于大通"之语来看，唐玄宗也是以"坐忘"来理解老子的"无身"，唐玄宗之解或直接本于成玄英。道士王虚正、赵仙甫等奉命疏解唐玄宗御注，所作《唐玄宗御制道德真经疏》，比之《唐玄宗御制道德真经注》的一个明显的特点，便是多处直接用"坐忘"疏解，而不像御注一般曲折，如同样疏"无身"：

无身者，谓能体了身相虚幻，本非真实，即当坐忘遗照，隳体黜聪，同

---

① 蒙文通. 道书辑校十种·辑校成玄英《道德经义疏》[M]. 成都：巴蜀书社，1987：401.

② 陈垣. 道家金石略 [M]. 陈智超，曾庆瑛，校补. 北京：文物出版社，1988：176. 原题《白云先生坐忘论》，本文拟作石刻本《坐忘论》。

③ 杜光庭. 道德真经广圣义校理 [M]. 周作明，校理. 北京：中华书局，2020：219-200.

大道之无主，均委和之非我。①

如"身相虚幻""本非真实""同大道之无主""均委和之非我"等，所用词句皆本于唐玄宗注，并无特别之处。唯一区别较大的是用"坐忘遗照"疏唐玄宗之"离形去智"。之所以说区别较大，是因为"坐忘遗照"与"坐忘"并不能等同，笔者前文已经专门讨论了韩康伯的"坐忘遗照"说。同时，"坐忘遗照"之所以影响深远，除孔颖达将韩康伯注收入《周易正义》并成为科举用书外，或与其被写进御疏成为官方定论有关，如杜光庭便依御疏"坐忘遗照"作解。

如果说成玄英"坐忘丧我，隳体离形，即身无身"，唐玄宗御注"离形去智，了身非身，同于大通"，御疏"坐忘遗照，隳体黜聪，同大道之无主"，三者之间尚有可能不存在继承关系，那么赵志坚《道德真经疏义》与成玄英《老子疏》关系似更为密切。

成注：言纵有高盖全璧，富贵荣华，亦不如无为坐忘，进修此道。②

赵注：居则拱璧盈目，行则驰马先驱，诚为富贵之极，终不如无为坐忘，进修妙道。何则，璧马荣华，未免忧患，坐忘进道，上获神真。③

用"无为坐忘"来诠解老子"坐进此道"，固然是道教徒的比附之言，但成、赵二注之间措辞的一致性，不容忽视。成玄英"亦不如无为坐忘，进修此道"与赵坚"终不如无为坐忘，进修妙道"，二者之间如此相似④，使人不得不怀疑二者之间存在承袭的关系。但遗憾的是赵志坚的《道德真经疏义》散佚严重，六卷之中《道经》三卷全然不见，《德经》三卷亦有十六章阙，

① 杜光庭. 道德真经广圣义校理 [M]. 周作明，校理. 北京：中华书局，2020：200.
② 蒙文通. 道书辑校十种·辑校成玄英《道德经义疏》[M]. 成都：巴蜀书社，1987：503.
③ 赵志坚. 道德真经疏义 [M] //中华道藏：第9册. 北京：华夏出版社，2004：351.
④ 二者还皆用"隳体坐忘"，其他道教典籍中未见。成注："隳体坐忘，不窥根窍，而真心内朗，睹见自然之道"（注四十七章）；"虽有身心兵甲，隳体坐忘，物境既空，何所陈设"（注八十章）。赵注："隳体坐忘，修之有恒，稍觉良益"（注四十四章）。成玄英与赵坚注老作品的相似性，还体现在对"玄"的解释上，成玄英释"玄"为"深远之义，亦是不滞之名"，赵坚注为"玄者，无滞之名"，两者对"玄"的注解也一致。

所存者仅三分之一，而且赵志坚生平典籍未载，笔者考证其与成玄英约同时①，故就目前的材料来看，尚不能确定二者解老之间是如何影响的，故而笔者前文仅言成玄英是较早用"坐忘"诠解《道德经》的学者，而不敢称成玄英为最早。

三、王玄览以"坐忘""舍形入真"

以笔者所见，最早重视王玄览思想的著作，是侯外庐先生主编的《中国思想通史》②。关于王玄览的生平、著作③、思想相关的论述已然很多，笔者不再赘述，后文将集中于王玄览的"坐忘"思想展开讨论。

（一）学界对王玄览"坐忘"的一般看法

学界对王玄览的"坐忘"思想多有关注，凡涉及王玄览的修道论，必以

---

① 赵志坚《道德真经义疏》对傅奕多有批评。傅奕是初唐时期反佛的代表人物，其校定《道德经古本》是《老子》传世本中流传较早、影响最广的传本之一。杜光庭《道德真经广圣义疏》载："唐太史令傅奕、注二卷，并作音义。"惜已失传。基于赵志坚对傅奕的批评，可以推测赵志坚当为傅奕（555—639）同时或稍后人，结合石刻本《坐忘论》载："近有道士赵坚，造坐忘论一卷七篇。"石刻本《坐忘论》作者不详，其所述口吻是模仿司马承祯（647—735），那么赵坚当与司马承祯同时或稍前。以傅奕和司马承祯为参照，赵志坚生平活动上下限定为600—700年较合适。按"成玄英，约生于公元601年，卒于公元690年……贞观年初（627），完成了《道德经序诀开题》与《道德经义疏》，贞观五年因而被太宗诏征京师"（强昱. 从魏晋玄学到初唐重玄学［M］. 上海：上海文化出版社，2002：216.）。两相比照，我们仍难以知晓赵坚《道德真经疏义》与成玄英《道德真经义疏》写作时间前后，也就无从定论二者之间是如何相互影响。

② 侯外庐. 中国思想通史：第四卷 下一［M］//张岂之. 侯外庐著作与思想研究：第十五卷. 长春：长春出版社，2016：773 – 775；谢阳举，朱韬. 论侯外庐先生对道教思想史研究的贡献［J］. 宗教学研究，2019（4）

③ 以往学者研究王玄览仅凭其弟子所辑之《玄珠录》，认为王玄览的其他著作均已散佚。王卡先生认为中国国家图书馆藏 BD04687 号敦煌抄本有可能是王玄览的佚著《王家八并》。王卡. 王玄览著作的一点考察［J］. 中国哲学史，2011（3）.《正统道藏》所收《洞玄灵宝九真人五复三归行道观门经》，不题撰人，文末附有《真人行道任证颂》，应即《玄珠录》载王玄览所著《九真任颂》，且《行道观门经》的思想特征，语言表述均与《玄珠录》所呈现的王玄览思想相近，故《行道观门经》应亦为王玄览所撰。参见谢牧夫. 王玄览思想研究［J］. 剑南文学，2013（10）. 杜光庭《道德真经广圣义序》中有关于王玄览注《老》、解《老》作品的记述，"洪源先生王羁，注二卷，玄珠三卷，口诀二卷"（杜光庭. 道德真经广圣义校理［M］. 周作明，校理. 北京：中华书局，2020：7）。"洪源先生"即"洪元先生"；"王羁"当为"王晖"（"先师族王氏，俗讳晖，法名玄览"）；"注二卷"，王太霄"序"提及，王玄览"习弄玄性"数年"后注老经两卷"；"玄珠三卷"即《玄珠录》上下两卷加王太霄"序"一卷；"口诀二卷"，王太霄亦有记载，弟子"请释老经，随口便书记为《老经口诀》两卷，并传于世"。

"坐忘"作为核心。这与王玄览弟子对其生平行状的描述和《玄珠录》记载的王玄览思想有关。

从王玄览弟子王太霄所述王玄览的生平行状来看，王玄览的一生可分为三个阶段。第一个阶段讲王玄览年十五忽然有了言人生死寿命的神异能力，且善卜筮；第二个阶段王玄览年三十余，思想较驳杂，既对佛教大乘典籍及道家玄理有所偏好，又对道教"神仙方法，丹药节度，咸心谋手试"①，且好以"九宫六甲、阴阳术数"言灾异，他以玄理精通、辩才无碍得到李孝逸的赏识，又因好言灾异且与李孝逸有瓜葛而入狱；第三个阶段，"年六十余，渐不复言灾祥，恒坐忘行心"。从弟子编集的《玄珠录》来看，王玄览明确表示，"谷神不死，谷神上下二养，存存者坐忘养，存者随形养，形养将形仙，坐忘养舍形入真"，即王玄览将"谷神不死"之道分为两类，一类是"形养"的"形仙"，一类是通过"坐忘""舍形入真"，再结合后文所述，"坐忘"无疑是高于"形养"的。从以上内容可以看到，不管是弟子所记王玄览生平，还是王玄览口述，"坐忘"在王玄览思想中都占有极其重要的地位。学界关注王玄览的"坐忘"思想是应有之义。

但是，正如朱森溥先生在《玄珠录校释》中所说："《玄珠录》是王玄览日常讲道的记录，它虽经王太霄的整理和编辑，但仍与专门的论著不一样，缺乏明白的系统与严密的逻辑，因而对其中所包含的理论的理解，存在着较大的困难。又由于该书记录的思想，体现了历史上佛、道理论融合的潮流，似同似异，颇难区分。加上在观点的阐发上，在论证的述说中，又是不拘一格，前后参差，或明或晦，随问即起，未终却没，倏忽闪灼，颇难掌握。"②《玄珠录》是王玄览日常讲道的记录，缺少系统性和逻辑性，因讲述场景的不同、所对弟子根器的差异，讲道内容也会有浅深之别，甚至有前后矛盾之处，这无疑给研究王玄览思想造成了极大困难。学术研究

---

① "神仙方法"，民间和道教所述众多，我们不知道王太霄所指究竟是哪些，但应不出于导引三光、服食元气、胎息存思一类；"丹药"，当指烧炼外丹；"节度"不好理解，"节"或指"道教宫观和醮坛仪仗名称，谓悬挂于杆上的符信"（胡孚琛. 中华道教大辞典［M］. 北京：中国社会科学出版社，1996：544），"度"有度化、度形、星相术语等意。故"节度"有两种理解，或指道教仪式，或指天文历象的推算之法。

② 朱森溥. 玄珠录校释［M］. 成都：巴蜀书社，1989：5.

需要从无条理处理出条理，从有矛盾处寻其贯通，最可靠的方法莫过于从典籍内寻找互文相证，如研究《老子》《论语》，可从典籍互文中看老子的"道"与"德"、孔子的"仁"与"礼"。但具体到王玄览的"坐忘"思想，用典籍互文的研究方法则存在困难，"坐忘"虽然在王玄览的思想中占有重要地位，但其在《玄珠录》仅仅出现于两处，且仅是只言片语，其逻辑结构、实践操作均有难明之处。

在典籍互文不足以为证的情况下，学者最常用的方法便是从历代注疏中寻求可供借鉴的参考。当然，这种方法并不完全可靠，特别需要警惕不能将后辈的思想附会至前人头上。学术史研究的重要内容就是避免此种情况的出现，力求小心翼翼地对每个时代的学术脉动、每个人物的思想创新做出最准确的把握，因此历代注疏仅仅只能作为参考，不能视为准的。但《玄珠录》或因其杂糅佛道，思想晦涩，致使其流传不广，我们至今没有发现除《正统道藏》收录的《玄珠录》外的其他版本，更不用说对《玄珠录》的注疏。因此，就《玄珠录》整篇内容来看，并无直接可供借鉴的典籍。

不过，对于唐代道教的"坐忘"思想，因云本《坐忘论》对"坐忘"修道法进行了详细的描述，且影响极大，故常有学者在研究王玄览"坐忘"思想时，代入的是云本《坐忘论》的"坐忘"思想。如朱森溥先生便有此嫌疑，他一方面认为王玄览的"坐忘养要灭绝知见""是一种恬淡清静的功夫"，"要求的是意识的清静"，即王玄览所说的"识体是常是清静"，在"修炼中让可变的识相死去，使不变的真体留下来，从而得道"；另一方面认为王玄览将"形养"和"坐忘养"两种修道方法与"道教一贯要求的定慧双修联结起来，使之相互渗透"。① 以笔者浅见，朱森溥先生对王玄览"坐忘"思想

---

① 朱森溥. 玄珠录校释 [M]. 成都：巴蜀书社，1989：21-22. 李刚亦认为王玄览的"坐忘""主张灭知见"，"修习坐忘还必须保持自我主体的常清净"，而这种"道释二家"结合的理论，其"可操作性"表现在"定慧双修"（李大华，李刚，何建明. 隋唐道家与道教 [M]. 广州：广东人民出版社，2011：201-202）；李道文对王玄览"坐忘"思想的认识，则直接本于李刚，其称"在修道成仙的方法上，王玄览系统探讨了融合道家道教和佛教修道方法为一体的、以'坐忘'为主要形式的灭知见、'常清净'和定慧双修的修道方法"。李道文. 论王玄览的修道观 [J]. 宗教学研究，2006（2）.

的认识可能存在问题。

朱森溥先生之所以说"坐忘养要灭绝知见",并不是在《玄珠录》原文中"坐忘"与"灭知见"已有直接关联,盖因朱先生认为王玄览将"坐忘"视为得道的方法,而王玄览又主张"一切众生欲求道,当灭知见,知见灭尽,乃得道矣",即"得道"需"灭知见"。"灭知见"之所以成为"坐忘"的环节,是由"得道"联系在一起的。而之所以朱森溥先生又认为"坐忘"要与"识体是常是清静"联系起来,盖因"识体是常是清静"一句之前王玄览有"一人得清净识见者,诸法亦清净"一语,"灭知见"与"得清净识见"为一体之两面,"识体是常是清静"是"灭"和"得"的根据,故"灭知见"而"得清净识见"是"坐忘养"的实践步骤。而朱森溥先生之所以有王玄览将"形养"和"坐忘养"两种修道方法与"道教一贯要求的定慧双修连接起来,使之相互渗透"的观点,除了《玄珠录》确实讲了很多"定""慧"的内容外,盖受云本《坐忘论》的主观影响。云本《坐忘论》的一个重要创见,就是用"坐忘"直接统合了"定""慧"。

朱森溥先生将王玄览的"坐忘"与"灭知见""识体是常是清静"结合在一起,从《玄珠录》的原文来看,并无相关文献内证,而完全是逻辑的推论。将王玄览的"坐忘"与"定慧"联系在一起,也是受了后世"坐忘"思想的影响,从现存资料来看,尚不能确定王玄览本人已有此见。一方面,笔者对朱森溥先生纯以逻辑推论和以后人思想附会前人的做法有所怀疑;另一方面,朱森溥先生对王玄览"坐忘"思想的诠解没有将王玄览的"坐忘"置于"坐忘"思想、学术发展史的角度考察,也就没有办法突出王玄览"坐忘"思想对前人"坐忘"思想的突破性何在,王玄览在"坐忘"思想史上为何能够占有一席之地,也就无法体现。

(二)"坐忘行心"与"坐忘养"

《玄珠录》对王玄览"坐忘"思想的描述过于简略,使学者不得不借助逻辑推演和后世"坐忘"思想来理解王玄览的"坐忘"。实际上,从现存较为简略的材料入手仍能有所发现。前文已经提及,《玄珠录》有关王玄览的"坐忘"思想的直接记载只有两处:一处是弟子王太霄讲王玄览"年六十余,渐不复言灾祥，恒坐忘行心"，一处是王玄览自己用"形养""坐忘养"解老子的"谷神不死"。

1. "坐忘行心"

从王太霄的记述来看，王玄览早年以神异方术声名鹊起，晚年又以神异方术而遇挫折，其最终抛弃方术神异而以"坐忘行心"为思想归宿。所谓"行心"在唐以前的典籍中所见并不多，其义盖指"修心"，如稍晚于王玄览的盛唐诗人储光羲，他写有不少与佛道教人士交往酬和的诗篇，其中有《题昢上人禅居》一首，言"真王清净子，燕居复行心"，"真王"和"清净子"是以佛教所讲求的"真"和"清净"形容"昢上人"；"燕居"有"闲居"之义，但此处应是指"昢上人"的"禅居"，即其修行之处；"复"在此应指"实践""履行"之义，如"有子曰：'信近于义，言可复也'"（《论语·学而》），此"复"即"实践""履行"义；"行心"即"修心"之义。储光羲的两句诗即讲，能够领悟佛教"真"与"清净"的昢上人，在其禅居修心。

另据唐人冯翊所撰《桂苑丛谈》，有名张绰①者于唐懿宗咸通年间进士及第，身怀道术，留存诗四首，有三首与道家、道教相关，其中有一《谢令学道诗》言："何用梯媒向外求，长生只在内中修。莫言大道人难得，自是行心不到头。"按《桂苑丛谈》所记，此诗是张绰为拒绝勋贵向其求道术所作，其言长生修道不需要借助他力，只需要"行心""内中修"，其所谓不需"外求"，"内中修"，"行心"皆一义，即"修心"②。

储光羲、张绰所用"行心"，均是针对修禅、学道来讲，可见"行心"一语在唐代是作为道、禅修行的共语。特别是张绰拒绝人求其道术而劝人长生修道应"行心"，与王玄览晚年抛开方术"恒坐忘行心"有相近之处。当然，王玄览从早年方术神异、神仙方法转向晚年"坐忘行心"，既有主观原

---

① 《全唐诗》收其诗，题名"张辞"。
② 冯翊. 桂苑丛谈［M］//丛书集成初编：第2835 册. 北京：中华书局，1985：34.

因，也有客观原因①，与张绰为拒绝人求其术的托词尚有区别。

结合以上分析，王玄览之"坐忘行心"，应即以"坐忘"修心，此解与《玄珠录》所载的王玄览思想是相吻合的。

2. "坐忘养"

王玄览对"坐忘"的直接解说，见于《玄珠录》正文的仅一处，其言：

> 谷神不死，谷神上下二养，存存者坐忘养，存者随形养，形养将形仙，坐忘养舍形入真（存者如木生火，存存者如土生火）。亦有修子至母者，亦有修母者，亦有直修子不至母者。修子不至母者，神仙。修子至母者，直修母者，解形至道也。②

此段文字是王玄览对老子"谷神不死"的诠解，不过，他没有对"谷神"为何做出解释，而是着重讲"不死"的两种方法，其中"二养"之"养"为何义，较难理解。

（1）"养"本自河上公

历代注《老》、解《老》之作对"谷神"所指为何存在较大分歧。依王太霄所述，王玄览曾"抄严子《指归》"，应受严遵《老子指归》一书影响较大。严遵《老子指归》注解"谷神不死"一章已散佚，今可见者，为前蜀乾德二年（920）强思齐编撰《道德真经玄德纂疏》所集，其载严遵注"谷神不死"为：

---

① 其主观原因在于王玄览确有追求"长生"之志，又喜好玄理；其客观原因在于他以神仙方法追求"长生之道"，收效甚微，又因方术神异而获罪。"收效甚微"的说法，需要略作说明。按王太霄所说，王玄览"神仙方法、丹药节度，咸心谋手试，既获其要，乃拥二三乡友往造茅山"。王玄览之所以去茅山访道，是因王玄览所习方术已有心得。笔者认为"既获其要"是指王玄览实践方术虽有心得，但更多的是遇到了困难，难以为继，或即"不获其要"，才会有出外寻道之念，王玄览所学与上清茅山一系或有关系，否则王玄览大可不必大费周章，舍蜀中而往茅山。王玄览茅山寻仙之行半途而废，按王太霄所说，是认为同行者无"仙才"，此处有疑问。他人无"仙才"，王玄览是否认为自己有仙才，且他人无"仙才"与王玄览不去茅山访道之间，似不存在必然的逻辑联系。若王玄览向道心坚，大可自行前往。我们结合后文"取于心证"以及王玄览一生都没有关于道教炼丹、服食、存思、符箓等方术性极强的著作（据王太霄语气，《遁甲六合图》《混成奥藏图》似纯属术数，而不掺杂请神一类方术），可以做以下假设：王玄览对道教各种方术下手实践，用心冥思，却遇到了收效甚微的困境，遂携同样志于修仙的朋友往茅山问道。在走访水间，王玄览与身边同样实践道教方术的朋友进行了深入交流，对道教神仙方术产生怀疑，对以"心"入手修道产生兴趣，遂反向求"心证"。

② 王玄览. 玄珠录［M］//正统道藏：第23册. 北京：文物出版社；上海：上海书店；天津：天津古籍出版社，1988：628.

严曰:太和妙气,妙物若神,空虚为家,寂泊为常,出入无窍,往来无间,动无不遂,静无不成,化化而不化,生生而不生也。①

汉代元气论盛行,严遵以"太和妙气"解"谷神",与其所处时代相符。但通过比较王玄览之解,可知严、王二人对"谷神不死"的理解差异颇大。仅就此章而言,王玄览应未接受严遵之解。除严遵《老子指归》,唐时流行的注《老》作品,尚有河上公所撰《河上公章句》,其解"谷神不死"为:

谷,养也②。人能养神则不死,神谓五藏之神:肝藏魂,肺藏魄,心藏神,肾藏精,脾藏志。五藏尽伤,则五神去矣。③

河上公以"养"解"谷",应是王玄览所谓"谷神上下二养"之所本。"谷神上下二养",义即"养神不死之道有二"。

(2)王玄览之"存"义

王玄览所讲的"存者"与"存存者",其弟子理解为"存者如木生火,存存者如土生火"。从传统五行说来看,应是"木生火",而非"土生火"。依笔者之见,"土生火"应为借喻,用以说明"存"之实践程度,即"存存"比"存"的实践修行更进一步,二者不是本质上有别,而是修行深浅之别,可以用重玄学的"一玄"与"玄之又玄"的关系来理解。后文所说的"修子至母者""修母者"即"存存者""坐忘养",而"修子不至母者""修子不至母者"即"存者""形养""形仙"。依照这样的理解,王玄览所谓的"形养""形仙"则并非指服气、导引、炼丹等道教传统修养方法,而应该是与"坐忘养"相类的心性修养方法。"形养""形仙"只是"存者"不如"存存

---

① 严遵. 老子指归 [M]. 王德有,点校. 北京:中华书局,1994:128.

② "案《经典释文》:'谷,河上本作浴,云浴者养也。'陈景元曰:'《河上公章句》'谷'音育,训养也。'俞樾曰:'浴'字实无养义,河上本'浴'字当读毂,'毂'亦通'谷'。河上古本作'浴'者,'谷'之异文……《想尔注》:'谷者欲也。精结为神,欲令神不死,当结精自守。'亦读'谷'为'欲'。"(参见河上公. 老子道德经河上公章句 [M]. 王卡,点校. 北京:中华书局,1993:22 − 23.)

③ 河上公. 老子道德经河上公章句 [M]. 王卡,点校. 北京:中华书局,1993:21.

者"的"坐忘养"修养程度深而已，不是修养方法有别。①

"存存者"与"存者"的"存"在《玄珠录》中是非常重要的概念，而且与传统道教修养论中的"存"有所区别。在传统道教修养论中，"存"与"守"语义相同，有"守一""存一"②"存守"③ 等说法，但"存守"的对象却并不固定。如《上清握中诀》所记"存守"相关的方术有多种，"守一法，立春日夜半，东向平坐，闭气临目，握固两膝上，先存守寸中，左有绛台，台中有青房，房中有神，着青衣"④，此所谓"守一""存守"人体身神便是典型的上清派"存思"术；又有"守玄丹法""先存北极辰星，出一紫气如弦，来下入玄丹宫"⑤，这种方术则较为复杂，可以视为"存思"与"服气""导引三光"等术的集合。再有托名张果的《太上九要心印妙经》言："胎者形中气之子，息者形中神之母，形中子母，何不存守，存守者，存其神而守其气。"⑥ 仅从字面上来看，与上文所引王玄览"存者""存存者""子""母"等说也较为相近。不过，此篇内容是讲以胎息法存守元气，与《上清握中诀》带有浓厚方术色彩的"存守"区别较为明显。

而王玄览所讲的"存""守"与上文所引的区别也较大，带有典型的心性色彩。如其言"先观思，觌缕等是，后存守，无处等是""观思同是存，守觉了同空"，其义指对事物先进行分条缕析的观察思考，用我们当下的说法，近于理性思考；但最终思考所得，要纳入王玄览自己所提倡的重玄"四句"

---

① 王玄览的"存存"很容易让人想起《易·系辞上》"成性存存，道义之门"。"成性存存"，孔颖达解为"存其万物之存"，朱熹解为"存存谓存而又存，不已之意也"，高亨先生认为"孔说为长"，解为"以《易》道论万物之存，则能存其存而不毁其成"（高亨. 周易大传今注 [M]. 北京：清华大学出版社，2010：549）。不过，笔者认为王玄览"存存者坐忘养"中的"存存"与朱熹"存存谓存而又存，不已之意也"相符，朱熹的理解很可能是受了道教重玄思潮的影响。

② 《元气论》："存心即存气，存气即存一，一即道也。"（参见张君房. 云笈七签 [M]. 李永晟，点校. 北京：中华书局，2003：1236.）

③ "存守中黄"：《脉望》若能存守中黄，端凝灵府，内想不出，外想不入，则水火阴阳，自然交合……"（参见胡孚琛. 中华道教大辞典 [M]. 北京：中国社会科学出版社，1996：1249）

④ 上清握中诀 [M] //正统道藏：第2册. 北京：文物出版社；上海：上海书店；天津：天津古籍出版社，1988：906.

⑤ 上清握中诀 [M] //正统道藏：第2册. 北京：文物出版社；上海：上海书店；天津：天津古籍出版社，1988：899.

⑥ 张果. 太上九要心印妙经 [M] //正统道藏：第4册. 北京：文物出版社；上海：上海书店；天津：天津古籍出版社，1988：313.

教中，即在思考所得的基础之上，运用超语言、超逻辑的方式把握，以此悟入"道"境、"重玄"境。

（3）王玄览针对的是河上公

前文分析成玄英思想时，已经讲到重玄学的这种思维方式与庄子之"忘"的结合是非常紧密的。那么，王玄览这里将"存"与"坐忘"联系起来的逻辑也较为顺畅，但笔者认为王玄览用"存存者坐忘养"来注解"谷神不死"的逻辑跳跃性非常之大。依笔者浅见，王玄览之所以会用"存存者坐忘养"来注解"谷神不死"，其实是针对河上公，也就是说王玄览对河上公注"谷神不死"既有吸收也有批评，后者可以从李荣那里得到启发。

李荣注解"谷神不死"："河上以为，养神乃是思存之法。"① 但实际上依河上公后文"天食人以五气，从鼻入藏于心"②"鼻口之门，乃是天地之元气所从往来也"③ 等说法来看，河上公的观点是用"元气"养"五藏之神"，而并非李荣所说的"思存之法"。河上公"五藏之神"的"神"，实指五种脏器的活跃状态，而李荣却将之理解为传统道教"存思"方术中人格化的"神"，因此李荣对河上公的批评实际上是建立在其对河上公注的误解之上。李荣之所以会误解河上公，一者是因为河上公确实明确地讲"神谓五藏之神"，且用肝肺心肾脾比附魂魄神精志，语词多义，致使表达不够精准，容易引起误会；二者是因为河上公注本就是道门常用典籍，而且从陶弘景《养性延命录》引老子"谷神不死"观点来看④，上清一系或常用河上公此注来讲授"存思"之法，也就是说，李荣对河上公的误解并非他个人之见，而是道教内部的一种经典传承。当然，这种传承是建立在有目的性的误读之上。

前述已言，王玄览舍蜀中青城而远向茅山问道，应与其早年仰慕上清一系道法有关。而此处王玄览之所以讲"存存者坐忘养，存者随形养"之"存"，很可能是受道教内部以"存思"术理解河上公"谷神不死"的传统影响。而王玄览以"坐忘"来重新阐释"谷神不死"，或也反映了其反对用传

① 蒙文通. 道书辑校十种·辑校李荣《道德经注》[M]. 成都：巴蜀书社，1987：572.
② 河上公. 老子道德经河上公章句 [M]. 王卡，点校. 北京：中华书局，1993：21.
③ 河上公. 老子道德经河上公章句 [M]. 王卡，点校. 北京：中华书局，1993：22.
④ 陶弘景. 养性延命录校注 [M]. 王家葵，校注. 北京：中华书局，2014：10.

统"存思"术来解释"谷神不死",这正与王玄览思想转变的轨迹相合。

与王玄览相类,李荣既不满意河上公以"思存"之法理解"谷神不死",也不满意王弼"谷中之无"的"譬喻",其主张"空其形神,丧于物我",与王玄览用"坐忘"解"谷神不死"的思想理论极为相近。这正是因为二人均精通重玄义理,在重玄思潮的影响之下,他们不满意之前道教对《老子》的方术化理解,而自觉地使用重玄的思维来重新诠解《老子》。也就是说王玄览和李荣均用了重玄学所提倡"忘""丧"的修养方法,来反对传统存思方术。①

从王玄览的表达中可以看到,他所说的"形仙"即便在修行方法上与"尸解仙"不同,但地位却相近,均非最高境界。特别要注意的是,王玄览的"形仙"就等同于"直修子不至母者。修子不至母者"的神仙,也就是说王玄览并不认同"神仙"果位是修行的最高境界,而是主张"坐忘"修养法所能达到的"舍形入真""解形至道"才是最高修行境界,这与传统道教"神仙观"也是不同的。

在《玄珠录》中还记载了这样的话:"修之既也证,离修复离教,所在皆解脱,假号为冥真。"② 可以说王玄览实际上是将佛教的"解脱"理论与"坐

---

① 据强昱教授考证,李荣"当生于武德末年,贞观初年间,即 628 至 630 年间","最保守地估计,武则天称帝时,李荣一定还在世,甚至可能至李旦景云(710)或后"(强昱. 成玄英李荣著述行年考[C]//道家文化研究:第 19 辑. 上海:三联书店,2002:328)。据《玄珠录》载,王玄览当生于唐高祖武德九年(626),卒于武则天神功元年(697),二人生卒年相近。李荣是绵州巴西人(今四川绵阳),王玄览为"广汉绵竹普闻人",据学者考证,王玄览入籍时的至真观观主,应即《海空经》的作者黎元兴。王卡. 王玄览著作的一点考察[J]. 中国哲学史,2011(3). 李荣与王玄览同为蜀中名道、年龄相仿,所学亦近,不知他们之间是否曾有过交流。

② 其言"解脱"者还不只一处,如"识所知为大心,大心性空为解脱,解脱即心漏尽,心漏尽即身漏尽,身漏尽非非无,此等而即体常空";"若使身在未灭时,知见先以无;至已后生时,自然不受,无生无知见,是故得解脱"。

忘"相结合，构建了有别于传统道教"神仙观"的新神仙理论①。这种新神仙理论的最大特点便是批判了道教传统方术对形体的执着，而主张以心性修养方法"舍形""解形"。王玄览与李荣均借河上公注为桥梁，表达了他们对道教传统炼养方术的不满。相较于李荣"空其形神、丧于物我"仍较理论的说法，王玄览直接提出"坐忘"的心性修养方法则更为具体。在王玄览看来，"坐忘"是高于其他"形养"的修养方法的，在他这里"坐忘"不是众多方术的一种，而是可以直通最高境界的修养方法。同时，"坐忘"所能达到的最高修行境界也不是传统"神仙"，而是"舍形""解形"的"入真""至道"，其贬低形体修养、抬高心性修养显而易见。

第三节　性命双修视野下的"坐忘"

前文从道教传统方术和重玄思潮两种视角论述了道教对"坐忘"修养方

---

① 关于王玄览的新神仙理论，需要做以下说明：一方面，王玄览将道教的神仙思想与佛教"解脱"论结合，认为人修行而得的最后境界是要成为"道"的一部分，是主体的"人"经过修行，最终与客体的"道"融为一体，不同于传统的"天人合一"是追求人与天相感通。在南北朝隋唐道教神仙理论发展的进程中，或许有些高道已经自觉地将修道境界提升到了王玄览的高度，然而受限于文献的缺失，我们仅能在分析《玄珠录》思想时，看到道教神仙理论转向革新的较具体的描述，所以王玄览的道教新神仙理论并不能视为其个人创见，而应该将王玄览视为道教神仙理论创新的代表人物之一。如《西升经》中对形神与道关系的论述，多有矛盾之处，即讲重神，"伪道养形，真道养神"（或有认为此处"养形"是就满足耳目口嗜欲而言），又有形神双修，"神生形，形成神，形不得神不能自生，神不得形不能自成。形神合同，更相生更相成"，再者其修道最高至"真神通道"的人道相通程度，并未上升到《玄珠录》中"舍形入真""解形至道"的高度，但作为道教的重要经典，《西升经》所言"与道同身而无体"对道教神仙理论的创新是起至关重要作用的（陈景元. 西升经集注 [M] // 正统道藏：第 14 册. 北京：文物出版社；上海：上海书店；天津：天津古籍出版社，1988：589）。另一方面来说，以王玄览为代表的新神仙理论及与其理论匹配的心性修养方法，受到了当时部分道教学者的反对，反对者中最具代表性的当属《天隐子》与云本《坐忘论》。《天隐子》言"人之修真达性，不能顿悟，必须渐而进之"，批评《玄珠录》等重玄著作背离道教传统炼养术渐修成仙的炼养准则，将修道方法异化为"玄之又玄"的顿悟之教，使修仙之途无路可见；云本《坐忘论》亦提出，"被形者，神人也，及心者，但得慧觉，而身不免谢"，"近代常流，识不及远，唯闻舍形之道，未达即身之妙"，反对重玄学抛弃形神双修、形神俱妙，而独修心性。王玄览和《天隐子》、云本《坐忘论》的分歧，代表着唐代道教两种神仙理论（坚持传统道教神仙理论，肉体成仙说的道教人士也大量存在）的对立。前者神仙理论舍弃了道教传统的炼形成仙，对"神仙"为最高阶位表示否定，其独修心性的修养方法有着舍道取佛的倾向；而后者所述神仙理论是对道教旧有炼形成仙，新兴舍形入真理论的继承、超越，提出得道当形神俱妙（尽管葛洪、陶弘景对"形""神"双修已有所述及，但并未成为一种炼养主流），并为道教炼养术集大成的内丹道所继承。

法义的新开拓。但不能否认的是，前文所涉及的"坐忘"内容在原始文献中多是只言片语，并没有系统的、完整的论述。而本节所讲的"坐忘"则有更多的文本支撑。本节内容主要围绕《天隐子》、云本《坐忘论》、石刻本《坐忘论》① 以及钟吕金丹道视野下的"坐忘"等四部分展开，与前文所论"坐忘"或偏重方术，或偏重心性修养不同的是，本节所涉及的几种文本均主张"形神""心气""性命"② 双修并重。

一、《天隐子》的内在矛盾

《天隐子》应为司马承祯所作，全文由三部分构成，即前"序"，正文"神仙""易简""渐门""斋戒""安处""存想""坐忘""神解"八个条目，"后序口诀"。③ 关于《天隐子》的思想及价值，学界已多有讨论，笔者无意再对《天隐子》做全面分析，仅就《天隐子》的"坐忘"相关内容做出论述。

"坐忘"是《天隐子》正文八条目之一，也是其"心性"修养的重点内容。学界在论及《天隐子》的"坐忘"思想时，多注意"彼我两忘，了无所照"一语，但均未注意到这是司马承祯对韩康伯"坐忘遗照"思想的展开。"坐忘遗照"不见于《天隐子》正文，但在《天隐子》有三处文字与"坐忘遗照"意思相近。第一，"序"言"归根契于伯阳，遗照齐于庄叟"，"遗照"二字，《庄子》未见，唯有认此处为"坐忘遗照"缩略语，才能与庄子联系起来；第二，"神仙"条目"宅神于内，遗照于外"；第三，"坐忘"条目

---

① 关于《天隐子》、云本《坐忘论》、石刻本《坐忘论》的文本及作者问题，较为复杂，笔者对此另撰有专文，此处仅引述相关结论。

② 《天隐子》："修炼形气，养和心灵"；云本《坐忘论》："然虚心之道，力有深浅，深则兼被于形，浅则唯及其心。被形者，则神人也；及心者，但得慧觉而已，身不免谢"（《洞玄灵宝自然九天生神章经解义·后序》《坐忘枢翼》《太清存神炼炁五时七候诀》《洞玄灵宝定观经》均有此段内容）；石刻本《坐忘论》："所贵长生者，神与形俱全也。"

③ 《天隐子》"注文"应是后学所作，最迟撰写时间应在南宋曾慥编撰《道枢》之前。《道枢》所收"尾题"或为曾慥所撰，而非司马承祯所作。

"彼我两忘，了无所照"，可以视为对"坐忘遗照"的发挥。①

神塚淑子注意到，在《天隐子》中《周易》和《老子》《庄子》以及佛教思想一样受到重视，《天隐子》修养方法的简约、渐进应该是受到了《周易·系辞》"易简而天下之理得矣"，以及《周易》"渐"卦的影响。同时，《天隐子》对《周易》的重视，在云本《坐忘论》是看不到的。②何建明也表示"《天隐子》的思想基础与思想核心，都来源于《周易》，都是《周易》的'易变''渐变'和'简易'的观念。天隐子的'易简'观念，正是源于《周易》之'易'的易简义；他的渐修观念，正是源于《周易》的'渐卦'思想；他的'通神'的'神解'义，则是源于《周易》的'穷则变，变则通，通则久'的思想"③。

笔者同意两位学者所说，《天隐子》确实运用了大量《周易》的观念，但《天隐子》"神解"的观念并不如何建明所说本于《周易》"穷则变，变则通，通则久"的思想，这只是司马承祯后学注文的观点。笔者前文讨论韩康伯"坐忘遗照"思想时，已经着重说明韩康伯"坐忘遗照"是为了说明"阴阳不测之谓神"的"神"，而《天隐子》在"坐忘"条目本身就是对韩康伯"坐忘遗照"思想的展开，"坐忘"条目之后便是讲"通神"的"神解"条目，这很难说是巧合，只能说《天隐子》除受《周易》"渐"卦、《系辞》的影响，更重要的是受到了韩康伯《系辞注》的影响。

与《天隐子》所表达的"了无所照"主旨思想密切相关，且被学界所忽略的是，《天隐子》主张"慧"在"定"前。

前文已言，"坐忘遗照"一语最早见于韩康伯注《周易·系辞上》。韩康伯在对《周易·系辞》"阴阳不测之谓神"作注时，用"穷理体化，坐忘遗

---

① 云本《坐忘论》则恰恰相反，其所主张的"息乱不灭照"（《坐忘论·收心》）、"唯灭动心，不灭照心"（《坐忘论·坐忘枢翼》），似是专门针对"坐忘遗照"提出的反对意见。何建明已注意此点，其言"《天隐子》与《坐忘论》的第三个差异是，前者主张'坐忘'就是'彼我两忘，了无所照'；而后者则主张'坐忘'当'惟灭动心，不灭照心'"（何建明. 道教"坐忘"论略——《天隐子》与《坐忘论》关系考［C］//宗教研究（2003）. 北京：中国人民大学出版社，2004：288）。

② 神塚淑子. 司马承祯〈坐忘论〉について［J］. 东洋文化，1982（62）；神塚淑子. 道教经典の形成と仏教［M］. 名古屋：名古屋大学出版会，2017.

③ 何建明. 道教"坐忘"论略——《天隐子》与《坐忘论》关系考［C］//宗教研究（2003）. 北京：中国人民大学出版社，2004：285.

照"描述圣人境界，其对"坐忘"的理解本于郭象"内不觉其一身，外不识有天地"，《天隐子》言"彼我两忘"，不乘此意。但韩康伯所讲的"遗照"之"遗"并不能理解为丢失、遗弃，实与庄子"忘""遣""外""丧"等义同，等同于"忘照""丧照"。在玄学的语境中，这自然不是对"照"的否定，而是对"照"的更深一层理解。韩康伯自己也结合《周易》"极"的观念，对"遗"有一个清晰的表述，其言："夫非忘象者，则无以制象，非遗数者，无以极数。"①"极"作为至高、顶点，本身在《周易》中也是十分重要的内容，韩康伯"遗照"实可理解为"极照"，达到顶点的"照"，而并非真的要遗弃"照"。而《天隐子》的落脚处在于"了无所照"，又将"慧"置于"定"之前，其义指修至"定"（"坐忘"条目）时，"慧"将舍弃。因此，《天隐子》将"遗照"理解为"了无所照"，也就是遗弃"照"，实际上是误解了韩康伯的"遗照"（"极照"）说。

在《天隐子》中，司马承祯试图建构一个既能"修炼形气"，又能"养和心灵"，最终炼养成"仙"的修炼体系。在这套修炼体系中，司马承祯对炼养所涉及的起居饮食等条件的要求，以及传统的服气、存思、按摩等法均属于"修炼形气"，而偏重"心性"修养的"存想""坐忘"则是其"养和心灵"的一面。集中到"坐忘"上讲，司马承祯将韩康伯的"坐忘遗照"理解为"彼我两忘，了无所照"，由经过"存想"而得的"慧"，在"坐忘"（"定"）时将被"舍弃"。也就是说，司马承祯主张先"慧"后"定"的修养方式，其直接将"坐忘"视为"定"，是其创造性的一面，为后世道教学者所依循。

不可否认的是，司马承祯在《天隐子》中虽主张"形气""心灵"并重的炼养方法，但在具体的论述中存在着种种矛盾②，其对"形气"与"心灵"

---

① 王弼. 王弼集校释 [M]. 楼宇烈，校释. 北京：中华书局，1980：543-544.

② 其内在矛盾体现在两处：一者，《天隐子》"神仙"条目言"灵气"乃人能修习成仙的依据；其后"斋戒""安处"是讲修养之前的准备工作，不涉及"气"；重点讲如何修养的"存想""坐忘"两个条目更是直接将"灵气"抛之脑后，完全讲"心性"层面的问题。一者，正文"存想"讲"收心复性""归根曰静，静曰复命，成性存存"的"心性""存想"，而"后序"要在《存想篇》，则是侧重讲漱液、鸣天鼓、握固、导引等上清一系的传统服气存思术。这一点何建明教授已有涉及。不过，何建明教授认为《天隐子》非司马承祯所作，"后序"是出自司马承祯之手，其言："'存想'……的心性修炼之术……在司马承祯这里，则被引用和改造成为调理身内精气的修身练气之法"（何建明. 道家思想的历史转折 [M]. 武汉：华中师范大学出版社，1997：248）。

之间的关系，以及应采取何种炼养方法方能达到对"形气""心灵"的修养，均缺乏足够深度的认识。

二、云本《坐忘论》将"坐忘"系统化

《正统道藏》收有同名异本的《坐忘论》两种。一本在《正统道藏》所收《云笈七签》卷九十四《坐忘论》一卷，源于宋本，应是现存《坐忘论》的最早版本①，故笔者以云本《坐忘论》之名作为区别。篇名《坐忘论》后有小字"并序凡七篇"，无署名，"序"文自述撰写缘由及篇章结构："略成七条，修道阶次，兼其枢翼，以编叙之"，下分"信敬""断缘""收心""简事""真观""泰定""得道"七个条目。据"序"文所述，当缺《枢翼》。另一本收在《正统道藏》太玄部②，比云本多了自称真静居士者所作《坐忘论序》，言"仆因阅藏书，得唐贞一先生《坐忘论》七篇，附以枢翼"，且署"司马承祯子微撰"，后有"序"，与云本内容相近而文较简短，应是根据云本原序压缩而来，其下亦分七个条目，并有《坐忘枢翼》一篇。③

云本《坐忘论》长期以来被视为司马承祯的作品，但近年来学者根据石

---

① 参见朱越利. 道教考信集 [M]. 济南：齐鲁书社，2014：48.

② 坐忘论 [M] //正统道藏：第22册. 北京：文物出版社；上海：上海书店；天津：天津古籍出版社，1988：892.

③ 以上两个版本除"序"之长短和有无《坐忘枢翼》的差别外，尚在"得道"条目结尾处存在较大差异。《正统道藏》本"得道"条目文尾作："近代常流，识不及远，唯闻舍形之道，未达即身之妙，无惭己短，有效人非。其犹夏虫，不信冰霜，醯鸡断无天地。其愚不可及，何可诲焉。"（参见坐忘论 [M] //正统道藏：第22册. 北京：文物出版社；上海：上海书店；天津：天津古籍出版社，1988：897）"唯闻舍形之道"无疑是对独修心性只能得"慧觉"而未及炼形者的批评，"即身之妙"与文中所引"身神并一，则为真身"主旨一致。云本《坐忘论》"得道"条目文尾作："至论玄教，为利深广，循文究理，尝试言之：夫上清隐秘，精修在感，假神丹以炼质，智识为之洞忘。《道德》开宗，勤信唯一。蕴虚心以涤累，形骸得之绝影。方便善巧，俱会道源。心体相资，理喻车室。从外因内，异轨同归。该通奥赜，议默无逮。二者之妙，故非孔、释之所能邻。其余不知，盖是常耳。"（参见《坐忘论》，张君房. 云笈七签 [M]. 李永晟，点校. 北京：中华书局，2003：2061.）云本《坐忘论》盛赞上清形神炼养之神妙，"精修在感"似指上清道降灵之术，《真诰》多载，凭借外丹以固形体，智慧通达之彻。以《道德经》开宗，"勤信"进道，"虚心"与"形骸"、"心"与"体"相互资进，最初虽有"内""外"异轨之分，终须同归于道。上清之道内容博大通贯，精微深奥，静默体认，玄妙难言，形神炼养之妙，非儒、释两家所能比拟，其余人等不知，亦是平常。比较两个版本文尾内容，《正统道藏》本似更能与《坐忘论》内容相合，当为《坐忘论》正文篇目的结束语。而云本《坐忘论》文尾所述更近于后人借《坐忘论》表达对道教上清一系的颂赞。

刻本《坐忘论》所说的"近有道士赵坚，造《坐忘论》一卷七篇，事广而文繁，意简而词辩"，对司马承祯撰写云本《坐忘论》一事表示质疑。卢国龙先生将云本《坐忘论》与现存赵坚《道德真经疏义》残本进行了比较，认为赵坚《道德真经疏义》所述"三观，即有观、空观、真观之说，归趣与七篇本《坐忘论》一般无二"，"亦多言坐忘之事，意每与《坐忘论》同……一时难以判断《坐忘论》究竟出于谁手"；① 朱越利先生对照之后，也指出赵坚著作阐述的坐忘"与七阶《坐忘论》如出一辙"②。通过研读《天隐子》、石刻本《坐忘论》的文本及相关材料，笔者也倾向将云本《坐忘论》视为唐代道士赵坚所作，《天隐子》才是司马承祯的作品。鉴于学界对云本《坐忘论》文本思想已经有很多细致的解读，本书不再重复此工作，仅对"坐忘"相关内容做出论述。

云本《坐忘论》与《天隐子》的相似性显而易见③，但前文在考察成玄英思想时，已经提及赵坚生平不可考，同理，赵坚的云本《坐忘论》和司马承祯的《天隐子》究竟是谁影响了谁，也就难以确定。笔者下文仅对《天隐子》与云本《坐忘论》所讨论的相似主题略作分析。

第一，《天隐子》和云本《坐忘论》均主张"易简"的修行准则。一般来讲，云本《坐忘论》和《天隐子》在撰写形式、内容编排上的相似性最受关注，前者以七个有关联的条目贯穿成文，后者以八个条目成篇，这在之前的道教典籍是较少出现的。但二者之所以各成数个条目讲述炼养应遵循的进程，其理论依据均在"易简"。《天隐子》和云本《坐忘论》的"易简"准则实有二义：一者，在表述上简单明了，便于接受；二者，在实践上，入手容易，操作流程具体。

国外学者评价《天隐子》说："这种道教的修炼方式很明显过滤了那些中国文人中的'一般读者'可能不熟悉的术语，使其能很容易地被司马承祯那个时代的文化人所理解。"这无疑抓住了司马承祯《天隐子》撰写体例上最大的特点和用意，即为了吸引更多的修习者而进行"易简"处理。对云本《坐

---

① 卢国龙. 中国重玄学 [M]. 北京：中国人民出版社，1993：353，378.
② 朱越利.《坐忘论》作者考 [M] //道教考信集. 济南：齐鲁书社，2014：56.
③ 参见卿希泰. 司马承祯的生平及其修道思想 [J]. 宗教学研究，2003（1）.

忘论》的评价，国外学者同样看到了它的"易简"特点。"这本书（云本《坐忘论》——笔者注）被科恩（Kohn）翻译成英文，取名为'七步得道'。此书与《天隐子》很相似，概括地指出，修道只要循序渐进，就会与道相合，得道成仙。对唐代的修炼者来说，不管其是否受过任何道教教派的入门指导，这样具体的手册都会使道教修炼更易于入手并极具吸引力。"① 《天隐子》和《坐忘论》都突出文字的简单易理解性、实践入手的可操作性和详细具体的阶次论。这除了源于道教炼养术发展的自身逻辑外，或许更重要的推动是来自佛教的压力，南北朝时已有人这样评价释道优劣：

> 道本虚无，非由学至，绝圣弃智，已成有为，有为之无，终非道本。若使本末同无，曾何等级？佛则不然，具缚为种，转暗成明，梯愚入圣。途虽远而可践，业虽旷而有期。②

所谓"梯""途""期"，是指佛教有具体可方便遵照实践的修道阶次。而道教则强调"道之虚无"，非学所能致，致使修行者不得而入。卢国龙先生总结说："纵观晋南北朝的佛教徒之攻讦，几无一例外地要斥贬其理趣庸浅和经教不整、修道无阶次这样两大缺陷。"③ 正是由于佛教对道教如此攻讦，才有了陆修静、寇谦之等道教人士不断地对道教科仪轨律、经典文教、修道阶次做出整理、创新。经过南北朝的酝酿，道教徒开始运用重玄思维造作经典，发展到隋唐时，重玄思维已经相当成熟，可称为重玄思潮，其理趣教义几能与佛教义理相抗衡。但与重玄义理相匹配的、阶次清晰的炼养术则尚嫌欠缺，传统的服气、存思等术均不能担此重任。④ 《天隐子》、云本《坐忘论》以"坐忘"为核心，是重玄理论发展的必然结果，重视表述上的简单明了，便于接受，实践上入手容易，操作流程具体，也符合当时人对道教炼养术的需求。

第二，《天隐子》和云本《坐忘论》均将"坐忘"视为"心性"修养的核心，并与"定""慧"相关联。前文言《天隐子》"彼我两忘，了无所照"

---

① 参见柯锐思. 唐代道教的多维度审视：20世纪末该领域的研究现状（节选）[J]. 曾维加，刘玄文，译. 中国道教，2012（2）.
② 萧子显. 南齐书 [M]. 北京：中华书局，1972：947.
③ 卢国龙. 中国重玄学 [M]. 北京：中国人民出版社，1993：21.
④ 前文所论王玄览和李荣对河上公注的批评，均说明此点。

是对韩康伯"坐忘遗照"思想的发挥，其将韩康伯的"遗照"理解为遗弃"照"，而"照"常与"慧"联系在一起，故《天隐子》主张"慧"在"定"前，当达到"坐忘"之"定"时，"慧"是要被舍弃的。在《天隐子》的炼养体系中，"坐忘"并不具备至高地位，它只是作为通向"神解"的"神仙"之道的一个重要步骤，是八个条目中的其中一个。

而在云本《坐忘论》，"坐忘"的地位被大大提高了，整个炼养体系的七个条目均是"坐忘"的展开，七个条目的内容均是在讲"坐忘"，这是云本《坐忘论》与《天隐子》最明显的区别。具体到"定慧"问题上，《天隐子》的"坐忘"是舍弃"慧"之后的"定"，而云本《坐忘论》中的"坐忘"既不是"定"也不是"慧"，而是将相生相养的"定""慧"作为"坐忘"的一部分，用"坐忘"统合了"定慧"，超越了"定慧"。

学界对云本《坐忘论》的"定慧"思想关注颇多，很多学者认为云本《坐忘论》与天台宗所讲的止观、定慧关系匪浅。[①] 但实际上，至少在南北朝时期，道教徒已经对定慧问题有所探讨，并达到了相当的高度，《定观经》《内观经》等文字简约、意蕴深宏的经文便是最好的证明。云本《坐忘论》"定慧"思想渊源于道教对自身义理的不断探索，与天台宗止观无直接关联。长期以来认为云本《坐忘论》的"定""慧"之学是天台宗"止观"之学翻版的说法[②]，是站不住脚的。但需要说明的是，云本《坐忘论》的《坐忘枢翼》除两段针对正文的提要外，基本全文收录《洞玄灵宝定观经》，其对"定慧"的认识也源于《定观经》，是传承而非创新。

云本《坐忘论》的炼养宗旨既不同于传统炼形术，追求肉身成仙，也不同于王玄览所代表的一批独修心性，追求"舍形入真"者。云本《坐忘论》明确地反对"但得慧觉，而身不免谢""唯闻舍形之道"的炼养准则，其追求"身神并一""形神合同""形随道通，与神合一"。也就是说，在主张

---

① 因为此前学界多认云本《坐忘论》为司马承祯所作，故而司马承祯曾在天台山修行之事，也被视为云本《坐忘论》"定慧"思想与天台宗止观思想相关的一个重要地缘因素。

② "《玉洞杂书》言：道释二氏，本相矛盾。子微之学，全本于释氏，大抵以戒定慧为宗，观'七篇'叙可见。"（转引自蒙文通. 古学甄微［M］. 成都：巴蜀书社，1987：363.）学界对云本《坐忘论》"定慧""真观"思想是受天台智顗大师"止观"影响的观点，长期以来被视为定论，而实际上早在南北朝时期道教人士就已对"定""慧""观"等修行方法有所探讨。

"形神""性命"双修这一点上，云本《坐忘论》与《天隐子》是一致的。其不同之处在于《天隐子》"修炼形气，养和心灵"的炼养方法既有存思、按摩等传统的养形方法，又有"存想""坐忘"等"心性"修养方法，两种不同修养方法的结合是极为粗糙的，甚至存在着难以沟通的矛盾。而云本《坐忘论》则认为"道有深力"，可以"徐易形神""深则兼被于形，浅则唯及于心"，也就是说云本《坐忘论》试图用"坐忘"完成"形神合一""身与道同""心与道同"的证极之境，将原本传统养形方法的工作完全交由"坐忘"完成。云本《坐忘论》的"坐忘"兼具炼形与修心的双重功效，当然，这种对"坐忘"双重功效的诠释，仅是其一家之言，并没有成为炼养术的主流①，大部分道教炼养学者仍是分述炼形法与修心法，且仅将"坐忘"视为修心法的一种。

三、石刻本《坐忘论》："坐忘"是"求道之阶"②

本书讨论的石刻本《坐忘论》是立于王屋山中岩台紫微宫的一块石碑碑阴内容③，又收在曾慥《道枢·坐忘篇下》。石刻本《坐忘论》以司马承祯的口吻记述，称"近有道士赵坚，造《坐忘论》一卷七篇，事广而文繁，意简而词辩，苟成一家之著述，未可以契真玄，故使人读之，但思其篇章句段，记其门户次叙而已，可谓坐驰，非忘也"。

有学者相信石刻本《坐忘论》所言，将石刻本《坐忘论》视为司马承祯所作，云本《坐忘论》为赵坚所作。但石刻本《坐忘论》的很多文句是直接承袭了云本《坐忘论》和吴筠《神仙可学论》，吴筠年辈晚于司马承祯，故而仅从石刻本《坐忘论》承袭吴筠《神仙可学论》的文句已可断定石刻本《坐忘论》非司马承祯所作，笔者推测或为吴筠后辈所撰。

---

① 如石刻本《坐忘论》便对云本《坐忘论》的"坐忘"思想持否定态度。

② 关于石刻本《坐忘论》，笔者另有专文论述，参见朱韬. 王屋山石刻《坐忘论》源流、作者及价值 [J]. 宗教学研究，2021 (2).

③ 现已移至济源市济渎庙保护。陈垣先生所编纂《道家金石略》收录此石刻，题为《白云先生坐忘论》："碑高三尺八寸，广二尺二寸，廿五行，行四十四字。正书。左行。为《贞一先生庙碣》之碑阴。在济源。"（参见陈垣. 道家金石略 [M]. 陈智超，曾庆瑛，校补. 北京：文物出版社，1988.）下文所引石刻内容中字句、标点有改动，不再注明出处。

石刻本《坐忘论》主张修道应"先资坐忘",也就是性功在先,修至心"太定"则"惠(慧)自生",不过"惠"只是用来"观乎诸妄,了达真妙",此时修道者的形体并没有实质性改变,仍然不免"为阴阳所陶铸而轮泯",故而不能将"惠"视为修道的最终目的,得道长生还需"藉金丹以羽化"。一言以概之,石刻本《坐忘论》主张先以"坐忘"养性,再以"金丹"炼形。石刻本《坐忘论》简化了云本《坐忘论》对"坐忘"的认识,仅将"坐忘"作为修性初阶,又通过借用吴筠《神仙可学论》内容论证了身体可以长存,主张经过"坐忘"修性之后,还需要借助"金丹"才能够达到形神双修以长生的目的。

朱越利先生认为石刻本《坐忘论》"主张形神双全,即性命双修",批评云本《坐忘论》"独养神""只修性不修命"。但从文本上看,石刻本《坐忘论》前文仅批评云本《坐忘论》"事广而文繁,意简而词辩","可谓坐驰,非忘也",并没有批评云本《坐忘论》"独修性"。而且云本《坐忘论》本身也是主张"形神合一",明确反对"但得慧觉,而身不免谢",它所定义的"坐忘"有炼形与修心的双重功效。因此,朱越利先生以石刻本《坐忘论》内容批评云本《坐忘论》"只修性不修命"是不准确的。笔者认为,石刻本《坐忘论》的撰写并不是仅仅针对云本《坐忘论》,它一方面继承了吴筠对佛教修养论的批评,连带着也就批评了近于释氏的重玄学者如成玄英、王玄览等人,有扭转道教内部偏重心性修养风气的作用,这一点朱越利先生已有所述;另一方面石刻本《坐忘论》也是对道教"长生"理论的修正与复归,即将"坐忘"所代表的"性功"与道教传统重形体长存的"金丹""命功"结合在一起,为道教炼养理论注入了生机。需要强调的是,因石刻本《坐忘论》对"金丹"的描述过于简略,其所指究竟是烧炼金石的"外丹",还是搬运精气神的"内丹"还存在歧义。①

云本《坐忘论》将"坐忘"发展为一套完整的炼养体系,并将"定慧"容纳于"坐忘"之中。而石刻本《坐忘论》虽然将"坐忘"视为入道之初阶,限制了"坐忘"的作用,但它也继承了云本《坐忘论》的观点,用"坐

---

① 朱越利先生将石刻本《坐忘论》所说的"金丹"直接理解为"外丹",似有不妥。

忘"来统摄"定慧"。在石刻本《坐忘论》没有进入学界视野之前,学界多认为云本《坐忘论》对内丹道的形成起过重要影响。然而,仔细分析石刻本《坐忘论》之后,我们可以肯定地说,石刻本《坐忘论》所透露的炼养思想与内丹理论的形成有着更加密切的关系。石刻本《坐忘论》所体现的"形神双修""先性后命"的炼养思想,足可以视为中晚唐时期炼养思想发展的代表性观点,将其置于云本《坐忘论》与钟吕金丹道的中间环节予以考察,无疑有助于将唐代道教炼养术如何由偏重养性到性命双修的发展历程梳理得更加清楚。

四、钟吕金丹道体系下的"坐忘"

(一)钟吕金丹道与施肩吾《养生辨疑诀》

在论及钟吕金丹道体系的"坐忘"之前,需要对本书所说的钟吕金丹道做出界定。关于钟离权和吕洞宾二人是否真实存在,又活动于何时,学界至今没有定论,笔者对此问题也无从置喙。本书所说的钟吕金丹道可以断定创作时间至迟在两宋之际①,且最为系统、成熟,思想一致的《灵宝毕法》《钟

---

① 郑樵《通志·艺文略》著录有《钟离授吕公灵宝毕法》,且《道枢·灵宝篇》即摘录《灵宝毕法》;《道枢·传道篇上中下》(卷三十九—卷四十一)即摘录《钟吕传道集》;《道枢·会真篇》摘选《西山群仙会真记》。马晓宏(马晓宏. 吕洞宾神仙信仰溯源 [J]. 世界宗教研究,1986 (3).)、李裕民(李裕民. 吕洞宾考辨——揭示道教史上的谎言 [J]. 山西大学学报,1990 (1).)认为《钟吕传道集》是后人据《道枢》相关内容编撰,此说不确。丁培仁教授据《西山群仙会真记》不避"玄"讳(宋真宗时称宋室圣祖为赵玄朗),且《西山群仙会真记》的编者李竦,据陈葆光《三洞群仙传》"李炼闲客,龟蒙散人"条载:"李练自称三仙门弟子天下都闲客,尝作《指元序》云:欲叩玄关,须凭匠手,不遇真仙,难晓大道。仆游江南,于南京应天遇华阴施真人肩吾希圣者。"宋真宗大中祥符七年(1014)应天府升为南京,称南京应天府,可知李竦生活在宋真宗朝,故丁教授将《灵宝毕法》《钟吕传道集》《西山群仙会真记》等钟吕系道书撰写的时间下限定于宋真宗以前,参见丁培仁教授相关论文(丁培仁. 华阳子施肩吾的丹道思想 [J]. 宗教学研究,1990 (4).)丁培仁.《〈灵宝毕法〉功法四题 [J]. 中国道教,2003 (5). 丁培仁《灵宝毕法》再研究 [J]. 宗教学研究,2007 (3). 朱越利先生推断"《灵宝毕法》可作为神哲二帝时期钟吕丹法的代表作";"《钟吕传道集》盖撰于徽宗至高宗绍兴十三年(1101—1143)间";"《西山群仙会真记》被《道枢》摘录,其盖撰、编于徽宗至高宗绍兴二十五年间……《西山群仙会真记》数引《钟吕传道集》,前者迟于后者"(朱越利. 钟吕金丹派的形成年代考 [M] //道教考信集. 济南:齐鲁书社,2014:601 – 632.)

吕传道集》《西山群会真记》三部典籍思想为准。①

在钟吕金丹道体系中，还有一个人物需要提及，即"施肩吾"。学者高丽杨详尽地考辨了关于"施肩吾"的情况，笔者同意其判断。施肩吾其人并非如南宋尤袤以来所认为的有唐和宋两位同名异人，而是后世内丹家以唐代进士施肩吾和唐代道士李奇为原型，不断地层累叠加出的一个人物。华阳子和栖真子是施肩吾形象塑造中使用的不同道号，以不同的道号判断谁是唐施肩吾、谁是宋施肩吾，是存在问题的。关于施肩吾的史籍著录、民间野闻、神仙传记纠缠在一起，错综复杂，意图从中剥离出真相，实属困难之极。但正如高丽杨所言，"同一个地点、同一个姓名、相同的信仰、相同巨大影响力的两个高道并列，那才是真正匪夷所思的事情"②。也就是说，从最基本的逻辑出发，已足以辨明无两个施肩吾。

在高丽杨教授的考证之上，笔者就自己所见，补充一则材料。几与张君房于宋仁宗天圣五年（1027）左右进上的《云笈七签》所收施肩吾《养生辨疑诀》同时，晁迥在天圣九年（1031）编撰而成的《法藏碎金录》中明言"唐中岳隐士栖真子施肩吾作《三住铭》及《灵响词》，皆叙述习静而闻其妙

---

① 多有研究者引用伯希和敦煌写卷 P.3810《湘祖白鹤紫芝遁法》"汉名将中离翁传唐秀士吕纯阳"（黄永玉. 敦煌宝藏：第 131 册 [M]. 台北：新文丰出版公司，1986：48）这一内容，判断钟、吕实有其人，且在唐代文献已有著录。参见李远国. 论钟离权、吕洞宾的内丹学说 [J]. 宗教学研究，2005（2）. 但有学者怀疑此经卷并非出自藏经洞，而是"伯希和于民间所得，而误编入遗书者"（傅璇宗. 唐才子传校笺 [M]. 北京：中华书局，1995：484）；因写卷所载多为道教方术，王见川疑写卷："可能是王道士从别处带来的或是其在敦煌请人或徒弟抄录的。在伯希和大肆搜索藏经洞经卷时，被误为古代写卷一并带走。"（转引自钱光胜. 敦煌写卷 P.3810 补说 [J]. 中国道教，2019（3）.）在最新的研究成果中，钱光盛通过比较写卷符咒部分与明人伪托袁天罡、李淳风所作《万法归宗》的不同版本，认为"P.3810 写卷是一个摘抄、杂抄性质的卷子，写卷文字错讹较多，所抄底本显然不是明刻《万法归宗》，其与和刻本、光绪庚子年石印本较为接近，但也不完全一样，故其所据大概是我们所未见的一个清代本子"，"P.3810 中抄录《呼吸静功妙诀》和《神仙粥》应不是随意而为，极有可能来自明清流传之书"。钱光胜. 敦煌写卷 P.3810 补说 [J]. 中国道教，2019（3）. 于赓哲则通过对 P.3810 写卷中涉及的药名、避讳、字形、俗字、宗教内容等多个角度的考察，认为"文书有着强烈的元或元以后文书的特征"，很可能是"后期混入"的写卷。于赓哲. 论伯希和敦煌汉文文书的"后期混入"：P.3810 文书及其他 [J]. 中国史研究，2019（4）. 以上研究表明敦煌 P.3810《湘祖白鹤紫芝遁法》"汉名将中离翁传唐秀士吕纯阳"一段内容不足以作为研究唐宋时期钟吕活动时间及信仰状况的文献依据。

② 钟吕传道集·西山群仙会真记 [M]. 高丽杨，点校. 北京：中华书局，2015：13（前言）.

音谓之小兆"①，并对《三住铭》多次引用，显然极为推崇。此则材料，一可佐证高丽杨教授所说的曾慥在《道枢》中"栖真子"和"华阳子"两种称呼"是交替使用而并未特别注解"②，而不是如丁培仁教授所说的"凡引唐施肩吾著述称'栖真子'，引宋施肩吾则称'华阳子'或'华阳真人'，而所引后者之论多与钟、吕有关"③；二可证陆游《渭南集·心鉴跋》所说的"古仙人嵩山栖真施先生肩吾也"的"嵩山"渊源有自，并非如高教授所说的"'嵩山'疑为'西山'之误"。④

学者多注意署名施肩吾的《养生辨疑诀》《三住铭》⑤ 较为相似，皆主张修养"气"可保"神""形"，与《钟吕传道集》《西山群仙会真记》所论"金丹道"差别较大。但《养生辨疑诀》⑥ 的撰写逻辑、用语，与《钟吕传道集》《西山群仙会真记》有相近之处。三部典籍的撰写逻辑均是先批评诸家养生术存在的缺陷，指明通过这些养生术并不能达到保全形神的目的，然后再将自己的主张抛出，区别在于《养生辨疑诀》主以"气"保"形""神"，而《钟吕传道集》《西山群仙会真记》则是更复杂的"金丹道"。⑦

在具体的方术批评用语上，《养生辨疑诀》所批者有"服气绝粒者，驱役考召者，清静无欲者，修仙炼行者"；"采饵者，复以毛女为凭"；"呼吸者，

---

① 晁迥. 法藏碎金录 [M] //文渊阁四库全书：第1052册. 台北：台湾"商务印书馆"，1986：572.

② 钟吕传道集·西山群仙会真记 [M]. 高丽杨，点校. 北京：中华书局，2015：13（前言）.

③ 丁培仁. 道史小考二则 [J]. 宗教学研究，1989（Z2）. 丁教授在文中称"华阳子似参考过栖真子此论而形成自己的'三住'思想，依《法藏碎金录》所载"唐中岳道士栖真子施肩吾作《三住铭》"，也可推知有误.

④ 钟吕传道集·西山群仙会真记 [M]. 高丽杨，点校. 北京：中华书局，2015：11（前言）.

⑤ 曾慥《道枢·三住篇》应即晁迥《法藏碎金录》所说《三住铭》. 关于施肩吾《三住铭》在宋代的传播和影响可参看汪登伟. 唐施肩吾《三住铭》小考 [J]. 中国道教，2011（1）.

⑥ 署名施肩吾的《养生辨疑诀》，有《云笈七签》和《正统道藏·洞神部》所收两种版本，按李永晟先生《云笈七签》校注："《道藏》本《养生辨疑诀》……与本书此下之千余字异. 据本卷末《后序》中冲和子云：'俄经四十三载，忽授《三元之术》，如诀修之.' 疑此下千余字乃《道藏》阙经《三元真一诀》之后半，本书脱其前半及《养生辨疑诀》之后半."（参见张君房. 云笈七签 [M]. 李永晟，点校. 北京：中华书局，2003：1968.）李先生所言精当，可从.

⑦ 《灵宝毕法》与《钟吕传道集》《西山群仙会真记》结构不同，是直接讲自家功法，未对传统方术进行批驳.

又引灵龟做证"。①《钟吕传道集》所批傍门小法有："有斋戒者、有休粮者、有采气者、有漱咽者、有离妻者、有断味者、有禅定者、有不语者、有存想者、有采阴者、有服气者、有持净者、有息心者、有绝累者、有开顶者、有缩龟者、有绝迹者、有看读者、有烧炼者、有定息者、有导引者、有吐纳者、有采补者、有布施者、有供养者、有救济者、有入山者、有识性者、有不动者、有受持者";"形如槁木,心若死灰,集神之小术"。②《西山群仙会真记》则批评世人将"导引"误作"搬运";"学龟之吐纳"误作"服炁";"罢五味"误作"休粮";"黄帝房中之术"误作"以人补人,采炁还精"③;"胎在息住,息住神存"误作"聚炁为胎,闭息为法",又有"开顶缩龟,住山识性,烧炼看读,布施供养"等无益有害之术。④ 相较而言《钟吕传道集》与《西山群仙会真记》所批诸家傍门小术重叠性极高,其为相承关系无疑。而《养生辨疑诀》因篇幅简短,所评方术亦仅涉及数家,但也多被《钟吕传道集》《西山群仙会真记》涵括。

特别要指出的是,《养生辨疑诀》批评主"清静无为"者,为"深居绝俗,形同槁木,志类死灰"⑤;《钟吕传道集》则称"修持之人,始也不悟大道,而欲于速成。形如槁木,心若死灰,神识内守,一志不散。定中以出阴神,乃清灵之鬼,非纯阳之仙。以其一志,阴灵不散,故曰鬼仙。虽曰仙,其实鬼也。古今崇释之徒,用功到此,乃曰得道,诚可笑也"⑥,"形如槁木,心若死灰,集神之小术"⑦;《西山群仙会真记》批评世人误将"内视"当作"形如槁木,心若死灰,谨守顽空,失于昏寂,阴灵出于天门,止于投胎就

① 施肩吾. 养生辨疑诀［M］//正统道藏:第18册. 北京:文物出版社;上海:上海书店;天津:天津古籍出版社,1988:559.

② 钟吕传道集·西山群仙会真记［M］. 高丽杨,点校. 北京:中华书局,2015:49-51. 又有"如绝五味者,岂知有六气? 忘七情者,岂知有十戒? 行漱咽者,哈吐纳之为错。著采补者,笑清静以为愚。好即物以夺天地之气者,不肯休粮。好存想而采日月之精者,不肯导引。孤坐闭息,安知有自然? 屈体劳形,不识于无为。采阴取妇人之气,与缩金龟者不同。养阳食女子之乳,与炼丹者不同。"(参见钟吕传道集·西山群仙会真记［M］. 高丽杨,点校. 北京:中华书局,2015:46.)

③ 此处原作"后人因之以谓人补人",不通,疑作"后人因之,谓以人补人"。

④ 钟吕传道集·西山群仙会真记［M］. 高丽杨,点校. 北京:中华书局,2015:160-162.

⑤ 此句为《云笈七签》本所无。

⑥ 钟吕传道集·西山群仙会真记［M］. 高丽杨,点校. 北京:中华书局,2015:5.

⑦ 钟吕传道集·西山群仙会真记［M］. 高丽杨,点校. 北京:中华书局,2015:50.

舍，误也"①，"昔达磨、六祖禅师，虽是阴神出壳，始以形如槁木，心若死灰，集神既聚，一意不散，神识内守，从心地踊起，一升复一升，直过三十三天，化乐天宫，如道家之在上宫也。当跪礼前进，从三门之中，中门而出。此亦出而不能入也"②。

《养生辨疑诀》与钟吕金丹道三部典籍，所同者皆不认同"槁木死灰"；不同者在于，《养生辨疑诀》似是将"槁木死灰"认作道家"清静无为"者所修，而钟吕一系则认作佛教的修养方法，并言"槁木死灰"仅是修"神"，只能成"鬼仙"。按"槁木死灰"一说原出庄子，本是庄子用于形容"丧我""坐忘"的独特身心状态，《养生辨疑诀》言是道家"清静无为"者所求，与此不乖。但在后世的流衍中，佛教亦用"槁木死灰"形容释迦太子苦行禅定时的身心状态，继而发展为小乘佛教苦行禅定的一般用语，在大乘佛法兴起后受到批评，禅宗因此还创作了"枯木龙吟"的公案。北宋"二程"更以"槁木死灰"为切入点，对佛教修养论、境界论批评尤力，若以此着眼，钟吕金丹道以佛教"槁木死灰"视为"鬼仙"一流，亦属渊源有自。③

高丽杨教授通过《道枢·集仙传》中"授真筌于吕洞宾"的"授"应该是传授之意，而不是"受"字之误，称："施肩吾传授给吕洞宾道法。"施肩吾是吕洞宾的老师，后因"吕洞宾的影响又远高于施肩吾，故而出现辈分上的反转，并成为影响后世的道门定论"④。按现存文献来看，署名施肩吾的《养生辨疑诀》《三住铭》较钟吕三部典籍撰作时间要早，且从《三住铭》的影响来看，施肩吾的著作在北宋初便已流传极广，故笔者认为钟吕金丹道或在撰写体例、思想内容上曾吸收署名施肩吾的《养生辨疑诀》。

（二）钟吕金丹道对"坐忘"的认识

钟吕金丹道对"坐忘"的认识，极为特殊，如前所述，他们既用庄子"坐忘""槁木死灰"的身心状态来形容佛教禅定，认为这只是小乘"鬼仙"

---

① 钟吕传道集·西山群仙会真记［M］. 高丽杨，点校. 北京：中华书局，2015：162.
② 钟吕传道集·西山群仙会真记［M］. 高丽杨，点校. 北京：中华书局，2015：234－235.
③ 具体参见本书第四章第一节《"坐忘"与"禅"》。
④ 钟吕传道集·西山群仙会真记［M］. 高丽杨，点校. 北京：中华书局，2015：10－15.

之道，又将"内观坐忘存想之法"合称①，将此视为命功圆满，阳神脱壳的最后一步，亦即"性命"双修中性功的最重要步骤。

以《钟吕传道集》"论内观"一节为例，此节内容不能完全等同于命功之后的性功，实际上应分两部分，前半部分是对《钟吕传道集》"论五行""论水火""论龙虎"一直到"论朝元"等"存想"相关内容的总结。如张广保先生所言："在钟吕内丹道的几乎每一步功夫中都离不开存想。这些现象使人不得不怀疑钟吕内丹道与早期道教的存想术有着直接的渊源关系，系由存想术为基础发展而来。"② 张广保先生此说可从。而自"朝元之后，不复存想，方号内观"之后，才是专言"内观"，但要具体说"朝元"之后的"内观"究竟如何下手，钟吕又言"若此内观，一无时日，二无法则"，紧接着又举了"达磨面壁九年""世尊冥心六载"的两个佛教例子，用以说明"内观"之难言难行。此处并非钟吕不愿讲，实因此处性功最后步骤，为普遍宗教体验的最后一跃，非言语可以形容，老庄讲道不可言，禅宗参禅、悟禅皆近于此。张广保先生说，"到了宋代以后，内丹功法中的几乎所有的关乎存想的内容都被一一删弃。内丹道至此具有更为纯粹的形式"③。但以笔者浅见，凡是讲精气神搬运的内丹道命功，均与存想有关，并非宋代之后存想内容便被完全删弃，否则如张广保先生所言的内丹道之"纯粹的形式"则完全是近于参禅的性功。

钟吕金丹道明面上虽批评佛教"槁木死灰"的禅定功夫，实际上最后未能讲明的"内观"又近于禅定，如《灵宝毕法》即言："此法合道，有如常说存想之理，又如禅僧入定之时。"张伯端借禅宗思想为其内丹性功部分，与此相类，后世内丹学多借佛教禅宗和儒家理学理论亦因此之故。

笔者的疑问也在此处，钟吕之前的高道对"坐忘"与"内观"已经做了精深的阐发，完全可以补钟吕"性功"之难言处。但钟吕似仅借"坐忘"

---

① 钟吕传道集·西山群仙会真记 [M]. 高丽杨，点校. 北京：中华书局，2015：110.《灵宝毕法》说"内景真虚，识于坐忘之日"，亦是指此。（参见秘传正阳真人灵宝毕法 [M] // 正统道藏：第28 册. 北京：文物出版社；上海：上海书店；天津：天津古籍出版社，1988：349.）

② 张广保. 唐宋内丹道教 [M]. 上海：上海文艺出版社，2001：91.

③ 张广保. 唐宋内丹道教 [M]. 上海：上海文艺出版社，2001：91.

"内观"之名，而未借其实，《内观经》《清静经》《定观经》、云本《坐忘论》等道教心性经典似未对钟吕金丹道有显著影响。要知道全真道祖师王嚞（王重阳）便将《清静经》视为教典，明末葆真子将云本《坐忘论》视为"忘精神而超生之道"①，皆可证这些经典对内丹道不无补益，故而笔者对钟吕、张伯端舍近求远的做法尚不能完全理解。不同于《钟吕传道集》将"内观"表述的"遮遮掩掩"，《道枢·华阳篇》称：

内观者何也？观己不观物，观内不观外者也。吾有观心之法，一念不生，如持盐水湛然常清焉。吾有观天之法，终日静坐，默朝上帝焉。吾有观鼻之法，常如垂丝鼻上，升而复入，降而复升焉。内观之至也，则气入泥丸，神超内院矣。彼沙门入定，久而昏寂，止于阴神出壳而已；道家坐忘，久而顽著，神气岂能成就哉？故内观之法，以净心为本，以绝想为用，下心之火于丹田，不计功程，盖如达磨所谓一念不漏，自然内定而结元神焉。②

此段内容与《钟吕传道集》《西山群仙会真记》《灵宝毕法》等钟吕金丹道有同有异。其同者，如均指佛教入定为阴神出壳，又皆用达磨作为性功圆满的比喻。其不同者，一处是《华阳篇》述"内观"法虽简略，但已较前所述钟吕著作直白；另一处则是贬低了"坐忘"，将其与佛教"入定"并列为小术，似有意与道家划分界限，反而与《养生辨疑诀》批评道家"清静无为"的态度有近似之处。笔者对此问题，也尚未能有妥当的解释。

从现存文献来看，钟吕金丹道对"坐忘"缺少详细阐释，因而不能确知其"坐忘"的具体内涵，但主张性命双修的钟吕金丹道将"坐忘"与"内观"合称，并将二者视为"性功圆满、阳神大成"的关键步骤，是极为明确

① 任继愈. 中国道教史［M］. 增订本. 北京：中国社会科学出版社，2001：277. "按司马所言，事心之功，始终完备，条理精密，虽不如前二段直捷，然循而行之，即入胜定且无一言及于铅汞龙虎，见趣尤为卓越，岂惟羽流所当宗，亦吾人事心所不可阙也。"（参见葆真子. 真诠［M］//藏外道书：第10册. 成都：巴蜀书社，1992.）

② 曾慥. 道枢［M］//正统道藏：第20册. 北京：文物出版社；上海：上海书店；天津：天津古籍出版社，1988：660.

的，这也是钟吕金丹道对"坐忘"的创造性见解。①

　　总结以上，早期道教对"坐忘"的理解，有两种取向，或将其视为与"心斋"相类的斋法，或将其视为传统存思术。随着道教深化义理的需要，经过郭象发挥的"坐忘""兼忘""双遣"思想，被作为一种思维方式所接受，并与佛教中观学结合，形成了重玄学，并逐渐发展为一种学术思潮，重玄学侧重智慧解悟，落实到身心实践上即为心性修养，传统的追求肉体长存的炼养术当然不能满足重玄学的需要，而本身在逻辑基础上与重玄学关系最为密切的"坐忘"，便被发展为一种"舍形入真"的修养理论，其"心性"修养的面向被推至极致。与此同时，也有道教学者在坚持肉身成仙的基础上，融合重玄学智慧解悟的思路，在修养理论上主张"形气""心性"双修，在这种理论指导下，"坐忘"有了更多的阐释空间：一者如云本《坐忘论》直接将"坐忘"完善为一整套修行实践，赋予"坐忘"炼形与修心的双重功效；一者如《天隐子》、石刻本《坐忘论》，在坚持实践道教传统炼形术的前提下，兼以"坐忘"修"心性"，最终达到形神双修的最高境界。其中，后者对"坐忘"的理解，与钟吕金丹道对"坐忘"的理解相近，都将"坐忘"仅

---

　　① 《道藏》所收《三论元旨》，同样主张形神兼修，其言："夫妙药可以养和，坐忘而能照性，养和而形不死，达性而妄不生……夫精思坐忘，通神悟性者，此则修神之法也。导引形躯，吐纳元和者，此则修身之法也。然修神不修气者，灭度之法也。修气而不修神者，延年之法也。神气兼而通修者，学仙之法也。夫修神以炼心为首，纳气以导引为先，导引畅于太和，炼心通于众妙，足使神融虚白。"（参见三论元旨 [M] //正统道藏：第22册. 北京：文物出版社；上海：上海书店；天津：天津古籍出版社，1988：911.）其中论及"安定""灭定""泰定"且多处谈及"坐忘"，它的思想与云本《坐忘论》、石刻本《坐忘论》、钟吕金丹道皆有可比较之处，征引的书目也不限于某家某派，还涉及戒文、斋醮等内容。此文本不见于历代著录，也不见其他道典引用。关于其撰作年代，卢国龙先生说："此论称引《庄子》为《南华经》，盖出于玄宗天宝元年（742）封《庄子》曰《南华真经》之后，其说颇有所宗承于玄宗的《道德经》注疏，或亦中晚唐道士所为。"（参见卢国龙. 中国重玄学 [M]. 北京：中国人民出版社，1993：448.）事实上已有研究者指出，唐代以前庄子已号"南华"（辜天平. 庄子又名"南华"考 [J]. 中国道教，2018（6）. 不过，笔者对论文中论证庄子如何与"南华"之号联系在一起，特别是其用《太上老君说常清静经注》所说的"若有下达之士道成功者，乃同司命真君录其姓名，奏上南宫，得为仙官之号也"一段作为论据的做法，表示怀疑，故仅凭此点，不足以判断《三论元旨》的撰写时间。而朱越利先生则认为"从引经与用语看，似周固朴《大道论》，或为周所著。周盖南宋人"（朱越利. 道藏分类题解 [M]. 北京：华夏出版社，1996：291）。也有学者认为"观其性兆之说，似与程朱理学有关，盖出宋代"（任继愈. 道藏提要 [M]. 北京：中国社会科学院出版社，1995：477）。将《三论元旨》置于唐初期、唐中后期、宋三个不同时间段，对其思想的价值评判将完全不同。因其创作时间不能断定，笔者限于学力，对其"坐忘"思想也无法进一步探讨，只能从略。

视为修性，只是钟吕的命功较前者更为周密。从以上可以看到，道教对于"坐忘"的接受与阐释，与道教义理学、炼养学的发展是一致的，"坐忘"从作为一种方术被接受，最终被更为综合的、复杂的内丹学所吸收，在这个过程中，"坐忘"逐渐脱离庄子"坐忘"原貌，内容更加丰富，层次更加分明，方法也愈加程式化。

第四章

"坐忘"与儒释修养论

佛教初传的东汉时期，僧人便已开始借助老子和庄子思想翻译佛典，并以粗浅的比附形式展开了思想交流，"坐禅"与"坐忘"便是其中一例。随着佛教中国化的推进，越来越多的中国僧人倾向从老庄吸收理论资源阐释佛教义理，"坐忘"的思想内涵也逐渐取代了"禅"的理论内核。在佛道教的影响下，很多儒家学者采用"静坐"的方法修养身心，但为理学做出开拓性贡献的"二程"不满足于此，他们既批判"静坐"，又以儒家的"主敬"说对"静坐"重新定义，而"静坐"与"坐忘"关系亦极为密切。本章内容便以佛教的"禅"与"坐忘"的交流、融合，以及理学"静坐"与"坐忘"的渊源为考察重点。

第一节 "坐忘"与"禅"

佛教自传入起便与老庄纠缠在一起。从黄老与浮屠同祠，到玄学化的六家七宗，再到老庄化的禅宗，学界对佛教中国化的历程，以及在这个过程中道家思想所起的促进作用，已经有了相当多的研究成果，笔者对此不再赘述。本章的写作集中在探讨"坐忘"与"禅"的异同，问题的缘起在于学界对"坐忘"与"坐禅"关系的认识尚存在较大分歧。如有学者通过分析安世高所译《安般守意经》认为"若将 Dhyāna 译作庄子的坐忘，无疑是非常贴切的"，"不管它（《安般守意经》——笔者注）是否掺杂了作者主观的意思，显然与庄子的坐忘相一致"①；也有学者认为"把'坐忘'解释成'端坐而忘'时，应该是受了早期佛教徒静坐、坐禅说的启发"②。两位学者虽然均认为佛教的"坐禅"和"坐忘"相关，但观点却相左，前者认为安世高在翻译早期禅法时受到了庄子"坐忘"思想的影响，后者则认为庄子的"坐忘"只是一种境界，并不具备修养方法义，其"端坐而忘"的方法义是后世学者受佛教"坐禅"说的影响而阐发出来的。为了厘清此问题，我们首先需要了解"坐禅"是何义。

一、"禅"义溯源

"坐禅"，"坐而修禅也"③，"坐"是修行者实践"禅"时的身姿动作，并无深意，其关键在于"禅"究竟应该怎么理解。各版本的佛学辞典，对"禅"的解释相差不大，今以丁福保《佛学大辞典》为例，"禅"，"禅那 dhyāna 之略。译曰弃恶，功德丛林、思维修等。新译曰静虑"④。"禅"为梵文 dhyāna 的音译，这一点历来没有争议，但"禅"是否为"禅那"之略则受到学者的质疑，在早期翻译的佛典中，"禅"字已大量使用，而"禅那"则晚至西晋汉译佛典才出现。⑤"弃恶""功德丛林"是"以其结果之功能而名之者"⑥，即人通过实践"dhyāna"达到一定境界之后能"弃恶"和获得"功德"。"思维修"为意译的旧译，"静虑"为唐玄奘意译的新译。按玄奘法师

---

① 麻天祥. 中国禅宗思想发展史 [M]. 武汉：武汉大学出版社，2007：10.
② 吴根友，黄燕强.《庄子》"坐忘"非"端坐而忘"[J]. 哲学研究，2017 (6).
③ 丁福保. 佛学大辞典 [M]. 上海：上海书店出版社，2015：1145.
④ 丁福保. 佛学大辞典 [M]. 上海：上海书店出版社，2015：2771.
⑤ 惟善认为："最早安世高等译经时所用的文本很可能是吐火罗语，与吐火罗语 dhyām 读音相近的汉字'禅'（dān）被用来作为音译字，不过它的字形与'禅'（shàn）极易混淆，在佛经的传抄过程中被误认为'禅'（shàn）。而在当时魏晋南北朝民族大融合以及佛经翻译浪潮迭起的背景下，'禅'（shàn）又被赋予了 chán（shán）的读音，而且这个误读的字被保留下来，成为一种固定的翻译形式。随着佛教的不断传入及西行求法，佛典梵文原文增多，而不再是假借中亚民族语言传播。吐火罗文与梵文关系密切，火罗文 B dhyām 与梵文 dhyāna 音与字形接近，所不同者梵文多了个词尾 na，因此约在西晋以后，佛经翻译在前代译家的基础上加上了词尾 na 的翻译词，构成了'禅那'一词。"（参见惟善. 梵文"dhyāna"之汉译与"禅"字读音演变考 [C] //宗教研究·2010. 北京：宗教文化出版社，2012：118 –119.）
⑥ 丁福保. 佛学大辞典 [M]. 上海：上海书店出版社，2015：2771.

所说，"静虑"即"等引""遍观"①，"等引"是"定"②，"遍观"是"慧"；亦即"寂静能审虑"，其义指"心在定能如实了知"，其中"审虑""实了知"便是"以慧为体"③。

从以上来看，dhyāna，音译为"禅"，意译为"静虑"，包含两方面的内容，一者是收心摄念使心寂静，也就是佛教所讲的"定""止"；一者是在此心寂静定止的情况下，能够如实了知，也就是佛教所讲的"观""慧"。dhyāna，也就是"禅"在本义上就含摄定慧、止观。慧远所作《庐山出修行方便禅经统序》言"禅非智无以穷其寂，智非禅无以深其照，然则禅智之要，照寂之谓。其相济也，照不离寂，寂不离照，感则俱游，应必同趣"，僧肇"虚不失照，照不失虚""若穷灵极数妙尽冥符。则寂照之名。故是定慧之体耳""玄心默照"，禅宗主张的"定慧等学"，宗密所说的"定慧通称为禅那"等说法，都合于"禅"之本义。④ 将印度"禅"之本义，与中国僧人对"禅"的理解直接连接起来，似乎忽略了"禅"在历史上传播的复杂性，但笔者以为抛开对"禅"之名的执着而直接探其本源，可以看到其内核有着跨越宗派，跨越文化的共性。"禅"的观念本身并非佛教所创，而是印度各宗派所共持，其原始形态可追溯至印度婆罗门的奥义书。

巫白慧先生指出，"梵语动词根'dhyai'，意为'思维、思念、思考'；由它派生构成的抽象名词有两个形式：一个是'dhyā'，见于《梨俱吠陀》，是古老的形式；一个是'dhyāna'，见于后吠陀的奥义书，并由此逐渐形成为

---

① "静谓等引，虑谓遍观。故名静虑。"（参见阿毗达磨大毗婆沙论［M］. 玄奘，译//大正新修大藏经：第27册. 影印本. 台北：新文丰出版公司，1984：412.）

② "等引"，即梵文samādhi，音译"三摩地"，意译即"定"。

③ "依何义故立静虑名，由此寂静能审虑故。审虑即是实了知义，如说心在定能如实了知。审虑义中置地界故。此宗审虑以慧为体"（阿毗达磨俱舍论［M］. 玄奘，译//大正新修大藏经：第29册. 影印本. 台北：新文丰出版公司，1984：145）；"言'静虑'者，于一所缘，系念寂静，正审虑，故名静虑"（阿毗达磨瑜伽师地论［M］. 玄奘，译//大正新修大藏经：第30册. 影印本. 台北：新文丰出版公司，1984：467）。

④ "禅的本义有两层：一是使心绪意念宁静下来，此与止或定相近；二是如实虑知所对知境，此与观或慧相近"，"中国禅宗以禅命宗，倡'定慧'等学之法门，而最终以慧摄定，突出人心的'知解'之性，从佛教本身而言，并非完全没有理论根据。宗密在《禅源诸诠集都序》中将'禅'解作'定慧'，也是符合'禅'义的。"（参见洪修平. 禅宗思想的形成与发展［M］. 南京：江苏古籍出版社，1992：9 - 10.）

一个被各个哲学流派接受的共同术语"①。《歌者奥义》记载了一段明"自我"以"度脱忧苦"②的过程，这个过程包括26个阶段，其中一个是"dhyāna"。巫白慧先生直接将这个明"自我""度脱忧苦而达彼岸"的过程称为"修定过程"，其言："禅"（"静虑"）就是此"修定过程中出现的一个重要心理活动"。

不过，这个明"自我"的过程，并不能完全当作修"定"的过程，也就是说不能将此过程的26个阶段完全视为心理活动，比如其中有"食物""水"等，应是指修行者所需要去观察、思考的客观实在。③按《歌者奥义》所说，这26个阶段皆通向"梵"，只是每一个后者皆"大于"前者④。所谓后者的"梵"比前者的"大""多"，与"人"的认识能力有关，即"人"通过后者比通过前者能更直接、更易于认识"梵"。庄子说"道"在"蝼蚁""稊稗""瓦甓"，用以突出"道""无所不在"，以此类推，花草树木、大地山河、语言文字等皆与"道"有关，但"人"最终是选择通过语言文字还是通过感悟自然乃至通过沉思冥想去认识"道"、把握"道"，则有所区别。究竟是以何种途径能够更直接、方便地去认识、把握无所不在的"道""梵"，并没有一个绝对的答案，不管是《歌者奥义书》的创作者，还是庄子都只是提出了自己的观点。除此之外，《奥义书》和庄子均认可万物背后有一个"根本"，而且"人"有能力去认识"根本"。

回到《歌者奥义》具体语境中的"禅"（"静虑"），其言：

禅（dhyāna）的确大于心，大地沉思（dhyāyati）亦相似，天空沉思亦相似，天国沉思亦相似，山、水、神、人亦复如是。因此，他们于世人中获得伟大，似已得一份禅的报答。这样，小人喜欢争吵、污言秽语、造谣诽谤；而伟大者，似已得一份禅的报答。汝当获得禅。

---

① 巫白慧. 印度早期禅法初探——奥义书的禅理 [J]. 世界宗教研究，1996（4）.

② 五十奥义书 [M]. 徐梵澄，译. 北京：中国社会科学出版社，1984：213.

③ 巫白慧先生认为："第1、2位（名、言）和第9至第12位（食物、水、热、空）表明物质首先存在，意味着定中的心理活动是基于对物质存在的反映而引发的。"参见巫白慧. 印度早期禅法初探——奥义书的禅理 [J]. 世界宗教研究，1996（4）.

④ 徐梵澄先生说："'大'即'多'义。"参见五十奥义书 [M]. 徐梵澄，译. 北京：中国社会科学出版社，1984：213.

获得禅者即梵，乃至禅所到之处，随心所欲，获得禅者即梵。①

姚卫群先生认为《歌者奥义书》这里是"用'静虑'来形容比喻天地山水等静止不动状态"②。惟善认为"徐梵澄先生将这个动词 dhyānati 和名词 dhyāna 都译为静虑而不做分别，因此就出现'地如静虑'等不符合语法规则的译文。玄奘法师最早将 dhyāti 译为'静虑'，将动词第三人称复数 dhyānati 译为'审虑'，在部派佛教中都有其特殊的用法和意义"。若如惟善所说，此段 dhyāna 和 dhyānati 一为名词，一为动词，则名词侧重描述"禅""静虑"这一状态，动词"禅""静虑"侧重说明进入这种状态的方法③。将背后的思维逻辑、哲学理念简化的话，其义近于我们俗语所说的"静下心来思考"，亦即惟善所译"沉思"。"沉思"用作名词义，则是形容作为一种状态的"沉思"，用作动词义，则指进入前所述状态的方法。这与前文所说"坐忘"（包括中国传统文化中所说的"中庸""虚""静""虚静"）究竟是一种"方法"还是"境界"是相同的问题。

《歌者奥义》所记载的第 26 个阶段是了知一切皆"出乎自我"④，领悟"梵我"合一，这是对"梵"对"我"最究竟的认识。换言之，26 个阶段，分别说了 26 种认识"梵"的途径，而"梵"即"自我"，那么这 26 个阶段

①　此段为惟善译，转引自惟善. 论古印度主流禅修与佛教禅修的相互影响 [J]. 世界宗教研究，2011（3）. 惟善认为"徐梵澄先生将这个动词 dhyānati 和名词 dhyāna 都译为静虑，而不做分别，因此就出现'地如静虑'等不符合语法规则的译文。玄奘法师最早将 dhyāti 译为'静虑'，将动词第三人称复数 dhyānati 译为'审虑'，在部派佛教中都有其特殊的用法和意义"。徐梵澄先生译文："'静虑'，诚大于'心'者。地如静虑，空如静虑，天如静虑，水如静虑，山如静虑，诸天凡夫如静虑。故斯世凡人之得臻伟大也，似得'静虑'一分之赐焉。小人之流，辄诤詈诽谤，流言诬说；而大人者，似得'静虑'一分之赐焉。汝其敬此'静虑'"；"有敬'静虑'为大梵者，凡静虑所及至处，皆任彼所欲为；故敬'静虑'为大梵也。"（参见五十奥义书 [M]. 徐梵澄，译. 北京：中国社会科学出版社，1984：218.）

②　姚卫群. 佛教的"涅槃"观念 [J]. 北京大学学报，2002（3）.

③　姚卫群先生认为："古代印度人通常将禅描述为是一种摆脱外界干扰，抑制各种杂念，保持内心平静的精神境界，将进入这种境界的努力看作是重要的宗教修持"；奥义书"把禅定或瑜伽看作一种心的安宁状态或进入这种安宁状态的一些手法". 姚卫群. 佛教的"涅槃"观念 [J]. 北京大学学报，2002（3）. 惟善认为"虽然梵文'dhyāna'这个词来自古老的《奥义书》，但这个词的运用与含义即使是在《奥义书》中也并不固定。有时它不同于一个通常表示修炼术语的'禅'。有时与禅修是同义词，有时又是禅修的一部分"（惟善. 论古印度主流禅修与佛教禅修的相互影响 [J]. 世界宗教研究，2011（3））。

④　五十奥义书 [M]. 徐梵澄，译. 北京：中国社会科学出版社，1984：230.

不只是在认识"梵"，也是在讲认识"自我"的 26 种途径。具体到"禅"，则指"人"通过"静虑"认识"梵"、认识"自我"，最终领悟"梵我"合一之境。与此相类，老子有"致虚极，守静笃，万物并作，吾以观复"的说法。"道"生万物，"万物并作"是"道"的展开；"吾以观复"，是通过"虚""静"的修养方法将"道"展开的过程（"万物并作"）收摄（"复命"）于"吾"，体征"吾"与"道"的合一，这种与"道"合一的状态，又可以直接以"虚""静"来形容。

徐梵澄先生言："直以自韦陀时代以后，传统之信仰如是，视宇宙之大，蠕蚁之微，等无差别，混然与万事万物融为一体。一体者，'自我'也。万物，一'自我'也。大之则弥六合，卷之则退藏于密，其在人中昭然不昧者，性灵也。性灵，一'自我'也。故其简言曰：'尔为彼！'而'自我'谓之'大梵'，名言之异耳。及其契会之际，竟无所可施文字语言，故又曰：'非此也！非彼也！'是犹圣人体无，无又不可以为训，终究不能离文字语言，转而诸说皆起，于是此《韦陀》终教之圆义立焉。后世大雄也，佛陀也，百家异说，教主如林，又孰能逾此者哉！"① 正如徐梵澄先生所说，早期中外思想家的表述方式、逻辑论证虽然不同，但对最高存在的感受（《五十奥义书》中的"梵我"合一，与中国哲学的"天人"合一）则有其共通之处，这或直接生发于人类作为同一物种的共性。老子的"虚""静"与《五十奥义书》的"禅（dhyānati）"的共通性亦在于此。

在奥义书中，与"禅"有关的概念还有"瑜伽"② 和"三昧"③，有时"瑜伽"与"禅"并列，有时"禅"为"瑜伽"的一个阶段，而"三昧"常常是作为比"禅"更高的一个阶段。如在《慈氏奥义书》中，"瑜伽"术有

---

① 五十奥义书 [M]. 徐梵澄，译. 北京：中国社会科学出版社，1984：70－71.

② "瑜伽，梵文原文作'Yoga'，该词在印度现存最古老的典籍《梨俱吠陀》中已经出现，当时的意思是给牛马等牲畜'套上装具'，并由这个本义，引申为'联系''结合'等意义，但当时它还是一个普通的词汇，没有后代赋予的种种神秘含义。等到'瑜伽'作为某种宗教修持术的名称时，这里的'联系'或'结合'已经超出普通的含义，特指通过一系列对身心活动的制约，特别是对心理活动的制约与引导，使自己达到与世界本原的神秘联系或结合，亦即所谓的'梵我一如'。这种意义的'瑜伽'用例，最早出现在古印度的中期奥义书中。"（参见方广锠. 印度禅 [M]. 杭州：浙江人民出版社，1998：5.）

③ 梵文 samādhi 的音译，意译为"等持""定"。

"调息、制感、静虑、执持、观慧、三昧"六个阶段①；婆罗门瑜伽派《瑜伽经》则提出了"八支行法"，"即禁制、劝制、坐法、调息、制感、执持、静虑等持"，"禁制""劝制"是"修习瑜伽的一些基本要求"，"坐法、调息、制感是进入禅定状态要做的预备工作"，"后三支实际就是禅定本身的状态。根据修行者进入禅定的具体情况分了三种程度"②。巫白慧先生认为"三者（瑜伽、禅那、三摩提）事实上都是'定'的意义，是三个内涵相同、名称相异的术语。然而瑜伽是禅那和三摩提的发展，具有比较丰富的理论和实践两方面的意义"③。巫白慧先生的观点是专指奥义书，在中国佛教中相较于"瑜伽"和"三昧"，"禅"显然更受"青睐"。从以上也可以看到，在身心实践时采取"坐"姿，属于普遍现象，这是人类作为同一物种共同生理属性所决定的，因此将"坐忘"有"端坐而忘"的修养方法义视为受佛教坐禅影响的观点，是不能成立的。当然，佛教传入的跏趺坐可能影响了后世修行实践的具体坐姿。同时，将"入定"的程度分为"执持""静虑""等持"等，似乎也与印度哲学喜好分析名相应，佛教的"四禅八定"说是其典型代表④，安世高所译《安般守意经》用原本只是禅定修习准备阶段的"数息观"融摄全部的佛教教义，似也体现了安世高有意将佛教禅定与中国传统吐纳结合的倾向。⑤

总结以上，笔者认为渊源于印度奥义书的"禅"（"静虑"）与中国道家传统的"虚静"说有相通之处，其本义是寻求"梵我"合一，在奥义书中已经既作为形容"静虑"的状态，也作为达到"静虑"状态的方法使用。而"坐"姿则更是人类身心实践所采用的最基本姿态。最初的跨文化、跨族群的

---

① 转引自姚卫群. 佛教的"涅槃"观念 [J]. 北京大学学报, 2002 (3)。徐梵澄先生译为《弥勒奥义书》，其言："制气，敛识，静虑，凝神，观照，入定。是为瑜伽六支"，参见五十奥义书 [M]. 徐梵澄，译. 北京：中国社会科学出版社, 1984：458.

② 姚卫群. 佛教的"涅槃"观念 [J]. 北京大学学报, 2002 (3).。

③ 巫白慧. 印度早期禅法初探——奥义书的禅理 [J]. 世界宗教研究, 1996 (4).

④ 一般认为佛教的四禅说取自印度传统禅修，但也有学者主张佛教禅修和印度传统禅修之间是互动影响的。具体参见惟善. 论古印度主流禅修与佛教禅修的相互影响 [J]. 世界宗教研究, 2011 (3).

⑤ 佛教初传中国时，所传禅定修行常与"神通"联系在一起。（参见洪修平. 禅宗思想的形成与发展 [M]. 南京：江苏古籍出版社, 1992：14 – 23.）

身心实践法之所以有这么多的相通之处，最根本的原因或在于人类作为同一物种的天赋能力并无差别。但需要注意的是，印度传统文化中有一种观念是中国传统文化所不具备的，即"苦行"。

二、"枯木死灰"与"灰身灭智"

"苦行"在《梨俱吠陀》当中已经被视为创造世界的原动力，"当时人们认为通过苦行可以获得超自然的力量或奇异的智慧，甚至说'苦行实际上就是梵'"，吠陀后期与梵书时期记载的"瑜伽"修持"基本以苦行的形式出现，与创世神话结合在一起"①。身心二元论是"苦行"的哲学基础，在现实生活中呈现为"离世"倾向。② 而印度传统的"苦行""瑜伽"无疑也影响了佛教，刘震通过研读巴利文、梵文佛教典籍指出，"对于早期文献来说，佛陀的极端苦行可视为通向解脱的一个进阶；而对于晚期文献来说，这只是一段歧途"，随着印度佛教由丛林僧团走向寺院僧团，"禅定和苦行在僧团的日常修行中逐渐变得可有可无，甚至到了有害无益的程度"③。不过，因为佛教各派别及文献在中国传播、译介的时间并不完全按照其派别、文献产生的先后顺序，故而印度佛教史上"苦行"观念的演变，不一定全然适用于中国佛教，僧众、信徒对"苦行"的态度，由其根器、机缘的不同而显得更加复杂，如禅宗虽然激烈地批评"禅定""苦行"，但唐代以后佛教文献记载的实践"禅定""苦行"的禅僧仍大有人在。"苦行"观念与重世俗、重伦理的中国传统思想存在激烈的矛盾冲突，实践"苦行禅定"者与庄子思想也应泾渭分明，但因为偶然的原因，却使佛教"苦行"与庄子"坐忘"联系在一起，并最终在唐代禅师的创造性诠释中打通了二者的界限。下文笔者即以此为线索展开讨论。

（一）释迦牟尼与"枯木死灰"

据佛教典籍记载，释迦牟尼觉悟前曾实践苦行禅修。如东汉末（197）竺

---

① 参见方广锠. 印度禅 [M]. 杭州：浙江人民出版社，1998：44.
② 参见赵菲. 略论"苦行" [J]. 法音，2007（9）.
③ 刘震. "菩萨苦行"文献与苦行观念在印度佛教史中的演变 [J]. 历史研究，2012（2）.

大力等译《修行本起经》，其中有关于释迦牟尼太子入道的记载：

> 自誓日食一麻一米，以续精气，端坐六年，形体羸瘦，皮骨相连，玄精静寞，寂默一心，内思安般，一数二随三止四观五还六净。①

这里的"形体羸瘦""皮骨相连"及后文"身羸形瘦"，偈言"形瘦骨皮连"，都是用于描述释迦牟尼太子六年苦行的身体状态；"玄精静寞，寂默一心"则似指此时释迦牟尼的心理状态，而且很明显这些用语带有道家色彩；"内思安般，一数二随三止四观五还六净"，近于同时代安世高所译《安般守意经》，是一种通过专注呼吸而进行的禅定修行。前已言这种"数息"禅定原只是佛教禅定修行的准备工作，安世高将其独立出来很可能是受中国传统吐纳术的影响。后文又言："天帝释意念言，菩萨坐树下，六年已满，形体羸瘦，今当使世间人奉转轮王食，补六年之饥虚。"② 可见这部经文并没有否定释迦牟尼六年苦行，而是将这六年的苦行禅定视为修行所必要的过程，释迦牟尼继而降魔障、习神通，最终"廓然大悟，得无上正真道，为最正觉，得佛十八法"③。

支谦异译本《佛说太子瑞应本起经》与竺大力译本此段文辞基本相近④。西晋聂道真异译本《异出菩萨本起经》较为简短，不知所据何本，译文简略地记录了释迦牟尼苦行的事迹，但将苦行禅定到成佛的时间缩短为三日⑤，其中视苦行禅定为成道途径的观点表达得也较为清楚。与此三种本起经言释迦太子由苦行得道不同的是北凉昙无谶（385—433）的《佛所行赞》，其曰：

> 寂默而禅思，遂经历六年，日食一麻米，形体极消羸，欲求度未度，重惑

---

① 修行本起经［M］.竺大力，康孟详，译//大正新修大藏经：第3册.影印本.台北：新文丰出版公司，1984：469.

② 修行本起经［M］.竺大力，康孟详，译//大正新修大藏经：第3册.影印本.台北：新文丰出版公司，1984：469.

③ 修行本起经［M］.竺大力，康孟详，译//大正新修大藏经：第3册.影印本.台北：新文丰出版公司，1984：471-472.

④ "一心誓言，使吾于此肌骨枯腐，不得佛终不起……日食一麻一米，以续精气，端坐六年，形体羸瘦，皮骨相连，玄清靖漠，寂默一心，内思安般，一数二随三止四观五还六净。"参见太子瑞应本起经［M］.支谦，译//大正新修大藏经：第3册.影印本.台北：新文丰出版公司，1984：476.

⑤ "今日饥骨筋髓，皆枯腐，于此不得佛不起。太子便得一禅，复得二禅，复得三禅，复得四禅，便于一夜中，得阿术阇，自知所从何生无数世时宿命。二夜时，得第二术阇，得天眼彻视洞见无极，知人生死所行趣善恶之道。向明时，便得佛，佛自念，我以得佛矣。"（参见异出菩萨本起经［M］.聂道真，译//大正新修大藏经：第3册.影印本.台北：新文丰出版公司，1984：620.）

逾更沈，道由慧解成，不食非其因，四体虽微劣，慧心转增明，神虚体轻微，名德普流闻，犹如月初生，鸠牟头华敷，溢国胜名流，士女竞来观，苦形如枯木，垂满于六年，怖畏生死苦，专求正觉因，自惟非由此，离欲寂观生，未若我先时，于阎浮树下，所得未曾有，当知彼是道，道非羸身得，要须身力求。①

以上"道由慧解成，不食非其因""当知彼是道，道非羸身得，要须身力求"等语，都明言释迦牟尼否定了苦行可以得道，释迦牟尼本人是经降魔障，得智慧，成正觉。与此相类的还有南朝宋求那跋陀罗（435—468）译《过去现在因果经》曰：

尔时太子，心自念言："我今日食一麻一米，乃至七日食一麻米，身形消瘦，有若枯木，修于苦行，垂满六年，不得解脱，故知非道。不如昔在阎浮树下所思惟法，离欲寂静是最真正。今我若复以此羸身而取道者，彼诸外道当言自饿是般涅槃因。我今虽复节节有那罗延力，亦不以此而取道果，我当受食然后成道。"②

求那跋陀罗所译与昙无谶所译基本相合，均否定苦行得道。依求那跋陀罗所译，释迦言自己此时虽有"那罗延力"，即如金刚力士之力，但为了避免外道言自饿苦行是"般涅槃因"，故有意"受食然后成道"。

比较竺大力、支谦、聂道真所译的《本起经》与昙无谶、求那跋陀罗所译内容，可知双方对释迦牟尼苦行禅定的认识有所不同。前三人所译《本起经》认为苦行禅定是释迦牟尼得成正觉的必要历程，故通过苦行禅定可以得成正果。而后两人所译，虽然也言释迦牟尼苦行，但更强调苦行六年是被释迦牟尼所否定的一段修行经历，即佛陀不赞成以苦行得道，而是身体力行于"智慧"得道。这与刘震教授通过早期巴利文、梵文的佛典观察到的情况是一致的。

回到"枯木死灰"一语，释迦牟尼修苦行禅定致使身体羸弱，相应的译文则从"形体羸瘦，皮骨相连"到"身形消瘦，有若枯木"，可以看到译文经过了修饰，日趋典雅的过程。道安所谓译经"五失本"中的"胡经尚质，

① 佛所行赞 [M]. 昙无谶，译//大正新修大藏经：第 4 册. 影印本. 台北：新文丰出版公司，1984：24.

② 过去现在因果经 [M]. 求那跋陀罗，译//大正新修大藏经：第 3 册. 影印本. 台北：新文丰出版公司，1984：639.

秦人好文",无疑是此处的最佳说明。①

与此相类的还有安世高所译《佛说太子慕魄经》,经言佛陀有一世为太子慕魄,生来不语,外道进谗言称慕魄为不祥之人,意欲将其"生埋"。慕魄不得已而开口,自言前世因小错而入地狱受无边之苦,故此世"冀以静默,免瑕脱秽,出度尘劳,永辞于俗,不与厄会"。其中慕魄生来不语一段,安世高译为:

然以追识宿命亿载存亡祸福,故质不语至十三岁,捐弃形骸,志存虚无,漂漂不说饥寒,恬淡质朴,意如枯木,虽有耳目不存视听,智虑虽远如无心志,不畏污辱亦无憎爱,若盲若聋不说西东,状如蒙瞍不与人同。②

康僧会所译《六度集经》"戒度无极章"收有异译本《太子墓魄经》,其中墓魄不语一段,康僧会译为:

王唯有一子,国无不爱,而年十三,闭口不言,有若喑人。③

又有西晋竺法护所译异译本《太子墓魄经》称:

然太子结舌不语十有三岁,恬惔质朴,志若死灰,意如枯木,目不视色,耳不听音,状类喑哑聋盲之人。④

单从形容太子不言一段来看,三种译本康僧会所译较为简单,没有过多的细节描述,仅是陈述太子不语似哑人这一情况。安世高所译最为详细,但显然加了很多修饰,而且在开题便将太子因"追识宿命亿载存亡祸福"故不言透露出来,这显然不是一个合格的故事,很可能是安世高自己所添加的翻译内容。而竺法护所译或本于安世高文,而又对其进行了删改,如上所说安世高所提前透露的不言原因,便被竺法护所删减,再有安世高所译"捐弃形骸,志存虚无,漂漂不说饥寒,恬淡质朴,意如枯木",竺法护译为"恬惔质朴,志若死灰,意如枯木",行文更显流畅,"枯木""死灰"的说法很可能是竺法护有意化用庄子"枯木死灰"之说。与求那跋陀罗用"枯木"形容释

① 释僧祐. 出三藏记集 [M]. 苏晋仁,注解. 北京:中华书局,1995:289.

② 佛说太子慕魄经 [M]. 安世高,译//大正新修大藏经:第3册. 影印本. 台北:新文丰出版公司,1984:408.

③ 六度集经 [M]. 康僧会,译//大正新修大藏经:第3册. 影印本. 台北:新文丰出版公司,1984:20.

④ 佛说太子墓魄经 [M]. 竺法护,译//大正新修大藏经:第3册. 影印本. 台北:新文丰出版公司,1984:410.

迦牟尼苦行，是对苦行的否定态度不同，此处"枯木""死灰"是形容太子墓魄持戒严谨，明显是赞扬态度。

"枯木死灰"之说最早见于《庄子》。庄子频繁地使用这一概念，并赋予其积极、正面的哲学意味，其最具代表性的出场是在《庄子·齐物论》的"吾丧我"寓言。在寓言中，颜成子游用"形固可使如槁木，而心固可使如死灰乎"形容老师南郭子綦呈现的境界状态。又有《庄子·大宗师》篇"坐忘"寓言，所谓"隳肢体，黜聪明，离形去知"等语，与"槁木死灰"同义，只是表述方式有别，皆是用于描述人与大道相通的身心状态，后世解庄者也常将"槁木死灰"与"坐忘"互释。在庄子的语境中，丧、忘、遗、遣、外等都是指"心"的一种状态，是将干扰人之"自然"的存在搁置在一边，悬置起来、隔离开，不做评判，不做理会，非实在意义上的消除。庄子用了大量的"忘""丧""遗""外"等词汇交替使用，除语气情感上的区别外，它们的意义完全相同。"槁木死灰""隳肢体，黜聪明，离形去知"等语，乍一看似乎是要人像枯木、顽石一般。但历代的解庄者从来没有将庄子所描述的真人、得道者视为泥塑木偶的形象，盖因在庄子汪洋恣肆的笔下，得道者是餐风饮露但肌若凝脂的神人，是泛舟江河湖海而游的散人，是在大樗树下逍遥彷徨的闲人，是与挚友观鱼濠梁的乐人，读庄者皆知"槁木死灰"等语不过是庄"正言若反"的写作手法，是庄子对得道者身心状态的一种寓言式、文学式的描述。

不管是释迦牟尼苦行禅定成道的故事，还是太子墓魄持戒不言的故事，其原与"枯木死灰"无关，使它们与"枯木死灰"发生关系的是佛经翻译者。由于这些翻译者所据佛典原本不同，对中印文化的理解深浅也有别，他们在翻译佛典时，所选取的语词也有不同。当老庄带有特定思想内容的用语被译借至佛教经典时，不管其主观意图如何，客观上已经促成了中印两种不同思想文化的相互沟通、相互砥砺。这里所说的因译经偶合而被借用到佛教的"槁木死灰"，便是典型代表。但我们也并不能否认，在身心修养实践时（特别是"静功"相关的修养实践，如佛教的禅定，中国的吐纳行气），实践者呈现于外的"静"的状态具有一致性。佛教造像也有以释迦太子苦行禅定为题材者，其中犍陀罗地区苦行像较为典型。与犍陀罗地区稍显恐怖的苦行像相比，中国的释迦太子苦行像仅将躯干肋骨稍做凸显，面容上仍较丰满，以此显慈悲之貌，这反映了中国文化对于"圣人"的一种理解。①

（二）灰身灭智

与形容"苦行禅定"状态的"枯木死灰"相近的还有"灰身灭智"，这个说法最早或用于分判大小乘，如北魏菩提流支所译《金刚仙论》便以大乘立场，指责"小乘之人，以自身所证灰身涅槃，毕竟灭故，即以已所得……小乘人断三界烦恼尽分段生死，灰身灭智，入无余涅槃"②。菩提流支将"灰身灭智"视为小乘"无余涅槃"的特点，对此我们有必要追溯一下早期佛教对"涅槃"的理解。

"涅槃"一语最早也是印度各家宗教用于形容修行实践境界的共用语，"原意是'吹灭''清凉''平静'"③。早期佛教对"涅槃"的理解，在四部《阿含经》中有所记载，其中《杂阿含经》有两个最直接最突出的定义，一者言："涅槃者，贪欲永尽，瞋恚永尽，愚痴永尽，一切诸烦恼永尽，是名涅槃"④，"贪欲""瞋恚""愚痴"皆属"烦恼"，是诸有情在世间痛苦轮回的根源，而"烦恼"在佛教又常被喻为"火"⑤，因此佛教常借灯、火为例解释涅槃，如《俱舍论》"如灯涅槃，唯灯焰谢，无别有物，如是世尊，心得解脱，唯诸蕴灭，更无所有"⑥。这些痛苦的烦恼之"火"被吹灭之后，也就意味着摆脱痛苦，达到了一种不为这些烦恼烧身的无所有状态，即为"涅槃"。《杂阿含经》这种修行者灭尽烦恼火即入涅槃的理解，与"涅槃"之本义"吹灭""吹散"是一致的。

---

① 图像可参阅李雯雯. 释迦牟尼成佛前的苦行像［J］. 收藏家，2016（8）.

② 金刚仙论［M］. 菩提流支，译//大正新修大藏经：第25册. 影印本. 台北：新文丰出版公司，1984：864.

③ 郭良鋆. 佛教涅槃论［J］. 南亚研究，1994（4）.

④ 杂阿含经［M］. 求那跋陀罗，译//大正新修大藏经：第2册. 影印本. 台北：新文丰出版公司，1984：126.

⑤ 如"灭正法炬，然烦恼火，坏正法鼓，毁正法轮"。杂阿含经［M］. 求那跋陀罗，译//大正新修大藏经：第2册. 影印本. 台北：新文丰出版公司，1984：178.

⑥ 阿毗达摩俱舍论［M］. 玄奘，译//大正新修大藏经：第29册. 影印本. 台北：新文丰出版公司，1984：35.

一者言："若色因缘生忧悲恼苦断，彼断已无所著，不著故安隐乐住，安隐乐住已，名为涅槃，受想行识亦复如是。"① 五蕴之"苦"皆断灭，与前所言"涅槃"义同。此处重点在于讲述了"涅槃"的感受——"安隐乐住"。"安隐乐住"即"安稳乐住""安乐住"②，或以为即"第三禅"，实际上此处不必将"涅槃"视为等同于四禅定中的某一境界，而是强调"涅槃"有"安乐"。这一层的意思也可以从诸蕴之"火"灭后的身心感受引申出来，与前言"涅槃"原有"清凉""平静"等义逻辑一致。大乘佛教认为"涅槃"有"常乐我净"四德，"涅槃"有"乐"这一点上，大小乘有继承关系。③

前文说到，"涅槃"是当时印度各宗教的共有观念，而佛陀正是在批判当时印度其他宗教所持之个体实有的灵魂"我"和创世本源"梵"的基础之上，建立了自己的"涅槃"观，其主要针对的对象有"断灭说"和"现世涅槃论"④。而早期佛教自己也有两种"涅槃"说，即对后世影响很大、争议也非常大的"有余涅槃"和"无余涅槃"。从《阿含经》和《经集》⑤ 等汉译佛典来看，早期佛教将"有余涅槃"视为比丘所证的"阿那含果"，尚需继续修行；而"无余涅槃"为当时佛教所认为的最高佛果"阿罗汉果"；又常以阿罗汉生时为"有余涅槃"，死后为"无余涅槃"。不管是"有余涅槃"还是"无余涅槃"的说法，早期佛教对"涅槃"理解的一个特征就是要与世间保持距离，故而有学者认为"小乘佛教一般把涅槃看作是一种与世俗之人的生活环境（世间）有本质区别的境界"⑥。

随着佛教组织和义理的不断发展，早期佛教的最高果位阿罗汉果以及

① 杂阿含经［M］. 求那跋陀罗，译//大正新修大藏经：第 2 册. 影印本. 台北：新文丰出版公司，1984：8.

② 如"缘彼色生诸漏害，炽然忧恼皆悉断灭，断灭已，无所著，无所著已，安乐住，安乐住已，得般涅槃，受、想、行、识亦复如是。"参见杂阿含经［M］. 求那跋陀罗，译//大正新修大藏经：第 2 册. 影印本. 台北：新文丰出版公司，1984：8.

③ 玄奘译《法蕴足论》言"苦灭圣谛"亦名"安隐""清凉""吉祥""安乐""涅槃"。参见阿毗达磨法蕴足论［M］. 玄奘，译//大正新修大藏经：第 26 册. 影印本. 台北：新文丰出版公司，1984：481.

④ 郭良鋆. 佛教涅槃论［J］. 南亚研究，1994（4）.

⑤ 经集［M］. 郭良鋆，译. 北京：中国社会科学出版社，1990.

⑥ 姚卫群. 佛教的"涅槃"观念［J］. 北京大学学报，2002（3）.

"涅槃"与世间全然两分的观点也不断地受到挑战。在阿罗汉果位之上,又发展出菩萨、三世诸佛等说法。依各派理论的不同,对"世间"与"涅槃"的关系也呈现不同的认识,继而延伸出各种大乘"涅槃"观,如《成唯识论》有"自性清净涅槃""有余依涅槃""无余依涅槃""无住处涅槃"四种;隋慧远《大乘义章》有"性净涅槃""方便净涅槃""应化涅槃"的说法;隋智顗也有"性净涅槃""圆净涅槃""方便净涅槃"的区分。① 同时,"有余涅槃""无余涅槃"的区分也仍然存在,且发展出了不同的解释,如隋唐三位佛教大师对"有余""无余"的理解便非常不同。智顗认为"无余涅槃"之说本就可以有大小乘的不同理解,其言:"小乘涅槃灰身灭智为无余,大乘以累无不尽、德无不圆名为无余。"② 慧远称"涅槃有二,一是有余,随化现灭;二是无余,实证体寂;依前二身宣说有余,依后真身宣说无余涅槃经"③。慧远结合佛教三身说,以佛应机显化的应身、化身为"有余涅槃",唯有真身可称为"无余涅槃"。吉藏将佛经中谈有余、无余涅槃的分为五对,其中第五"大小相对"为"小乘中因果尽名有余,大乘因果尽名无余"④,即凡修小乘者均只能达到"有余涅槃",唯有大乘方至"无余涅槃"。

从上述说法可以看到,后世大乘佛教根据自身教义理解"涅槃"说,但基本均认为"有余涅槃"为低于"无余涅槃"的果位,这一点与早期佛教是相合的,而视小乘"无余涅槃"为"灰身灭智"也是持大乘义的佛教诸师的共同观点。这里的"灰身灭智"虽本于庄子"槁木死灰",但义已然迥别。大乘佛教徒指责小乘佛教为"枯木死灰""灰身灭智",首先当然是不满于小乘独修自己,大乘强调不只要度己还要度人,在这一点上印度大乘佛教和中国佛教并无不同。中国佛教,特别是完全中国化的禅宗,其有别于印度大乘

---

① 单正齐. 佛教涅槃思想之演变 [J]. 青海社会科学, 2004 (1).

② 智顗. 金刚般若经疏 [M] //大正新修大藏经:第33册. 影印本. 台北:新文丰出版公司, 1984:77.

③ 慧远. 大乘义章 [M] //大正新修大藏经:第44册. 影印本. 台北:新文丰出版公司, 1984:841.

④ 吉藏. 胜鬘宝窟 [M] //大正新修大藏经:第37册. 影印本. 台北:新文丰出版公司, 1984:70.

佛教之处在于，禅宗将佛教修养论与老庄思想①结合，在否定小乘"枯木死灰"的"枯禅"的基础上，进而强调领悟"禅"并不需要借助于"坐禅"等固定形式。《坛经》已言："一行三昧者，于一切时中，行、住、坐、卧，常行直心是"②；永嘉玄觉高唱"行亦禅，坐亦禅，语默动静体安然"③；马祖道一提出"平常心是道"，又言："今行住坐卧，应机接物，尽是道""本有今有，不假修道，不修不坐，即是如来清净禅"，魏晋时期已主张"坐忘行忘，忘而为之"的郭象似可以视为此类思想的先行者。作为马祖道一法嗣的大珠慧海以"饥来吃饭，困来即眠"用功④，将"禅"完全落实到日常生活之中，在笔者看来，这与庄子所描述的通过"坐忘"而"枯木死灰""同于大通"的"庸人"无异。这也是禅宗禅师对庄子的领会能超越郭象之处，郭象所推崇的仍是从事于政治活动的超人——"圣人"，而庄子和禅宗禅师一方面与政治生活保持距离，一方面又不追求出世，二者都将理想生活落实到世间的日常。⑤禅宗对庄子思想的吸收继承，学界已经有了丰硕成果，笔者不再赘述，下文仅就禅宗针对"枯木死灰"翻出的"枯木龙吟"说略作梳理，阐明此说与庄子"坐忘"的关系。

三、"枯木龙吟"

前文已言释迦牟尼六年苦行禅定影响极大，中国早期禅修者的坐禅方式有苦行的一面，一般也将这种坐禅方法视为传统坐禅法，偏向小乘，但禅宗门下也多有人以此为主要修行方法。如唐石霜庆诸（807—888），"居石霜山

---

① 如老庄的"道""自然"，以及庄子特别强调的"道""在蝼蚁""在稊稗""在瓦甓""在屎溺"的"道"无所不在的思想。如葛兆光先生评价牛头宗时说："般若学说中的'一切无碍'和老庄学说中的'无心是道'，就引出了'触目是道'和'道在屎溺'的极端自然主义。"他在评价南宗禅时亦称："老庄思想中最重要的一点即后来禅宗特别喜爱的'无心'，也是对修行功夫及清净境界的融蚀。"（参见葛兆光. 中国禅思想史 [M]. 增订本. 上海：上海古籍出版社，2008：183、243.）

② 慧能. 坛经校释 [M]. 郭朋，校释. 北京：中华书局，1983：27.

③ 玄觉. 永嘉证道歌 [M] //石峻，楼宇烈，方立天，等. 中国佛教思想资料选编：第五册. 北京：中华书局，2014：144.

④ 普济. 五灯会元 [M]. 苏渊雷，点校. 北京：中华书局，1984：157.

⑤ 钱穆先生主张宋儒"认为日常人生即可到达神圣境界，这是他们从禅宗转手而来的"（钱穆. 中国文化史导论 [M]. 北京：商务印书馆，1996：178），但究其根源，实与庄子思想有关。

二十年间，学众有长坐不卧，屹若株杌，天下谓之枯木众也"①。庆诸以坐禅法教人，得授者甚多，且颇有影响，否则也不会有所谓"枯木众"的名号流传于世。但石霜庆诸所教授的习禅方法是偏向小乘佛教的传统坐禅法——"枯木禅"吗？石霜的弟子对此已有争议，据载：

> 瑞州九峰道虔禅师，福州人也。尝为石霜侍者。洎霜归寂，众请首座继住持。师白众曰："须明得先师意，始可。"座曰："先师有甚么意？"师曰："先师道：休去，歇去，冷湫湫地去，一念万年去，寒灰枯木去，古庙香炉去，一条白练去。其余则不问，如何是一条白练去？"座曰："这个祇是明一色边事。"师曰："元来未会先师意在。"座曰："你不肯我那？但装香来，香烟断处，若去不得，即不会先师意。"遂焚香，香烟未断，座已脱去。师拊座背曰："坐脱立亡即不无，先师意未梦见在。"②

石霜逝世后没有指定传人，众僧请首座为主持，道虔禅师则认为还需要检验首座是否能够得到石霜之意。道虔以"石霜七去"的"一条白练去"问之，首座答"明一色边事"，即指其所追求者，为超越差别与相对观念的绝对境界。显然，道虔并不认同这个答案，首座为标己意，焚香坐化，道虔却对此不无可惜，因为首座以禅定"神通"为境界表现，实为禅宗最为排斥者。若以首座之见，"一条白练去"为"明一色边事"，"寒灰枯木去"亦应为"明一色边事"，则为"枯禅"无疑。

稍早于石霜的黄檗希运（？—855）也有一段相似记载，其言："如今末法向去，多是学禅道者皆着一切声色，何不与我心心同虚空去，如枯木石头去，如寒灰死火去，方有少分相应。"③从黄檗希运禅法来看，此处言"枯木

① 普济. 五灯会元［M］. 苏渊雷，点校. 北京：中华书局，1984：289. 以"见性成佛"为内丹性功的元代道士陈致虚亦曾对石霜所传禅法进行批评，其言："六祖又云：长坐拘身，是病非禅。石霜诸禅师，堂盈千数，长坐如杌，识者呼为木众概多。三藏师之曹溪大鉴，一日见僧结庵而坐，藏即前唤之曰：我西域最下根者，不堕此见。马祖南岳住庵，日唯坐禅，以求成佛。让禅师故将砖于庵前磨。祖云：何为？曰：磨作镜。祖曰：磨砖岂能作镜。让曰：然坐禅岂能成佛。马祖顿悟，言下得旨。"参见陈致虚. 上阳子金丹大要［M］//正统道藏：第24册. 北京：文物出版社；上海：上海书店；天津：天津古籍出版社，1988：67.

② 普济. 五灯会元［M］. 苏渊雷，点校. 北京：中华书局，1984：304.

③ 裴休. 筠州黄檗山断际禅师传心法要［M］//石峻，楼宇烈，方立天，等. 中国佛教思想资料选编：第五册. 北京：中华书局，2014：128.

石头""塞灰死火"是对治学禅者着于"声色"的方便法门，不能认为黄檗希运其所最终追求的就是"枯木死灰"。黄檗希运与石霜之师沩山灵佑均受法于百丈怀海，他们有共同的思想资源，故而不能断言，"寒灰枯木去"一类的话头究竟先出于谁之口。不过，"石霜枯木众"及道虔与首座的争论，已可看到石霜门下确有很多是从"死寂"的角度去理解"枯木死灰"者，而这种理解受到的攻击是非常多的，如：

昔有婆子，供养一庵主，经二十年，常令一二八女子，送饭给侍。一日令女子抱定云："正恁么时如何。"主云："枯木倚寒岩，三冬无暖气。"女子举似婆。婆云："我二十年，只供养得个俗汉。"遂遣出，烧却庵。①

庵主言"枯木倚寒岩，三冬无暖气"之意，用前首座"明一色边事"解释颇恰当，而婆子有禅师风范，斥其为"俗汉"，经过艰苦卓绝的修行之后，认"枯木"为"死寂"，已然偏离了禅宗祖师的家风。针对此问题，禅师又进一步地提出"枯木龙吟"。

僧问香严，如何是道。香严曰："枯木里龙吟。"僧云："如何是道中人。"香严曰："髑髅里眼睛。"僧不领，乃问石霜，"如何是枯木里龙吟。"石霜曰："犹带喜在。"僧云："如何是髑髅里眼睛。"石霜曰："犹带识在。"又不领，乃举似师，师曰："石霜老声闻作这里见解。"因示颂曰："枯木龙吟真见道，髑髅无识眼初明。喜识尽时消息尽，当人那辨浊中清。"僧遂又问师："如何是枯木里龙吟。"师曰："血脉不断。"云："如何是髑髅里眼睛。"师曰："干不尽。"云："未审还有得闻者么。"师曰："尽大地人未有一人不闻。"云："未审枯木里龙吟是何章句。"师曰："不知是何章句，闻者皆丧。"②

香严所说的"枯木里龙吟"，是指不能仅仅停留于"死"，而应在"死"之后再翻出"生"来。"龙吟"即非同的一般的声音，可以理解为"死"中得"活"之后对世间、对众生、对自己的全新感受，也可以比喻为"死"中得"活"的"活"的状态。"髑髅里眼睛"亦同"枯木里龙吟"均为死中得活之意。

香严智闲师于沩山灵佑，石霜庆诸亦曾师于沩山灵佑。但据载，石霜因

---

① 普济. 五灯会元 [M]. 苏渊雷，点校. 北京：中华书局，1984：366–367.

② 曹山本寂. 抚州曹山元证禅师语录 [M]. 慧印，校订//大正新修大藏经：第47册. 影印本. 台北：新文丰出版公司，1984：529.

不悟沩山之旨，后师于道吾圆智。但就前文所见，石霜所证似近于传统禅法，与沩山灵佑顿渐圆融、任运自在的禅法不相契合，这也许是石霜弃沩山而择道吾的原因。石霜言"犹带喜在""犹有识在"，均指习禅者功夫不纯，还没有进入无知无识的寂灭状态。《古宿尊语录》较之上文引自《抚州曹山元证禅师语录》的内容，多了一段对石霜的评价，言"石霜一向打叠去空界里作活计"①，即批评石霜将"空"视为绝对的"空"，也就是前文所说执一边事。结合前文所说石霜弟子九峰道虔和当时的首座之争，或许首座所说才合于石霜之意，而九峰则是"智过于师，方堪传授"者。

曹山本寂评石霜为"老声闻"，除认为石霜不见道之外，或也认为石霜所言为追求断灭思惑的小乘禅法，而认香严"枯木龙吟"才是"真见道"。曹山所言"血脉不断"，是指能够感受天地万物与"我"的关系，如血脉相亲一般，与张载"民胞物与"说相近，故不能仅求"死寂"之小乘法，而要追求"枯木龙吟"的大乘法。曹山本寂的理解既是针对石霜追求"死寂"的小乘法，又是在香严所开解的基础之上对"枯木龙吟"做出的新解悟。弟子问"枯木龙吟是何章句"，是期盼从文字上对"枯木龙吟"上做出拆解，曹山本寂则拒绝通过文字般若的解悟。从"闻者皆丧"之"丧"看，"枯木龙吟"应本于庄子之"吾丧我"，其义指"吾丧我"者，可闻"枯木龙吟"之"天籁"，而"吾丧我"与"坐忘"的关系前文已具言，不再赘述。小乘苦行禅定的实践方法，虽一直遭到大乘佛法的非议，但小乘禅法实践者却络绎不绝，禅宗的诸师在批评的基础之上，更结合庄子思想，提出参"枯木龙吟"，明显在理论水平上又有一层深化，而从曹山本寂对"枯木龙吟"的阐释来看，他也试图开出新的解释空间。

总结以上，在印度奥义书中"禅"（"静虑"）与中国传统文化中的"虚""静"有相通之处。与印度哲学擅长分析、名相烦琐相应，印度佛教对"禅"

---

① "举僧问香严：'如何是道？'严云：'枯木里龙吟。'曰：'如何是道中人？'严云：'髑髅里眼睛。'后有僧举似石霜：'枯木里龙吟时如何？'霜云：'犹有喜在。'曰：'髑髅里眼睛时如何？'霜云：'犹有识在。'师云：'石霜一向打叠去空界里作活计。'后有僧举似曹山，山云：'这石霜老声闻，作这见解。'曹山有颂云：'枯木龙吟真见道，髑髅无识眼初明。意识尽时消息尽，当人那辨浊中清。'师云：'怎么会取好。'"（参见赜藏主. 古尊宿语录［M］. 萧萐父，点校. 北京：中华书局，1994：456.）

的实践也逐渐阶次化、细密化。但佛教传入中国后，在译经时用老庄思想格义，在实践方面又受到中国传统吐纳术的影响，使"禅"简单化，魏晋时期的中国僧人多以老子的"虚静"与庄子的"坐忘"来理解佛教"坐禅"。直至完全中国化的禅宗大兴，中国禅师消解了"坐禅"的"坐"义，将"禅"的实践落实到日用生活，禅宗虽仍用译自印度的"禅"之名，但其思想的核心则大部分与老庄，特别是庄子相契，其"坐禅"的理论内核也被中国化为庄子的"坐忘"①。早期佛教用"枯木死灰"形容小乘"苦行禅定"的身心状态，这无疑是对庄子"枯木死灰"说的曲解，而禅宗从"枯木死灰"翻出"枯木龙吟"，既是对此前误解的纠偏，也是对庄子思想的复归。②

第二节 "坐忘"与"静坐"

"静坐""坐禅""坐忘"常被视为分属儒、释、道的独特修养方法，三者既有作为身心实践法的共通性，又因有着不同的世界观、价值观作为理论指导而呈现出差异性。学界多注意朱熹对"静坐"的态度有反复③，实际上这种对"静坐"纠结的态度在程颢、程颐（以下简称"二程"）那里已有体现。本节便集中讨论二程对"静坐"既提倡又批评的态度，以及"二程"这

---

① 吴怡先生认为："庄子入道的功夫在于一个'忘'字；而禅学顿悟的法门也就在这个'忘'字。"（参见吴怡. 禅与老庄 [M]. 台北：三民书局，1987：169.）

② 宋代宏智正觉禅师主张"默照禅"，讲究"灵然独照，照中还妙……妙存默处，功忘照中……默中失照，浑成剩法，默照理圆，莲开梦觉"（集成. 宏智禅师广录 [M] //大正新修大藏经：第48册. 影印本. 台北：新文丰出版公司，1984：100）。学者认为"'默'虽含有莫然无言之义，但主要是默然体入佛教的'中道实相'；'照'虽有观察之义，但主要是从其'中道实相'出发，对身心万象的观照"（闫孟祥. 论大慧宗杲批评默照禅的真相 [J]. 河北大学学报，2006（5）. 宏智"默照禅"并非如"枯禅"所讲的摒弃"照"的意思，实即"寂而常照，照而常寂"之意。多有学者认为宗杲抨击的"默照禅"即宏智正觉之"默照禅"（杜继文，魏道儒. 中国禅宗通史 [M]. 南京：江苏人民出版社，2008：469－472）。也有学者指出这是误解，宗杲所批评的默照禅与宏智"默照禅"并不相同，而是"外道二乘禅寂"的禅病. 闫孟祥. 论大慧宗杲批评默照禅的真相 [J]. 河北大学学报，2006（5）. 实近于前所述小乘"枯禅"。宏智有："坐忘是非，默见离微；佛祖之陶冶，天地之范围；髑髅眉底眼，空劫句中机"（集成. 宏智禅师广录 [M] //大正新修大藏经：第48册. 影印本. 台北：新文丰出版公司，1984：116）。其中"髑髅眉底眼"，本自香严"髑髅里眼睛"的禅语，如果能够把握庄子"坐忘"之意，则必然能够理解宏智所谓"默照"与"枯禅"了不相干。

③ 参见中嶋隆藏《朱子的静坐观与其周边》、马渊昌也的《宋明时期儒学对静坐的看法以及三教合一思想的兴起》、杨儒宾的《主敬与主静》，以上参见杨儒宾的《东亚的静坐传统》。

种复杂态度与"坐忘"的关系。

一、"二程""静坐"说的渊源

学界一般认为是"二程"为"静坐"增添了儒家色彩①，事实上也确实如此。"静坐"一语，最初仅指安静地坐，与道教修行时"平坐闭气临目握固"②的"平坐"相近，并不具备儒家修养内涵。与"二程"同时代且实践"静坐"者，也并未将"静坐"视为儒家修养方法，而更多的是带有道家道教色彩，这在"二程"的三位亲友身上体现得尤为明显。首先一位是"二程"之父程珦，程颐所撰《先公太中家传》载：

自领崇福，外无职事，内不问家有无者，盖二十余年。居常默坐，人问："静坐既久，宁无闷乎？"公笑曰："吾无闷也。"家人欲其怡悦，每劝之出游，时往亲戚之家，或园亭佛舍，然公之乐不在此也。尝从二子游寿安山，为诗曰："藏拙归来已十年，身心世事不相关。洛阳山水寻须遍，更有何人似我闲？"顾谓二子曰："游山之乐，犹不如静坐。"盖亦非好也。③

上所引，似言程珦在居崇福宫④闲官后才喜好"静坐"，但观程珦年轻时的志愿，或并非如此。程珦二十余岁得恩荫补官，依程颐言其父"方仕宦时，每叹曰：'我贫，未能舍禄仕。苟得早退，休闲十年，志愿足矣'"⑤，则程珦自年轻时便无心仕禄，志愿在闲，入仕只为养家。宋神宗熙宁五年（1072），程珦因不满新法，甘居闲职，被委任管理嵩山崇福宫。宋哲宗元祐五年（1090），程珦以疾终，其居闲近二十年，可谓得遂平生之志，其应在管理嵩山崇福宫前便已实践"静坐"。若以"二程"成熟后的思想来看，程父亦应

① "前人论'静坐'法的起源时，多归首于二程兄弟。二程提倡静坐，而且可能是首先将'静坐'引进儒学的教学体系的儒者，此事当无可疑。"参见杨儒宾. 东亚的静坐传统 [M]. 台北：台大出版社，2012：130.

② 陶弘景. 登真隐诀辑校 [M]. 王家葵，辑校. 北京：中华书局，2011：14.

③ 程颢，程颐. 二程集 [M]. 王孝鱼，点校. 2版. 北京：中华书局，2004：652.

④ 崇福宫在宋代地位显赫，里面供奉着宋真宗的真容，"宋神宗熙宁年间，朝廷为安置大量政治异议和闲散人员，相应增加了崇福宫提举官员编制，政治功能有所提升"。（参见张祥云. 北宋西京河南府研究 [D]. 开封：河南大学，2010：93－98.）

⑤ 程颢，程颐. 二程集 [M]. 王孝鱼，点校. 2版. 北京：中华书局，2004：652.

属于被批评的对象。①

第二位即对"二程"影响最大的老师周敦颐。② 虽然现存周敦颐的相关文献并无记载周敦颐"静坐"之事③，但他的思想与道家道教关系密切，已成学界共识，其诗文及生平做派也是一派仙风道骨，似道胜过似儒。周敦颐的"主静立人极"之说，应对"二程""静坐"说的形成有重要影响。按程颐说：

（程珦）在虔时，常假倅南安军，一狱掾周惇实，年甚少，不为守所知。公视其气貌非常人，与语，果为学知道者，因与为友。④

所谓"气貌非常人"，盖周敦颐一副道家做派。程珦使二子从学于周，或与程珦本人志愿休闲却因家累不得不为官的补偿心理有关。甚至说，周敦颐不仅影响了"二程"，也影响了程珦好"静坐"，也未可知。

第三位即"二程"在洛阳的好友邵雍。邵雍在诗文中，大量地使用了"静坐"，如"静坐养天和，其来所得多""将养精神便静坐，调停意思喜清吟""闲行观止水，静坐看归云"等。⑤ 不仅如此，邵雍还多用"坐忘"一语，如"会取坐忘意，方知太古心""物情悟了都无事，未觉颜渊已坐忘"⑥。邵雍对"静坐"的重视虽未必对"二程"有直接影响，但能显示他们共同的学术旨趣。

---

① "二程"兄弟对道教典籍极为熟悉，而且对服气一类的修养方术并不排斥，应该还受到其母亲侯氏的影响，侯氏"自少多病，好方饵修养之术，甚得其效"（程颢，程颐. 二程集［M］. 王孝鱼，点校. 2 版. 北京：中华书局，2004：655）。

② "二程"自学于周敦颐由科考之业转向道德性命之学，以及周敦颐令"二程"寻孔颜之乐等事，研究成果已经很多，不再赘述。关于"二程"就学于周敦颐的过程，丁涛有详细考辨，其言："二程于庆历六年（1046）从学周敦颐于南安军。该年冬，周敦颐调任郴县，二程在此后数年前来郴县问学。皇祐二年（1050），周敦颐调任桂阳，程珦前往龚州赴任，周、程之间的交往才告一段落。郴县别后，周、程有无再次见面，尚且缺乏史料论证。但是，此后数十年间，程家对周敦颐的情况十分了解，并多次向朝廷举荐他。结合朱熹关于程颐手状的论述以及度正在二程祠堂发现周敦颐墨迹的史实，本文认为郴县别后周、程之间还保持着书信联络。"参见丁涛. 二程与周敦颐师承关系考辨［J］. 广西社会科学，2020（8）.

③ 陈来先生认为："《太极图说》和《通书》都未详细说明主静的问题，更没有讨论静坐、静修的问题。"（参见陈来. 宋明理学［M］. 沈阳：辽宁教育出版社，1991：56.）

④ 程颢，程颐. 二程集［M］. 王孝鱼，点校. 2 版. 北京：中华书局，2004：651.

⑤ 邵雍. 邵雍集［M］. 郭彧，整理. 北京：中华书局，2010：305，351，379.

⑥ 邵雍. 邵雍集［M］. 郭彧，整理. 北京：中华书局，2010：233、240.

从以上可以看到，"二程"在家传、师承、交游等多方面所接触到的"静坐"都更具有道家道教色彩。

二、"二程"对"静坐""坐忘"的矛盾评价

中嶋隆藏先生认为"'静坐'作为修养身心，通晓天地道理，而达到实践天地道理的境界的修行方法，是出现于《周易正义》；其后，中国三教没有任何文献视之为重要概念而特别提及"①。具体而言，韩康伯将《周易·系辞》"阴阳不测之谓神"注为"坐忘遗照"，孔颖达又将韩康伯"坐忘遗照"说疏解为"静坐而忘其事，及遗弃所照之物"，韩康伯"坐忘遗照"说的具体内涵，及孔颖达对韩康伯的误解，前文已言，不再赘述。

孔颖达将"坐忘"解为"静坐而忘其事"，与崔譔解为"端坐而忘"有相近之处，实际上强调的是庄子"坐忘"修养法的身体姿态，因此中嶋隆藏先生说在孔颖达那里"静坐"就已经"作为修养身心，通晓天地道理，而达到实践天地道理的境界的修行方法"是不准确的。在孔颖达这里，修养身心以通达天地境界的修养方法仍是"坐忘"，此时"静坐"的内涵远不及"坐忘"丰富，只是用来形容实践"坐忘"时的身姿状态。孔颖达以"静坐而忘其事"解"坐忘遗照"的观点，因其所编《周易正义》曾一度作为官方教材，因此应产生了广泛影响。"二程"是易学大家，对此也不会陌生。此又可以为"二程"所接触之"静坐"更具有道家道教色彩添一佐证。

（一）"二程"对"静坐"的矛盾评价

前文已言朱熹对"静坐"的纠结态度实际上可以追溯到"二程"，此前所引材料均可证与"二程"关系最为亲密的人也实践"静坐"，这些或许是"二程"在早期接受"静坐"、赞许"静坐"，并以"静坐"教导学生的直接渊源，如：

谢显道习举业，已知名，往扶沟见明道先生受学，志甚笃。明道一日谓之曰："尔辈在此相从，只是学某言语，故其学心口不相应。盍若行之？"请

---

① 中嶋隆藏. 静坐 [M]. 陈玮芬，译. 新竹：清大出版社，2011：104.

问焉。曰："且静坐。"伊川每见人静坐，便叹其善学。①

从这里可以看到，"二程"兄弟对于"静坐"的褒扬态度是一致的，且以此教导门人弟子。文献中也记载了很多"二程"自己实践"静坐"的情形，如：

> 明道先生坐如泥塑人，接人则浑是一团和气。②

> 暇日静坐，和靖、孟敦夫名厚，颍川人、张思叔侍。伊川指面前水盆语曰："清静中一物不可著，才著物便摇动。"③

还有著名的"程门立雪"，"游、杨初见伊川，伊川瞑目而坐"④，"瞑目而坐"即"静坐"。但在现存文献当中，也存在不少"二程"对"静坐"的批评，如：

> 胎息之说，谓之愈疾则可，谓之道，则与圣人之学不干事，圣人未尝说着。若言神住则气住，则是浮屠入定之法。虽谓养气犹是第二节事，亦须以心为主，其心欲慈惠虚静，故于道为有助，亦不然。孟子说浩然之气，又不如此。今若言存心养气，只是专为此气，又所为者小。舍大务小，舍本趋末，又济甚事！今言有助于道者，只为奈何心不下，故要得寂湛而已，又不似释氏摄心之术。论学若如是，则大段杂也。亦不须得道，只闭目静坐为可以养心。"坐如尸，立如齐"，只是要养其志，岂只待为养这些气来，又不如是也。⑤

此段内容集中反映了"二程"对诸家"气"说的认识，其言"养气"之法有三：一者道教"胎息"，可以愈疾，但与"道"无关；一者佛教入定，"神住则气住"⑥；一者是孟子的养"浩然之气"。三者相较，"二程"自然是

① 程颢，程颐. 二程集 [M]. 王孝鱼，点校. 2版. 北京：中华书局，2004：432.
② 程颢，程颐. 二程集 [M]. 王孝鱼，点校. 2版. 北京：中华书局，2004：426.
③ 程颢，程颐. 二程集 [M]. 王孝鱼，点校. 2版. 北京：中华书局，2004：430.
④ 程颢，程颐. 二程集 [M]. 王孝鱼，点校. 2版. 北京：中华书局，2004：429.
⑤ 程颢，程颐. 二程集 [M]. 王孝鱼，点校. 2版. 北京：中华书局，2004：49.
⑥ "持国曰：'道家有三住，心住则气住，气住则神住，此所谓存三守一，'"（参见程颢，程颐. 二程集 [M]. 王孝鱼，点校. 2版. 北京：中华书局，2004：10.）韩持国所说的"道家有三住"，应本于施肩吾《三住铭》"气住则神住，神住则形住，形住则长生"。"二程"所说的佛教"神住则气住"，应是佛教针对道家"气住则神住"提出的反对意见，二者之间争议在于是以修"神"（修"心"）为本，还是修"气"（修"身"）为本。

赞成孟子的养"浩然之气",但他又对孟子的"养气"说做了进一步的阐释,指出"养气犹是第二节事",应"以心为主",若以"养气"为主,则是"舍本逐末"。"二程"在这里就从原本"养气"问题转到了"心"的问题。

对于"心"的问题,"二程"讲到了四种见解。第一,主张"心欲慈惠虚静,故于道为有助",也就是认"心""虚静",为进道之法;第二,是强调"心""寂湛",但不是"释氏摄心之术";第三,"闭目静坐"以"养心";第四,"坐如尸,立如齐"以"养志"。这四种见解,第一种求"虚静",是"二程"批评最多的,说此近于佛教入定术;第二种,是针对"二程"批评其修养方法为佛教入定术所作辩解,言自家求"静"求"寂湛"的修养方法不是佛教入定术,"二程"则继续批评说"论学若如是,则大段杂也";第三种,实际上就是前面"二程"所主张的"静坐"说,"亦不须得道",即"也不可说"的意思,这里"二程"只是下了论断,没有具体的批评理由,需要结合其他材料来看,"或曰惟闭目静坐为可以养心。子曰岂其然乎?有心于息虑,则思虑不可息矣"①,依"二程"之义,以"静坐"养心,是"有心于息虑",而"人活物也","既活,则须有动作,须有思虑"②。实际上,"二程"批评以上三种见解的理由是一致的,他们认为"才说静,便入于释氏之说也",那么不管是"心欲慈惠虚静"还是"得寂湛""静坐",都是流于释氏之说。同时,"才说着静字,便是忘也"③,说明"二程"也连带着用同样的理由批评了"忘"的修养方法。那么,"二程"此时主张什么观点呢?无疑是第四种见解的"养志","学者先务,固在心志","心志"即

---

① 程颢,程颐. 二程集 [M]. 王孝鱼,点校. 2版. 北京:中华书局,2004:1255.

② 程颢,程颐. 二程集 [M]. 王孝鱼,点校. 2版. 北京:中华书局,2004:26.

③ "问:'敬还用意否?''其始安得不用意?若能不用意,却是都无事了。'又问:'敬莫是静否?'曰:'才说静,便入于释氏之说也。不用静字,只用敬字。才说着静字,便是忘也。孟子曰:'必有事焉而勿正,心勿忘,勿助长也。'必有事焉,便是心勿忘,勿正,便是勿助长。'"(参见程颢,程颐. 二程集 [M]. 王孝鱼,点校. 2版. 北京:中华书局,2004:189.)

“心有主。如何为主？敬而已矣”①，也就是“二程”所发挥的“主敬”说。②

（二）“二程”对“坐忘”的矛盾评价

从现存文献来看，“二程”对“坐忘”有过两个直接评价：

司马子微尝作《坐忘论》，是所谓坐驰也。③

未有不能体道而能无思者，故坐忘即是坐驰，有忘之心乃思也。④

两条语录究竟是出自程颐还是程颢，已不可考。学者据此以为“二程”对“坐忘”持批评态度，实际上，两条语录所透露的信息颇值得玩味。从第一条语录来看，“二程”批评的不是“坐忘”，而是司马承祯的《坐忘论》。第二条语录则存在矛盾之处，“二程”在这里首先预设了“未有不能体道而能无思者”的立场，其主张唯有体道者可以无思，即“无思”是结果，而不是体道者能被称为“体道者”的原因；其主张“有忘之心乃思也”，实际上是以修养所自然呈现的境界来批评修养功夫的历程性。以此来看，“二程”在这里的立场近于魏晋玄学主张的圣人不可学而致，这无疑与“二程”“从十四五时，便脱然欲学圣人”⑤的追求是矛盾的，也与整个宋明理学的基调不符。笔者疑此处“二程”所批评的对象，仍是司马承祯《坐忘论》，并非庄子“坐忘”。

同样存在问题的还有：

---

① 程颢，程颐. 二程集［M］. 王孝鱼，点校. 2版. 北京：中华书局，2004：168.

② “气有善不善，性则无不善也。人之所以不知善者，气昏而塞之耳。孟子所以养气者，养之至则清明纯全，而昏塞之患去矣。或曰养心，或曰养气，何也？曰：'养心则勿害而已，养气则在有所帅也。'”（参见程颢，程颐. 二程集［M］. 王孝鱼，点校. 2版. 北京：中华书局，2004：274.）“养心”“勿害”，即孟子的“勿忘”“勿助”，“养气”“有所帅”，即心有主、主敬。表达同样意思的还有：“孟子养气一篇，诸君宜潜心玩索。须是实识得方可。勿忘勿助长，只是养气之法，如不识，怎生养？有物始言养，无物又养个甚么？浩然之气，须见是一个物。”（程颢，程颐. 二程集［M］. 王孝鱼，点校. 2版. 北京：中华书局，2004：205.）

③ 程颢，程颐. 二程集［M］. 王孝鱼，点校. 2版. 北京：中华书局，2004：46. 前文已言，石刻本《坐忘论》也曾批评云本《坐忘论》是“坐驰”，不知“二程”是有机会得见石刻本，还是“二程”与石刻本的作者英雄所见略同。

④ 程颢，程颐. 二程集［M］. 王孝鱼，点校. 2版. 北京：中华书局，2004：65.

⑤ “横渠曰：二程从十四五时，便锐然欲学圣人。”参见叶采. 近思录集解［M］. 程水龙，校注. 北京：中华书局，2017：320.

颜子箪瓢，非乐也，忘也。①

忘物与累物之弊等。②

忘敬而后无不敬。③

周敦颐教导"二程"寻孔颜乐处，"二程"在此则说"颜子箪瓢，非乐也，忘也"，这当然并非"二程"否定了颜回之乐，而是用庄子"坐忘"里的颜回去注解"箪食瓢饮"的颜回，颜回在"忘"中有其"乐"，其思路近于郭象。而"忘物与累物之弊等"则不只与前赞赏颜回之"忘"矛盾，更与程颢《定性书》的核心观点——圣人"两忘"则"应物无累"④ 相矛盾。"二程""忘敬而后无不敬"的观点，与庄、禅的"忘""无念"等思路一致，而与其自言的"忘物与累物之弊等"，以及前文"有忘之心乃思也"又存在矛盾。

笔者认为之所以在现存"二程"文献当中存在着如此多的矛盾之处，不只是因为这些思想分属大小程，而我们今日无法判别，更是因为"二程"兄弟的思想存在着前后变化。以程颢为例⑤，除少年时学科举之业外，程颢思想主要经历了从老、释求道，到以六经求道的前后转变。大体而言，《定性书》体现程颢的前期思想，受道家特别是庄子、郭象的"坐忘"说影响较大，而《识仁篇》则体现了程颢的后期思想，主张以"诚敬"存仁、识仁，其用孟

---

① 程颢，程颐. 二程集［M］. 王孝鱼，点校. 2版. 北京：中华书局，2004：88.

② 程颢，程颐. 二程集［M］. 王孝鱼，点校. 2版. 北京：中华书局，2004：65.

③ 程颢，程颐. 二程集［M］. 王孝鱼，点校. 2版. 北京：中华书局，2004：66.

④ 《定性书》言："与其非外而是内，不若内外之两忘也。两忘则澄然无事矣。无事则定，定则明，明则尚何应物之为累哉？"（参见程颢，程颐. 二程集［M］. 王孝鱼，点校. 2版. 北京：中华书局，2004：461.）这与郭象观点也是一致的，而"两忘"与"兼忘""坐忘"的关系，笔者前文已言，不再赘述。张永儁教授认为程颢《定性书》此部分内容受王弼影响（张永儁. 二程学管见［M］. 台北：东大图书公司，1988：17），但笔者认为郭象思想对程颢的影响更为直接。孔令宏教授认为："程颢所用的'内外之两忘'的诚敬的方法与庄子所用的'心斋''坐忘'的方法颇为类似。"（参见孔令宏. 宋代理学与道家、道教［M］. 北京：中华书局，2006：221.）但笔者认为《定性书》只有"内外之两忘"，没有"诚敬"，"诚敬"是程颢《识仁篇》的核心内容。

⑤ "自十五六时，闻汝南周茂叔论道，遂厌科举之业，慨然有求道之志。未知其要，泛滥于诸家，出入老、释几十年，返求诸六经而后得之。"（参见程颢，程颐. 二程集［M］. 王孝鱼，点校. 2版. 北京：中华书局，2004：638.）

子"勿忘""勿助"反对庄子之"忘"，释家之"静"。① 当然，程颢前后两篇代表作所体现的思想也并非全然断裂的，《定性篇》虽然受庄子思想影响较大，但正如郭晓东教授所言："'廓然大公'之功夫，就是明道（程颢——著者注）后来所说的'识仁'之功夫。"② 也就是说"廓然大公"，实际上是程颢作为一名儒者的坚定立场，是他分判儒家与庄子、佛教不同的出发点，此点后文将详述。《识仁篇》虽然坚持儒家立场，但程颢将"仁"的思想，发展为"体之而乐"，则又与庄子、郭象的"逍遥"说，以及周敦颐颇具道家风范的教诲是分不开的。

前言，"二程"在修养论方面，将"静"归为释氏之学，并认为"才说着静字，便是忘也"，将"忘"也一并批判，此问题又见于：

谢子曰："吾尝习忘以养生。"明道曰："施之养生则可，于道则有害。习忘可以养生者，以其不留情也。学道则异于是。必有事焉而勿正，何谓乎？且出入起居，宁无事者？正心待之，则先事而迎。忘则涉乎去念，助则近于留情。故圣人心如鉴，孟子所以异于释氏，此也。"③

谢良佐"习忘"，受到程颢的否定，实际上否定的不只是"习忘"，连带着谢良佐初来时，程颢教其"静坐"一事也一并否定了，理由前文已详谈。程颢用孟子"必有事焉""勿忘""勿助"，批评"忘则涉乎去念"，并将"忘"视为释氏之学。之所以程颢总将"忘"视为释氏之学，而不将"忘"与道家、与庄子联系起来，或有两个原因。一者，庄子讲"忘"的最高境界是颜回"坐忘"，这一点受到儒释道三教的认可，如前文所引韩愈、李翱便曾以"坐忘"注解颜回之学；"二程"所说的"颜子箪瓢，非乐也，忘也"，无疑也是受庄子"坐忘"说的影响，故而"二程"有意避开以"忘"指责道

① 张永儁认为程颢思想分前后两期，前期受周敦颐影响，出入于释老，以《定性书》为代表，后期以《识仁篇》为代表，为"返回六经而后得之"。程颐有"外物不接，内欲不萌，如是而止"的说法，这个说法与何晏"圣人"为求"无累"而不应物的观点相近，也是王弼、郭象，以及程颢《定性书》批评的主要对象，朱熹亦言"伊川此处说，恐有可疑处"（黎靖德. 朱子语类 [M]. 王星贤，注解. 北京：中华书局，1986：1857），相关研究参见郭晓东.《定性书》研究二题 [J]. 哲学与文化，2001（9）.

② 参见郭晓东.《定性书》研究二题 [J]. 哲学与文化，2001（9）. 不过，郭晓东教授认为"《定性书》在义理上说，与其晚年的《识仁篇》并无二致"，则较偏颇。

③ 程颢，程颐. 二程集 [M]. 王孝鱼，点校. 2版. 北京：中华书局，2004：426.

家、庄子之学。① 一者,"二程"认为"如道家之说,其害终小。惟佛学,今则人人谈之,泝漫滔天,其害无涯"②,当务之急,是辟佛,而非批评道家,而对于"忘",禅宗也常用,故将对"忘"的批评转移到对佛教的批评,对"二程"来说是渊源有自的。③

三、"二程"对佛教修养论的批判

前言,"二程"以"必有事"与"主敬"说批判了"静""忘"的修养论,又因"二程"认为佛教较道家危害更大,故其批判的矛头常常直指佛教。上述分析尚嫌简略,下文即对此展开讨论。

(一)发心:自私自利

前言程颢《定性书》"廓然大公"一语,是程颢作为一名儒者的价值立场,也是"二程"批判佛教思想的起点,儒家是"廓然大公",佛教则是"自私自利"。如:

佛学只是以生死恐动人。可怪二千年来,无一人觉此,是被他恐动也。圣贤以生死为本分事,无可惧,故不论死生。佛之学为怕死生,故只管说不休。下俗之人固多惧。易以利动。至如禅学者,虽自曰异此,然要之只是此

---

① 吕大临有诗:"学如元凯方成辩,文似相如始类俳;独立孔门无一事,只传颜氏得心斋。""二程"赞曰:"此诗甚好。古之学者,惟务养情性,其佗则不学"。程颢,程颐. 二程集 [M]. 王孝鱼,点校. 2 版. 北京:中华书局,2004:239. 实际上也是认可庄子所讲的颜回"心斋"寓言。

② 程颢,程颐. 二程集 [M]. 王孝鱼,点校. 2 版. 北京:中华书局,2004:3.

③ "二程"对佛教学问几乎是全面批判,而对庄子的态度则较为缓和,多有赞赏之语。"或以谓原壤之为人,敢慢圣人,及母死而歌,疑是庄周,非也。只是一个乡里粗鄙人,不识义理,观夫子责之辞,可以见其为人也。若是庄周,夫子亦不敢叩之责之,适足以启其不逊尔,彼亦必须有答。"(参见程颢,程颐. 二程集 [M]. 王孝鱼,点校. 2 版. 北京:中华书局,2004:58.)这段内容颇为有趣,"二程"认为孔子可以直接叩责原壤,因为原壤是乡里粗鄙之人,而如果换成庄子,则孔子不会叩责,而是要启发庄子,而庄子一定会有相应的回答予以辩论。这无疑是对庄子高看了一眼。或许是文中"夫子亦不敢叩之责之"一句,有抬庄贬孔之嫌,所以在一些版本中,"若是庄周"一段文字是没有的。如"庄子言'其嗜欲深者,其天机浅',此言却最是"(程颢,程颐. 二程集 [M]. 王孝鱼,点校. 2 版. 北京:中华书局,2004:42.)。再如,"庄子有大底意思,无礼无本"(程颢,程颐. 二程集 [M]. 王孝鱼,点校. 2 版. 北京:中华书局,2004:97.)。又有:"问庄周与佛如何?伊川曰:'周安得比他佛?佛说直有高妙处,庄周气象大,故浅近。如人睡初觉时,乍见上下东西,指天说地,怎消得恁地?只是家常茶饭,夸逞个甚底?'"(程颢,程颐. 二程集 [M]. 王孝鱼,点校. 2 版. 北京:中华书局,2004:425.)伊川对庄子的评价或许不如明道高。

个意见，皆利心也。籲曰："此学，不知是本来以公心求之，后有此蔽，或本只以利心上得之？"曰："本是利心上得来，故学者亦以利心信之。"①

"二程"认为佛教以生死之说教人，千余年来没有人领会到此处，都被佛教惊恐扰乱。相比之下，圣人把生死作为自身分内之事，不觉得生死有什么可怕，故而不将生死之说特别拈出讨论。佛教对生死问题说个不停，实际上是因为他们畏惧生死。而一般的民众多有畏惧之心，很容易被与自身相关的利害说动。那些"禅学者"虽然明面上说自己和一般的民众不同，但总归不过是一个借口，皆是求利之心。弟子问"二程"，佛教所讲的生死问题，或是本来出自公正之心，在传播中有了以生死惊恐扰乱世人的弊端，或是佛教的生死学说本就是求自利。"二程"回道，佛教生死之说的出发点就是自利之心，而学佛的人也是因为有个想要为自己牟利的心才去信佛教的生死之说。概言之，"二程"认为，佛教以生死骇世人，全是为己谋利的心，而圣人不讲生死，是认为生死不过是大化流行、自然而然的本分事。"二程"即以佛教畏惧生死为立足点②，多次批评佛教"自私自利"③，与此相较，儒家自是一片公心。"二程"反复强调此点，用以说明儒释之别，儒高于释处，如：

释氏本怖死生为利，岂是公道？④

圣人致公，心尽天地万物之理，各当其分。佛氏总为一己之私，是安得同乎？⑤

赵景平问："'子罕言利与命与仁'，所谓利者何利？"曰："不独财利之利，凡有利心，便不可。如作一事，须寻自家稳便处，皆利心也。圣人以义为利，义安处便为利。如释氏之学，皆本于利，故便不是。"⑥

从上文所引可以看到，"二程"认为是否言"利"不是儒家、佛教的区

① 程颢，程颐. 二程集 [M]. 王孝鱼，点校. 2 版. 北京：中华书局，2004：3.

② "至如言理性，亦只是为死生，其情本怖死爱生，是利也。"（参见程颢，程颐. 二程集 [M]. 王孝鱼，点校. 2 版. 北京：中华书局，2004：149.）

③ "释氏之学，又不可道他不知，亦尽极乎高深，然要之卒归乎自私自利之规模。何以言之？天地之间，有生便有死，有乐便有哀。释氏所在便须觅一个纤奸打讹处，言免死生，齐烦恼，卒归乎自私。"（参见程颢，程颐. 二程集 [M]. 王孝鱼，点校. 2 版. 北京：中华书局，2004：152.）

④ 程颢，程颐. 二程集 [M]. 王孝鱼，点校. 2 版. 北京：中华书局，2004：139.

⑤ 程颢，程颐. 二程集 [M]. 王孝鱼，点校. 2 版. 北京：中华书局，2004：142.

⑥ 程颢，程颐. 二程集 [M]. 王孝鱼，点校. 2 版. 北京：中华书局，2004：173.

别所在，而是要求自己的利，还是以"义"为利，这才是二者的区别。因为佛教只求自己的利，所以佛教虽然能够见得些许道理，但比起儒家至公无私之心，规模便小了，学者如果能够认清佛教的"小""自利"，也就自然不会学佛。① 时有信奉佛教之人对"二程"此论点予以辩驳，"二程"对此问题又有进一步申说：

> 只为他归宿处不是，只是个自私，为轮回生死。却为释氏之辞善遁，才穷着他，便道我不为这个，到了写在册子上，怎生遁得？且指他浅近处，只烧一文香，便道我有无穷福利，怀却这个心，怎生事神明？②

"二程"先假设佛教否认自家谈轮回生死之说是自私，继而举典籍记载和现实生活中的烧香拜佛求福为例，予以反驳。"二程"对于佛教的义理高妙常有赞赏，并且多次表示不需要和佛教辨别义理深浅，一者是一旦与他辨别义理深浅，常常被佛教吸引住；一者只需从他们的"迹"上已经可以看出他们不符合先王之道，并不需要论其"心"。

（二）"必有事"与"主敬"

以儒家入世的"公道"之心，批判佛教以世界为空幻，求出世解脱是"自私自利"，建立在这种"自私自利"基础上的修养理论，所求者是抛家舍国、一人独适的槁木死灰。

> 佛者一點胡尔，佗本是个自私独善，枯槁山林，自适而已。③

佛教以自私自利之心处世，在山林之间快意其心，在这里"二程"用了"枯槁"一词形容，并不仅仅是一个贬义的形容词，实际上也涉及了对佛教修养论的批评。

---

① "若要不学佛，须是见得他小，便自然不学。"（参见程颢，程颐. 二程集 [M]. 王孝鱼，点校. 2 版. 北京：中华书局，2004：261.）"佛亦是西方贤者，方外山林之士，但为爱胁吓人说利害，其实为利耳。其学譬如以管窥天，谓他不见天不得，只是不广大。"（参见程颢，程颐. 二程集 [M]. 王孝鱼，点校. 2 版. 北京：中华书局，2004：292.）
② 程颢，程颐. 二程集 [M]. 王孝鱼，点校. 2 版. 北京：中华书局，2004：195.
③ 程颢，程颐. 二程集 [M]. 王孝鱼，点校. 2 版. 北京：中华书局，2004：23. 又有"要之，释氏之学，他只是一个自私好黯，闭眉合眼，林间石上自适而已。明言吾理，使学者晓然审其是非，始得。"（参见程颢，程颐. 二程集 [M]. 王孝鱼，点校. 2 版. 北京：中华书局，2004：408.）

所以谓万物一体者，皆有此理，只为从那里来。"生生之谓易"，生则一时生，皆完此理。人则能推，物则气昏，推不得，不可道他物不与有也。人只为自私，将自家躯壳上头起意，故看得道理小了佗底。放这身来，都在万物中一例看，大小大快活。释氏以不知此，去佗身上起意思，奈何那身不得，故却厌恶，要得去尽根尘；为心源不定，故要得如枯木死灰。然没此理，要有此理，除是死也。释氏其实是爱身，放不得，故说许多。譬如负贩之虫，已载不起，犹自更取物在身。又如抱石沉河，以其重愈沉，终不道放下石头，惟嫌重也。①

上文展现了在"二程"的认识中，佛教的自私之心是怎么过渡到具体的修养论。"二程"认为佛教徒因为自私自利之心，不能体认"万物一体"之理，只从自己的身体上下功夫，但身体是客观实在，不能舍弃，故而佛教徒对自己的身体产生了厌恶之心，把身体和世界视为需要去除的根尘，为求心性之定，更进而要求"枯木死灰"。但"二程"从根本上否定了这种可能，因为这种认识违背常情，除非死人才会真的"枯木死灰"②。

"二程"对佛教"枯木死灰"的批评，实可分为两层意思："枯木"是形容身体、形，指向于外，即人对待"事""物"的态度；"死灰"是形容心、智，指向于内，即人内在心性状态。"二程"在很多地方将此二者合为一论，如：

今语道，则须待要寂灭湛静，形便如槁木，心便如死灰。岂有直做墙壁木石而谓之道？所贵乎"智周天地万物而不遗"，又几时要如死灰？所贵乎"动容周旋中礼"，又几时要如槁木？论心术，无如孟子，也只谓"必有事焉"。今既如"槁木死灰"，则却于何处有事？③

所谓"今语道"，既可以理解为得道修行的方法，又可以指得道的境界。

① 程颢，程颐. 二程集 [M]. 王孝鱼，点校. 2版. 北京：中华书局，2004：33. 又有："子曰：'至公无私，大同无我，虽眇然一身在，天地之闲，而与天地无以异也，夫何疑乎？佛者厌苦根尘，是则自利而已。'"（参见程颢，程颐. 二程集 [M]. 王孝鱼，点校. 2版. 北京：中华书局，2004：1172.）

② "盖人活物也，又安得为槁木死灰？既活，则须有动作，须有思虑。必欲为槁木死灰，除是死也。"（参见程颢，程颐. 二程集 [M]. 王孝鱼，点校. 2版. 北京：中华书局，2004：26.）

③ 程颢，程颐. 二程集 [M]. 王孝鱼，点校. 2版. 北京：中华书局，2004：27.

若以得道的修养方法，则"寂灭湛静"指的是思虑断绝、念头沉寂、心澄清不扰乱等义。若以得道境界理解，"寂灭"与"涅槃"同义，均指超脱生死的理想境界。我们认为这里"二程"也是从修养方法和修养境界两方面对佛教"槁木死灰"说进行批判的。

首先，从修养方法上看，"二程"认为学者一谈修养，就是要思虑沉寂灭绝，不起念头，身体如干枯的树木，内心如火灭后的冷灰，这不是说人要如同墙壁石块木头一样才是得了"道"吗？儒家所推崇的得道，是智慧能够周遍天地万物而没有遗漏，是举止仪容、进退揖让、交往应酬都符合礼制。需要说明的是，"智周天地万物而不遗"实则是儒家对圣人境界的完美设想，而"二程"所提出的孟子"必有事焉"的修养方法更多的是就指向于外的处世"有所事"而言，而内在的"心"的修养法，则是"主敬"，具体而言：

学者先务，固在心志。有谓欲屏去闻见知思，则是"绝圣弃智"。有欲屏去思虑，患其纷乱，则是须坐禅入定。如明鉴在此，万物毕照，是鉴之常，难为使之不照。人心不能不交感万物，亦难为使之不思虑。若欲免此，唯是心有主。如何为主？敬而已矣。有主则虚，虚谓邪不能入。无主则实，实谓物来夺之。今夫瓶罍，有水实内，则虽江海之浸，无所能入，安得不虚？无水于内，则停注之水，不可胜注，安得不实？大凡人心，不可二用，用于一事，则他事更不能入者，事为之主也。事为之主，尚无思虑纷扰之患，若主于敬，又焉有此患乎？所谓敬者，主一之谓敬。所谓一者，无适之谓一。且欲涵泳主一之义，一则无二三矣。言敬，无如圣人之言。易所谓"敬以直内，义以方外"，须是直内，乃是主一之义。至于不敢欺，不敢慢、尚不愧于屋漏，皆是敬之事也。但存此涵养，久之自然天理明。①

此处"二程"批判了两种修养方法，一者"绝圣弃智"，代表的是道家道教的修养方法，是对治"闻见知思"的；一者"坐禅入定"，也就是"槁

① 程颢，程颐. 二程集 [M]. 王孝鱼，点校. 2 版. 北京：中华书局，2004：168–169. 又有："学者以屏知见，息思虑为道，不失于绝圣弃智，必流于坐禅入定，夫鉴之至明，则万物毕照，鉴之常也，而佩为使之不照乎，不能不与物接，则有感必应，知见不可屏，而思虑不可息也。欲无外诱之患，惟内有主而后可。主心者，主敬也，主敬者主一也。不一，则二三矣。苟系心于一事，则他事无自入，况于主敬乎？"参见程颢，程颐. 二程集 [M]. 王孝鱼，点校. 2 版. 北京：中华书局，2004：1191.

木死灰"，是对治"思虑纷乱"的。① 因求学者的问题多在"思虑纷乱"，而不是要摒弃聪明智巧，故"二程"之回答也主要针对的是后者。为此，"二程"举了"明鉴"的例子②，明镜能够照天地万物，是明镜的本性，也可以说是镜的天性、天赋功能，如果去除了镜照物的天赋功能，那么镜也就不能称为"镜"。"二程"以镜喻心，其义是指人心要与万物感应，就像镜要照物一样，是天赋的能力，要想让人心不与万事万物发生感应，也就是这里说的"屏去思虑"，是非常的难的。但也并非不可能，想要让人心不思虑，除非是心"主敬"③。"主敬"即"主一"，"主一"则无二三事纷扰，而敬的要义就在于"直内"，不敢欺人、欺神、自欺，不敢傲慢等都属于敬的表现。

以上可以看到，"二程"以内"主敬"与外"必有事"两方面批判佛教"槁木死灰"说，侧重的是修养方法上的批判。

其次，在修养境界上，"二程"认为儒者达到最高理想境界后，所获得的感受与佛教"槁木死灰"不同，其言：

> "鸢飞戾天，鱼跃于渊，言其上下察也。"此一段子思吃紧为人处，与"必有事焉而勿正心"之意同，活泼泼地。会得时；活泼泼地；不会得时，只是弄精神。④

"二程"说"鸢飞戾天，鱼跃于渊"与"必有事焉而勿正心"义同，实

---

① 将"二程"各条语录对照，可知在"二程"的话语中，坐禅入定和"槁木死灰"之说是可以等同的。如"子曰：与叔昔者之学杂，故常以思虑纷扰为患，而今也求所以虚而静之，遂以养气为有助也。夫养气之道，非槁形灰心之谓也。人者生物也，不能不动，而欲槁其形；不能不思，而欲灰其心；心灰而形槁，则是死而已也。其从事于敬以直内，所患则亡矣。"（参见程颢，程颐. 二程集 [M]. 王孝鱼，点校. 2版. 北京：中华书局，2004：1258. ）

② "明鉴"即明镜，以镜喻人心，是道家常用的比喻，如老子"涤除玄览"，被引用更多的是出自《庄子·应帝王》，"至人之用心若镜，不将不迎，应而不藏"。在佛教也有神秀、慧能的名偈。关于镜与心的比喻，以及反映了怎样的圣人观，问题比较复杂，我们在这里不再详述，可参看本书第二章第二节《韩康伯"坐忘遗照"研究》。

③ 道家除用镜比喻人心外，还常用水比喻人心，水动则浑浊，水静则澄清，水澄清能照物，道家以此例来说明，得道的修养法在于"静"。以水比喻人心，在"二程"也有使用，如"问：'杂说中以赤子之心为已发，是否？'曰：'已发而去道未远也。'曰：'大人不失赤子之心，若何？'曰：'取其纯一近道也。'曰：'赤子之心与圣人之心若何？'曰：'圣人之心，如镜，如止水。'"（参见程颢，程颐. 二程集 [M]. 王孝鱼，点校. 2版. 北京：中华书局，2004：201. ）但"二程"思想成熟后，对"静"与"敬"有自觉的区别。

④ 程颢，程颐. 二程集 [M]. 王孝鱼，点校. 2版. 北京：中华书局，2004：59.

指二者所蕴含的境界义相同。鸢飞鱼跃是"活泼泼地",儒者通过"必有事焉而勿正心"的修养功夫,所自然呈现的境界也是"活泼泼地",此"活泼泼地"正与佛教"槁木死灰"相反。

此处"活泼泼地"与"颜子仲尼所乐何处""吟风弄月以归,吾与点也"①"观万物皆有春意"②"窗前草不除去"③"大小大快活"④"学至涵养其所得而至于乐,则清明高远矣"⑤ 等所蕴含的儒者境界是相通的。由鸢飞、鱼跃、风、月、万物、窗前草、驴鸣等天地万物之中,体会到乐、春意、快活、清明高远,是人通过对天地万物的直觉认识(所谓"观"),感受到天地万物之中的勃勃生机,进而认识到大道、天理的生生不息,由万物之生机见天地(天理、大道)之生生,由万物之自然而然,各有其性、各有其所见天理、大道之自然。学者通过观察大道之生生、自然,感受到春意、快活,进而涵养出"一团和气"⑥,最终达到"仁者与天地万物为一体"的境界。而这种"乐""生生"的境界自然与"二程"所批评的佛教"槁木死灰"、寂灭湛静有所不同。

但我们在这里要强调的是,"二程"所批判的佛教"槁木死灰"说,并不能代表佛教的理论水平,佛教自身对此说已有大量反思批判,禅宗在中唐

---

① "某自再见茂叔后,吟风弄月以归,有'吾与点也'之意。"(参见程颢,程颐. 二程集 [M]. 王孝鱼,点校. 2 版. 北京:中华书局,2004:59.)

② "而庄周强要齐物,然而物终不齐也。尧夫有言:'泥空终是着,齐物到头争。'此其肃如秋,其和如春。如秋,便是'义以方外'也。如春,观万物皆有春意。尧夫有诗云:'拍拍满怀都是春。'又曰:'芙蓉月向怀中照,杨柳风来面上吹。'不止风月,言皆有理。又曰:'卷舒万古兴亡手,出入几重云水身。'若庄周,大抵寓言,要入佗放荡之场。尧夫却皆有理,万事皆出于理,自以为皆有理,故要得纵心妄行总不妨。"参见程颢,程颐. 二程集 [M]. 王孝鱼,点校. 2 版. 北京:中华书局,2004:33.

③ "周茂叔窗前草不除去,问之,云:'与自家意思一般。'子厚观驴鸣,亦须如此。"参见程颢,程颐. 二程集 [M]. 王孝鱼,点校. 2 版. 北京:中华书局,2004:60.

④ "人于天地间,并无窒碍处,大小大快活。"参见程颢,程颐. 二程集 [M]. 王孝鱼,点校. 2 版. 北京:中华书局,2004:152.

⑤ "学至涵养其所得而至于乐,则清明高远矣。"参见程颢,程颐. 二程集 [M]. 王孝鱼,点校. 2 版. 北京:中华书局,2004:1189.

⑥ "明道先生坐如泥塑人,接人则浑是一团和气。"参见程颢,程颐. 二程集 [M]. 王孝鱼,点校. 2 版. 北京:中华书局,2004:426.

以后还回归庄子，提出参"枯木龙吟"的话头，此前文已言。① 有学者指出，宋儒对佛教存在着认识上"常识化、片面化"的"非自觉性误读"，也有着价值论上"儒学化、实用化"的"自觉性误读"②，笔者表示同意。

之所以在现存文献中可以看到"二程"对"静坐"持既赞扬又批判的态度，是因为"二程"思想的形成经过了"出入老释"到"反求诸六经"的历程性。具体体现为：早期受家学和师传的影响，"二程"对"静坐"持肯定的态度；后期思想成熟后，"二程"提出"主敬"说对"静坐""坐忘"予以批判。但需要说明的是，"二程"从"静坐"说过渡到"主敬"说并非一蹴而就的。前文言，"二程"论"心"应如何修养一段，有四种见解，分别是以"心""虚静"，为进道之法；强调"心""寂湛"，不是"释氏摄心之术"；"闭目静坐"以"养心"；"坐如尸，立如齐"以"养志"。除"养志"为"主敬"说，其余三种见解并不仅仅是他人所持的意见，更是"二程"曾经挣扎过的心路历程。

站在儒家的价值立场，"二程"迫切地希望用儒家的"主敬"说替代佛老的"静坐"，即将"敬"与"静"分别开来。但前文已经说明，在"静"的修养当中寻求"天人"合一是跨文化、跨地域的共性，这种共性根源于"人"的天赋能力，作为同一物种的"人"在此天赋能力上并无差别。"二程"在道统、学统上辟佛的努力可以理解，但欲以一种理论学说掩盖"人"的天赋之能注定不可行。笔者认为"二程"在经过思考之后对此已有所见，

① 再有"二程""静后，见万物自然皆有春意"一说，是从《系辞》"天地之德大曰生"的生生义入手，包涵了丰富的儒家价值内涵，但作为一种修养境界，唐代禅师已经予以超越。唐长沙景岑"作么游山归，首座问：'和尚甚处去来？'师曰：'游山来。'座曰：'到甚么处？'师曰：'始从芳草去，又逐落花回。'座曰：'大似春意。'师曰：'也胜秋露滴芙蕖。'"（参见普济. 五灯会元 [M]. 苏渊雷，点校. 北京：中华书局，1984：208.）长沙景岑，生卒年不详，师从南泉普愿，"也胜秋露滴芙蕖"，表示长沙景岑并不执着于"春意"，当然也不执着于"秋意"，一切随运自在。《祖堂集》载有与此禅机同趣者，"师问：'从什摩处来？'对曰：'天台国清寺来。'师曰：'承闻天台有青青之水、绿绿之波。谢子远来，子意如何？'对曰：'久居岩谷，不挂森萝。'师曰：'此犹是春意，秋意如何？'佛日无对。师曰：'看君只是撑船汉，终归不是弄潮人'"（静、筠二禅师. 祖堂集 [M]. 孙昌武，点校. 北京：中华书局，2007：327），对话者是佛日本空和药山惟俨再传法嗣夹山善会，夹山善会所表达的境界同于长沙景岑，皆是用"秋"来超越对"春"的执着，进而不执着二者。

② 李承贵. 宋儒误读佛教的情形及其原因 [J]. 湖南大学学报，2013（5）.

其所言："敬则自虚静，不可把虚静唤做敬"①，"静坐独处不难，居广居、应天下为难"②。似可看作"二程"对分判"静坐"与"主敬"的妥协③，其最终仍采用"静坐"的形式教导弟子④，只是将"静坐"的指导理念替换为儒家思想内涵。这种情形类似于前文所说的禅宗诸师虽用"禅"之名，但"禅"的思想内涵已替换为庄子学说相近。"二程""忘敬而后无不敬"的说法，似也显示"二程"最终在境界层面上选择融合"坐忘"思想，用"忘敬"超越了"主敬"⑤。事实上，后世儒者也多有以"坐忘"法"静坐"者，如明代大儒陈白沙的"静坐"思想便以"坐忘"为内核⑥；王阳明早年也曾实践"坐忘"，并达到了很深的境界⑦。

　　总结以上两节内容，笔者认为，"禅"之本义，作为一种修养论，兼具修

① 程颢，程颐. 二程集 [M]. 王孝鱼，点校. 2 版. 北京：中华书局，2004：157.《管子·内业》有"守礼莫若敬，守敬莫若静。内静外敬，能反其性，性将大定"，"二程"的"主敬"说，有其儒家逻辑的一惯性，未必是受稷下道家"内静外敬"说的影响，但二者对"静"与"敬"问题的关注，则无疑有其相似性，值得进一步探讨。

② 程颢，程颐. 二程集 [M]. 王孝鱼，点校. 2 版. 北京：中华书局，2004：98."广居"即"仁"也，"应天下"与"应物"似又有所差别，"应天下"更侧重"民"，即圣人怀"仁"以经世济民。这里可以看成，"二程"坦然接受了"静坐"说，又以儒家的核心"仁"对"静坐"功夫提出了更高的要求。

③ 朱熹有"黑底虚静""白底虚静"的说法，无疑也是词穷之语。参见黎靖德. 朱子语类 [M]. 王星贤，注解. 北京：中华书局，1986：2909.

④ 这从"二程"弟子辈杨时、罗从彦、谢良佐，二传弟子李侗均实践"静坐"可以推断。

⑤ 邵雍之子邵伯温所撰《邵氏闻见录》，记载了这样一则故事："伊川先生贬涪州，渡汉江，中流船几覆，舟中人皆号哭，伊川独正襟安坐如常，已而及岸，同舟有老父问曰：'当船危时，君正坐色甚庄，何也？'伊川曰：'心存诚敬耳。'老父曰：'心存诚敬固善，然不若无心。'伊川欲与之言而老父径去。"参见程颢，程颐. 二程集 [M]. 王孝鱼，点校. 2 版. 北京：中华书局，2004：423. 这个事件的真假当然已经无从考证，但这个被记载下来的事件展现了一种态度，即时人对"二程"的"主敬"说并非全然接受，"无心"即"忘"，所指的是道家和禅宗的修养论，此则故事即站在道家、禅宗修养立场上对"二程"的"主敬"说提出了反批评

⑥ 陈白沙有："是岂无害于圣，终不如坐忘之愈也"（《与张廷实主事·十四》）；"隐几一室内，兀兀同坐忘"（《和杨龟山此日不再得韵》）；"坐忘一室内，天地极劳攘"（《八月二十四日飓风作，多溺死者》）等说法（参见陈献章. 陈献章集 [M]. 孙通海，点校. 北京：中华书局，1987：167，279，766），学者多认为陈白沙的"静坐"是以"坐忘"思想为内核。参见郑宗义. 明儒陈白沙学思探微——兼释心学言觉悟与自然之义 [J]. 中国文哲研究集刊，1990（15）；王光松. 陈白沙的"坐法""观法"与儒家静坐传统 [J]. 中山大学学报，2016（4）.

⑦ 王龙溪记载："自谓（王阳明）尝于静中内照形躯如水晶宫，忘己忘物，忘天忘地，与空虚同体。光耀神气，恍惚变化，似欲言而忘其所以言，乃真境象也。"参见王畿. 王畿集 [M]. 吴震，编校整理. 南京：凤凰出版社，2007：33.

养方法和修养境界两方面，而这两方面又可以根据其不同侧重描述为"定"和"慧"，也就是说"禅"本身就是兼"定""慧"的。印度起源的"禅"与老子的"虚静"不只是在"坐"的形式，而且在"天人合一"的感受上，都有相通之处。这是因为作为同一物种的"人"，在生理结构和天赋能力上并没有根本的差别，故而古今中外、东方西方的"人"在追寻存在意义上，体现了超越文化、超越时空的共性。当然，在共性之外，文化的差异性也是更为显著的。具体到修养论上，喜好名相分析的印度与"禅"相关的修养论也极为庞大繁杂，但这种繁杂的"禅"自传入中国始便为适应中国文化土壤而一步步简化。最终在唐代完全中国化的禅宗那里，"禅"的理论核心已无限趋近于庄子之"忘"，此时的"禅"则几同于"坐忘"，反而是强调"坐禅"时则常被斥责为小乘"枯木禅"。在修养境界，理想人格上，禅师与庄子也体现了一样的旨趣，即成为日常生活中的"庸人"。在佛道教的影响下，很多儒家学者也采用"静坐"这一修养形式，但为理学做出开拓性贡献的"二程"不满足于此，他们一方面批判"静坐"，一方面以儒家的思想内涵重新定义"静坐"，并最终将"静坐"作为一种修养方法在理学中传承下来。

结 论

在庄子思想中，作为修养论的"坐忘"具体展开为"坐而忘"的修养方法和"坐于忘"的修养境界。

近代以来，学者根据《淮南子·道应》所载"坐忘"寓言先"忘礼乐"后"忘仁义"的次序，主张传世本"坐忘"寓言有误。但实际上《淮南子·道应》所引"坐忘"寓言经过了编撰者改动，不足以成为证明通行"坐忘"寓言文本有误的依据。因此，"坐忘"修养论所依循的修养次第是先"忘仁义"，后"忘礼乐"，继而"堕肢体，黜聪明，离形去知，同于大通"。具体而言，"忘仁义"即无心于儒墨之"是非"，"忘礼乐"即无心于追求作为同一标准的"同是"。"坐忘"寓言的"忘仁义""忘礼乐"的先后次第，与庄子在《庄子·齐物论》中由批判"是非"，再推至批判"同是"的认识逻辑是一致的。

再言之，在整个庄文中，"堕肢体"与"离形"、"黜聪明"与"去知"可以完全等同。但在"坐忘"寓言，"堕肢体，黜聪明"与"离形去知"因语序不同，所强调的内容也有所不同，前者侧重描述修养方法，后者侧重描述修养有成时所自然呈现的身心状态，即境界，这种"境界"是包含"同于大通"的。即具体到"堕肢体，黜聪明，离形去知，同于大通"一句，"堕肢体、黜聪明"侧重描述修养方法，"离形去知，同于大通"侧重描述修养境界。"堕体黜聪""离形去知"在庄文又常被表述为"槁木死灰"。如果脱离"坐忘"寓言具体语境，"堕肢体""黜聪明""离形""去知""槁木死灰"等的任意一个内容，则可独立成义，均作为境界语，义同"堕体黜聪、同于大通"，或"离形去知、同于大通"，或"吾丧我"所描述的"槁木死灰"必得闻"天籁"。"坐忘"寓言的"隳体黜聪""离形去知"与"大通"，"吾丧我"寓言的"槁木死灰""天籁"，不是 a 或 b 的关系，而是 a 且 b 的关系，只有这种并列的关系才是庄子的"坐忘""吾丧我"，若不如此，则流于后世所说的"枯木禅"。

"隳肢体""离形"的"肢体""形"，即"一受其成形"的"成形"，"黜聪明""去知"的"聪明""知"，即"夫随其成心而师之"的"成心"。"一受其成形"，是庄子对在"世"之难，及"命"之"不得已"的认识，是"隳肢体、黜聪明"的修养前提。"夫随其成心而师之"则为"是非""同是"等争执产生的根源。"隳肢体、黜聪明"的修养目的即"寓诸庸"，也就是"无用"之"庸人"的存在方式，这种"庸人"的存在方式又具体呈现为"离形去知""槁木死灰"的身心状态。但需要注意的是，庄子的"无用"是以捍卫人的内在价值为目的，其所要成为的"庸人"不是弃世隐逸者，而是在世间"逍遥游"者。

概言之，庄子有见于儒墨诸家以仁义是非相互攻伐，便对"是非"问题产生了怀疑，进而推演出"两行"的逻辑原理，主张"忘仁义"之"是非"，"忘礼乐"之"同是"；身逢乱世，"一受其成形"，此为"命"之肇端，无可奈何，又"随其成心而师之"，更困厄于此世。庄子从"命"之"不得已"推出"无用"可以保生，主张"隳肢体、黜聪明"，最终自觉地选择以"槁木死灰""同于大通"的"庸人"的面貌游于世间。从修养方法的角度来讲，是以"齐物"的认识论指导"忘仁义""忘礼乐""隳体黜聪"的次第性修养，其具体实践与"心斋"一类的坐式行气有关，此即"坐而忘"；从修养境界的角度来讲，则是通过这种次第性身心实践所必然、自然呈现出的"离形去知、同于大通"（"槁木死灰"者，必得闻"天籁"）的身心状态，这种身心状态在日常生活中的落实，即"逍遥游"的"庸人"，此即"坐于忘"。

秦汉时期的庄学发展相对沉寂，刘安、董仲舒、严遵等人常用"槁木死灰"形容理想的"真人""圣人"境界，但并未超出庄子对"坐忘"的界定。真正对"坐忘"做出全新解释且又有重要影响的是魏晋玄学家和道教徒。

魏晋玄学家主要发展了"坐忘"的修养境界义，代表人物是郭象和韩康伯。郭象消解了庄子"坐忘"的修养方法义，他用"坐忘"境界统合圣人的

"内圣外王"，在"内圣"层面呈现为"自得逍遥"，在"外王"层面呈现为"应物"。郭象的"适性逍遥"说，是人人皆可"逍遥"，但"自得应物"的"坐忘"境界则为圣人所独有，其中圣人"应物"的能力是一种天赋的超越之能，这使郭象的"坐忘"境界不可避免地沾染了神秘性。韩康伯所提出的"坐忘遗照"说也是对"坐忘"境界义的拓展，他主张"神"是圣人的最高境界，而"坐忘遗照"是圣人"神"境界具体呈现，即内在的"至虚""不思"与对外的"玄览""善应"。相较于庄子的"坐忘"，韩康伯的"坐忘遗照"说受郭象的"坐忘"思想影响更大。

郭、韩二人对"坐忘"的认识有同有异，同者在于二人均将"坐忘"视为圣人的境界，异者在于郭象将"坐忘"视为圣人的最高境界，"自得""应物"是这种境界的具体体现，韩康伯则将"神"视为圣人的最高境界，"坐忘"只是圣人之"神"境界的内在体现。在"圣人"理想人格上，郭、韩均认为"圣人"有超验的"应物"之能，但郭象突出的是圣人在"应物"时有"自得""逍遥"之乐，受庄子"逍遥"说影响较大，而韩康伯则认为圣人是以"至虚""不思"的状态"应物"，受老子"虚静"和王弼"圣人体无"说影响较大。同时，韩康伯直接以"坐忘遗照"注解圣人"神"的境界，也将郭象以"坐忘"境界塑造"圣人"理想人格时所隐含的神秘性体现得淋漓尽致。

道教主要发展了"坐忘"的修养方法义。早期道教对"坐忘"的理解有两种取向，或将其视为与"心斋"相类的斋法，或将其视为传统存思术。随着道教深化义理的需要，经过郭象发挥的"坐忘""兼忘"思想，被道教吸收为一种思维方式，并与佛教中观学结合，形成了重玄学，并发展为一种学术思潮。重玄学侧重智慧解悟，落实到身心实践上即为心性修养，传统的追求肉体长存的炼养术当然不能满足重玄学的需要，而本身在逻辑基础上与重玄学关系最为密切的"坐忘"便被发展为一种"舍形入真"的修养理论，其"心性"修养的面向被推至极致。与此同时，也有道教学者在坚持肉身成仙的基础上，融合重玄学智慧解悟的思路，在修养理论上主张"形气""心性"双修。在这种理论指导下，"坐忘"有了更多的阐释空间：一者如云本《坐忘论》直接将"坐忘"完善为一整套修行实践，从入手功夫到得道境界都给予了描述，也强调以"坐忘"修道法可以获得形神兼备的修养效果；一者如《天隐子》、石刻本《坐忘论》，在坚持实践道教传统炼形术的前提下，兼以"坐忘"修"心性"，最终达到形神双修的最高境界。其中后者对"坐忘"的理解，与钟吕金丹道对"坐忘"的理解相近，都仅将"坐忘"视为修性方法，只是钟吕的命功较前者更为周密。

结合整个道教"坐忘"思想的发展来看，道教对于"坐忘"的接受与阐释与道教义理学、炼养学的发展是一致的，"坐忘"从作为一种方术被接受，最终被更为综合的、复杂的内丹学所吸收。在这个过程中，"坐忘"逐渐脱离庄子"坐忘"原貌，内容更加丰富，层次更加分明，方法也愈加程式化。

除魏晋玄学和道教对"坐忘"的发展之外，"坐忘"与佛教"禅"的交流、融合，以及与理学"静坐"的渊源也值得重视。

东汉时期佛教传入中国，借鉴老庄思想展开译经活动，其中就包括"坐忘""枯木死灰"等术语。"坐忘""枯木死灰"等带有特定思想内涵的理论术语，一旦被借用本身也就代表着思想上的交流，当然站在特定立场的借用，必然要以赋予其新的意义为前提。据佛教典籍记载，释迦牟尼觉悟前曾向外道学习苦行，致使身体羸弱，佛教徒在译经中就用"枯木死灰"来形容释迦牟尼苦行禅定时的身心状况。随着释迦牟尼被不断神话，"枯木死灰"的苦行禅定与小乘佛教的最高解脱果位"涅槃"联系在一起，用以形容涅槃境界、涅槃果位，进而可以与"涅槃"相互指代使用。在这种翻译的误打误撞中，佛道在最高境界的认识上建立了沟通契机。

早期佛教用庄子"坐忘"的"枯木死灰"形容小乘"苦行禅定"的身心状态，这无疑是对庄子"枯木死灰"说的曲解。大乘教义在中国兴盛之后，多直接批判小乘"枯木死灰"的修行理论，并将此视为分判大、小乘佛教的依据之一。"完全中国化"的禅宗从"枯木死灰"的苦行禅翻出"枯木龙吟"，既是对此前误解的纠偏，也是对庄子思想的复归。中国禅师将"禅"的实践落实到日用生活，禅宗虽然仍用译自印度的"禅"之名，但其思想的核心则大部分与老庄特别是庄子相契，其"禅"的理论内核也被庄子的"坐忘"思想内涵所取代。

在佛教、道教的影响下，很多儒家学者也采用"静坐"这一修养形式，但为理学做出开拓性贡献的"二程"并不满足于此，他们将"静坐"等同于佛教的"枯木死灰"，并展开为修养方法和修养境界两方面的批评。

在修养方法的批评上，"二程"用"枯木"形容佛教对身体、形的修养，指向于外，并以孟子"必有事焉"的处世"有所事"批判佛教对待"事""物""自私自利"的态度；用"死灰"形容佛教对心、智的修养，指向于内，并以"主敬"说批判佛教徒追求寂灭湛静的心性趋向。在修养境界的批评上，"二程"主张儒者修养功夫达到一定阶段之后，可以在鸢飞、鱼跃、风、月、万物、窗前草、驴鸣等天地万物之中体会到乐、春意、快活、清明高远，通过对天地万物的直觉认识，感受天地万物之中的勃勃生机，进而认识到大道、天理的生生不息，进而涵养出"一团和气"，最终可以达到"仁者与天地万物为一体"的境界。而这种儒者所感受到的"乐""生生"的境界与佛教"槁木死灰"、寂灭湛静状态迥然有别。

事实上，不管是"坐忘""坐禅"还是"静坐"，作为修养论，它们都兼具修养方法和修养境界两方面的内容。在修养方法上，"坐"是共通的外在形式，在修养境界上，修行者主观感受到的"天人合一"的宁静喜悦，也有一致性。这是因为作为同一物种的"人"，在生理结构和天赋能力上并没有根本的差别，故而古今中外、东方西方的"人"在追寻存在意义上，体现了超越文化、超越时空的共性。当然，在共性之外，差异性的文化致使作为修养方法的认识基础和修养境界的人格落实有所不同，认识基础与人格落实又可以归为对"意义"的认识和证成。譬如前文所说的儒释道三家学者因为所处的时代背景、所习得的理论知识、所处的学术立场不同，对原本是形容"坐忘"修行所得的身心状态——"槁木死灰"或批判或肯定，便显示了他们不同的学术旨趣与意义追求。

我们当下也许不再需要通过像"坐忘""坐禅""静坐"这样带有宗教色彩的修养论去追问"意义"、去塑造人格，但不管选择哪种途径去寻找意义、去证成意义，去"成人"，都少不了知识的习得与功夫的践履，这是古今中外的修养论不断向我们揭示的。就我们今日而言，没有任何一种"意义"被视为天经地义的正确，也许在很多人看来，这是一种思想的危机、文化的危机。但在庄子那里思想的多元化，正是他所期望的，每一个个体价值的鲜活涌动，就是他所讲的在日常生活中的"庸人"。

如果借用郭象的"自得应物"和道教的"性命"之学来说明庄子以及禅师的"庸人"究竟是一种怎样的生活状态，笔者以为："自得"是个人在日常生活中对实践意义的追寻，以此对抗日常生活的无聊和痛苦，使"天籁"成为日常。"应物"是个体在关系中的实践，是个体对于多重身份天然责任的理解、认同、践履，是"天下大同"的基础。宗教的彼岸落实到日常生活，性命之学在穿衣吃饭中也可以得到贯通。按照身体所需安排饮食、休息，是形体生命长存的基本前提，是"命功"；吃饭时，好好吃饭，睡觉时，好好睡觉，则是心性修养的落实，是"性功"。适量的运动是"命功"，自律的运动是"性功"；由工作而获得报酬以存养身体，是"命功"，由敬业而专业到技进于道，是"性功"。在日常生活的穿衣吃饭中，"性命"双修已然可以得到落实。

参考文献

古籍类

[1] 河上公. 老子道德经河上公章句 [M]. 王卡，点校. 北京：中华书局，1993.

[2] 韩婴. 韩诗外传集释 [M]. 许维遹，校释. 北京：中华书局，1980.

[3] 司马迁. 史记 [M]. 北京：中华书局，1959.

[4] 严遵. 老子指归 [M]. 王德有，点校. 北京：中华书局，1994.

[5] 班固. 汉书 [M]. 北京：中华书局，1962.

[6] 许慎. 说文解字注 [M]. 段玉裁，注. 上海：上海古籍出版社，1981.

[7] 礼记正义 [M]. 郑玄，注. 孔颖达，疏. 北京：北京大学出版社，2000.

[8] 王弼. 王弼集校释 [M]. 楼宇烈，校释. 北京：中华书局，1980.

[9] 周易正义 [M]. 王弼，注. 孔颖达，疏. 卢光明，李申，整理. 北京：北京大学出版社，2000.

[10] 嵇康. 嵇康集校注 [M]. 戴明扬，校注. 北京：中华书局，2014.

[11] 陈寿. 三国志 [M]. 北京：中华书局，1959.

[12] 郭璞. 尔雅注疏 [M]. 邢昺，疏. 北京：北京大学出版社，2000.

[13] 支道林. 阿弥陀佛像赞并序 [M] //石峻，楼宇烈，方立天，等. 中国佛教思想资料选编：第一册. 北京：中华书局，2014.

[14] 慧远. 念佛三昧诗集序 [M] //石峻，楼宇烈，方立天，等. 中国佛教思想资料选编：第一册. 北京：中华书局，2014.

[15] 范晔. 后汉书 [M]. 北京：中华书局，1965.

[16] 释僧祐. 出三藏记集 [M]. 苏晋仁，注解. 北京：中华书局，1995.

[17] 宋文明. 灵宝经义疏 [M] //张继禹. 中华道藏：第5册. 北京：华夏出版社，2004.

［18］陶弘景. 登真隐诀辑校［M］. 王家葵，辑校. 北京：中华书局，2011.

［19］陶弘景. 养性延命录校注［M］. 王家葵，校注. 北京：中华书局，2014.

［20］皇侃. 论语义疏［M］. 高尚榘，校点. 北京：中华书局，2013.

［21］萧统. 文选［M］. 李善，注. 上海：上海古籍出版社，1986.

［22］萧子显. 南齐书［M］. 北京：中华书局，1972.

［23］天隐子. 天隐子［M］//丛书集成初编：第573册. 北京：中华书局，1985.

［24］赵志坚. 道德真经疏义［M］//中华道藏：第9册. 北京：华夏出版社，2004.

［25］慧能. 坛经校释［M］. 郭朋，校释. 北京：中华书局，1983.

［26］玄觉. 永嘉证道歌［M］//石峻，楼宇烈，方立天，等. 中国佛教思想资料选编：第五册. 北京：中华书局，2014.

［27］智昇. 开元释教录［M］. 富世平，点校. 北京：中华书局，2018.

［28］李林甫. 唐六典［M］. 陈仲文，点校. 北京：中华书局，1992.

［29］陆德明. 经典释文［M］. 张一弓，点校. 上海：上海古籍出版社，2012.

［30］李鼎祚. 周易集解［M］. 王丰先，点校. 北京：中华书局，2016.

［31］韩愈，李翱. 论语笔解［M］//文渊阁四库全书：第196册. 台北：台湾商务印书馆，1986.

［32］宗密. 禅源诸诠集都序［M］. 邱高兴，校注. 郑州：中州古籍出版社，2008.

［33］裴休. 筠州黄檗山断际禅师传心法要［M］//石峻，楼宇烈，方立天，等. 中国佛教思想资料选编：第五册. 北京：中华书局，2014.

［34］静筠二禅师. 祖堂集［M］. 孙昌武，点校. 北京：中华书局，2007.

［35］刘昫. 旧唐书［M］. 北京：中华书局，1975.

［36］赞宁. 宋高僧传［M］. 范祥雍，点校. 北京：中华书局，1987.

［37］张君房. 云笈七签［M］. 李永晟，点校. 北京：中华书局，2003.

［38］晁迥. 法藏碎金录［M］//文渊阁四库全书：第1052册. 台北：台湾

商务印书馆，1986．

［39］王尧臣．崇文总目［M］//文渊阁四库全书：第674册．台北：台湾商务印书馆，1986．

［40］欧阳修．新唐书［M］．北京：中华书局，1975．

［41］吕惠卿．庄子义集校［M］．汤君，集校．北京：中华书局，2009．

［42］邵雍．邵雍集［M］．郭彧，整理．北京：中华书局，2010．

［43］程颢，程颐．二程集［M］．王孝鱼，点校．2版．北京：中华书局，2004．

［44］洪兴祖．楚辞补注［M］．白化文，点校．北京：中华书局，1983．

［45］郑樵．通志二十略［M］．王树民，点校．北京：中华书局，1995．

［46］秘书省续编到四库阙书目［M］//丛书集成续编：第67册．上海：上海书店，1994．

［47］赜藏主．古尊宿语录［M］．萧萐父，点校．北京：中华书局，1994．

［48］晁公武．郡斋读书志校证［M］．孙猛，校证．上海：上海古籍出版社，2011．

［49］普济．五灯会元［M］．苏渊雷，点校．北京：中华书局，1984．

［50］褚伯秀．南华真经义海纂微［M］．方勇，点校．北京：中华书局，2018．

［51］叶采．近思录集解［M］．程水龙，校注．北京：中华书局，2017．

［52］黎靖德．朱子语类［M］．王星贤，注解．北京：中华书局，1986．

［53］林希逸．庄子鬳斋口义校注［M］．周启成，校注．北京：中华书局，1997．

［54］罗勉道．南华真经循本［M］．李波，点校．北京：中华书局，2016．

［55］脱脱．宋史［M］．北京：中华书局，1985．

［56］陈献章．陈献章集［M］．孙通海，点校．北京：中华书局，1987．

［57］王畿．王畿集［M］．吴震，编校整理．南京：凤凰出版社，2007．

［58］释德清．庄子内篇注［M］．黄署晖，点校．上海：华东师范大学出版社，2009．

［59］王夫之．老子衍·庄子通·庄子解［M］．王孝鱼，点校．北京：中华书局，2009．

［60］王夫之. 周易外传［M］. 北京：中华书局，2009.

［61］黄永玉. 敦煌宝藏：第131册［M］. 台北：新文丰出版公司，1986.

［62］葆真子. 真诠［M］//藏外道书：第10册. 成都：巴蜀书社，1992.

［63］张志聪. 黄帝内经集注［M］. 杭州：浙江古籍出版社，2002.

［64］林云铭. 庄子因［M］. 张京华，点校. 上海：华东师范大学出版社，2011.

［65］宣颖. 南华经解［M］. 曹础基，点校. 广州：广东人民出版社，2008.

［66］董浩，等. 全唐文［M］. 北京：中华书局，1983.

［67］焦循. 孟子正义［M］. 沈文倬，点校. 北京：中华书局，1987.

［68］陈立. 白虎通疏证［M］. 吴则虞，点校. 北京：中华书局，1994.

［69］郭庆藩. 庄子集释［M］. 王孝鱼，点校. 3版. 北京：中华书局，2012.

［70］马其昶. 定本庄子故［M］. 马茂元，编次. 合肥：黄山书社，1989.

［71］王先谦. 庄子集解·庄子集解内篇补正［M］. 刘武，补正. 沈啸寰，点校. 2版. 北京：中华书局，2012.

［72］王先谦. 荀子集解［M］. 沈啸寰，王星贤，点校. 北京：中华书局，1988.

［73］苏舆. 春秋繁露义证［M］. 钟哲，点校. 北京：中华书局，1992.

［74］五十奥义书［M］. 徐梵澄，译. 北京：中国社会科学出版社，1984.

［75］高明. 帛书老子校注［M］. 北京：中华书局，1996.

［76］经集［M］. 郭良鋆，译. 北京：中国社会科学出版社，1990.

［77］程树德. 论语集释［M］. 北京：中华书局，1990.

［78］杨伯峻. 春秋左传注［M］. 北京：中华书局，2009.

［79］高亨. 周易大传今注［M］. 北京：清华大学出版社，2010.

［80］黎翔凤. 管子校注［M］. 北京：中华书局，2009.

［81］朱桂曜. 庄子内篇证补［M］//严灵峰. 无求备斋庄子集成初编：第26册. 台北：艺文印书馆，1972.

［82］闻一多. 庄子内篇校释［M］//无求备斋庄子集成续编：第42册. 台北：艺文印书馆，1974.

［83］马叙伦. 庄子义证·庄子天下篇述义［M］. 杭州：浙江古籍出版社，2019.

［84］刘文典．庄子补正［M］．北京：中华书局，2015.

［85］钱穆．庄子纂笺［M］．北京：九州出版社，2011.

［86］钟泰．庄子发微［M］．上海：上海古籍出版社，2002.

［87］王叔岷．庄子校诠［M］．北京：中华书局，2007.

［88］张默生．庄子新释［M］．北京：新世界出版社，2007.

［89］陈鼓应．庄子今注今译［M］．2版．北京：中华书局，2009.

［90］曹础基．庄子浅注［M］．北京：中华书局，2014.

［91］黄怀信．鹖冠子［M］．北京：中华书局，2014.

［92］楼宇烈．荀子新注［M］．北京：中华书局，2018.

［93］韩非子新校注［M］．陈奇猷，校注．上海：上海古籍出版社，2000.

［94］刘文典．淮南鸿烈集解［M］．北京：中华书局，1997.

［95］张双棣．淮南子校释［M］．北京：北京大学出版社，1997.

［96］何宁．淮南子集释［M］．北京：中华书局，1998.

［97］王利器．盐铁论校注［M］．北京：中华书局，1992.

［98］黄晖．论衡校释［M］．北京：中华书局，1990.

［99］王明．太平经合校［M］．北京：中华书局，1960.

［100］王明．抱朴子内篇校释［M］．2版．北京：中华书局，1985.

［101］余嘉锡．世说新语笺疏［M］．周祖谟，余淑宜，整理．北京：中华书局，1983.

［102］杨伯峻．列子集释［M］．北京：中华书局，1979.

［103］敦煌本《太玄真一本际经》辑校［M］．叶贵良，辑校．成都：巴蜀书社，2010.

［104］朱森溥．玄珠录校释［M］．成都：巴蜀书社，1989.

［105］司马承祯集［M］．吴受琚，辑释．北京：社会科学文献出版社，2013.

［106］马祖语录［M］．邢东风，辑校．郑州：中州古籍出版社，2008.

［107］钟吕传道集·西山群仙会真记［M］．高丽杨，点校．北京：中华书局，2015.

［108］邹同庆，王宗堂．苏东坡词编年校注［M］．北京：中华书局，2007.

［109］傅璇宗．唐才子传校笺［M］．北京：中华书局，1995.

《正统道藏》相关古籍

［1］上清丹景道精隐地八术经［M］//正统道藏：第33册．北京：文物出版社；上海：上海书店；天津：天津古籍出版社，1988．

［2］洞真太上说智慧消魔真经［M］//正统道藏：第33册．北京：文物出版社；上海：上海书店；天津：天津古籍出版社，1988．

［3］上清太一金阙玉玺金真纪［M］//正统道藏：第6册．北京：文物出版社；上海：上海书店；天津：天津古籍出版社，1988．

［4］洞真太上飞行羽经九真升玄上记［M］//正统道藏：第33册．北京：文物出版社；上海：上海书店；天津：天津古籍出版社，1988．

［5］陆修静．洞玄灵宝五感文［M］//正统道藏：第32册．北京：文物出版社；上海：上海书店；天津：天津古籍出版社，1988．

［6］陶弘景．真诰［M］//正统道藏：第20册．北京：文物出版社；上海：上海书店；天津：天津古籍出版社，1988．

［7］上清握中诀［M］//正统道藏：第2册．北京：文物出版社；上海：上海书店；天津：天津古籍出版社，1988．

［8］道德经古本篇［M］．傅奕，校定//正统道藏：第11册．北京：文物出版社；上海：上海书店；天津：天津古籍出版社，1988．

［9］孟安排．道教义枢［M］//正统道藏：第24册．北京：文物出版社；上海：上海书店；天津：天津古籍出版社，1988．

［10］王玄览．玄珠录［M］//正统道藏：第23册．北京：文物出版社；上海：上海书店；天津：天津古籍出版社，1988．

［11］王悬河．三洞珠囊［M］//正统道藏：第25册．北京：文物出版社；上海：上海书店；天津：天津古籍出版社，1988．

［12］天隐子［M］//正统道藏：第21册．北京：文物出版社；上海：上海书店；天津：天津古籍出版社，1988．

［13］坐忘论［M］//正统道藏：第22册．北京：文物出版社；上海：上海书店；天津：天津古籍出版社，1988．

［14］太上养生胎息经［M］//正统道藏：第18册．北京：文物出版社；上海：上海书店；天津：天津古籍出版社，1988．

[15] 张果. 太上九要心印妙经［M］//正统道藏：第 4 册. 北京：文物出版
社；上海：上海书店；天津：天津古籍出版社，1988.

[16] 李隆基. 唐玄宗御注道德真经［M］//正统道藏：第 11 册. 北京：
文物出版社；上海：上海书店；天津：天津古籍出版社，1988.

[17] 卫阡. 唐王屋山中岩台正一先生庙碣［M］//正统道藏：第 19 册.
北京：文物出版社；上海：上海书店；天津：天津古籍出版社，
1988.

[18] 吴筠. 神仙可学论［M］//正统道藏：第 23 册. 北京：文物出版社；
上海：上海书店；天津：天津古籍出版社，1988.

[19] 三论原旨［M］//正统道藏：第 22 册. 北京：文物出版社；上海：
上海书店；天津：天津古籍出版社，1988.

[20] 杜光庭. 道德真经广圣义［M］//正统道藏：第 14 册. 北京：文物出
版社；上海：上海书店；天津：天津古籍出版社，1988.

[21] 杜光庭. 天坛王屋山圣迹记［M］//正统道藏：第 19 册. 北京：文物
出版社；上海：上海书店；天津：天津古籍出版社，1988.

[22] 杜光庭. 录异记［M］//正统道藏：第 10 册. 北京：文物出版社；
上海：上海书店；天津：天津古籍出版社，1988.

[23] 真气还元铭［M］. 强名子，注//正统道藏：第 4 册. 北京：文物出版
社；上海：上海书店；天津：天津古籍出版社，1988.

[24] 施肩吾. 养生辨疑诀［M］//正统道藏：第 18 册. 北京：文物出版社；
上海：上海书店；天津：天津古籍出版社，1988.

[25] 秘传正阳真人灵宝毕法［M］//正统道藏：第 28 册. 北京：文物出版
社；上海：上海书店；天津：天津古籍出版社，1988.

[26] 陈景元. 西升经集注［M］//正统道藏：第 14 册. 北京：文物出版社；
上海：上海书店；天津：天津古籍出版社，1988.

[27] 曾慥. 道枢［M］//正统道藏：第 20 册. 北京：文物出版社；上海：
上海书店；天津：天津古籍出版社，1988.

[28] 李霖. 道德真经取善集［M］//正统道藏：第 13 册. 北京：文物出版
社；上海：上海书店；天津：天津古籍出版社，1988.

［29］俞琰. 周易参同契发挥［M］//正统道藏：第20册. 北京：文物出版社；上海：上海书店；天津：天津古籍出版社，1988.

［30］吴澄. 庄子内篇订正［M］//正统道藏：第16册. 北京：文物出版社；上海：上海书店；天津：天津古籍出版社，1988.

［31］赵道一. 历世真仙体道通鉴后集［M］//正统道藏：第5册. 北京：文物出版社；上海：上海书店；天津：天津古籍出版社，1988.

［32］陈致虚. 上阳子金丹大要［M］//正统道藏：第24册. 北京：文物出版社；上海：上海书店；天津：天津古籍出版社，1988.

《大正新修大藏经》相关古籍

［1］佛说太子墓魄经［M］. 竺法护，译//大正新修大藏经：第3册. 影印本. 台北：新文丰出版公司，1984.

［2］僧伽提婆. 增一阿含经［M］//大正新修大藏经：第2册. 影印本. 台北：新文丰出版公司，1984.

［3］佛所行赞［M］. 昙无谶，译//大正新修大藏经：第4册. 影印本. 台北：新文丰出版公司，1984.

［4］过去现在因果经［M］. 求那跋陀罗，译//大正新修大藏经：第3册. 影印本. 台北：新文丰出版公司，1984.

［5］杂阿含经［M］. 求那跋陀罗，译//大正新修大藏经：第2册. 影印本. 台北：新文丰出版公司，1984.

［6］金刚仙论［M］. 菩提流支，译//大正新修大藏经：第25册. 影印本. 台北：新文丰出版公司，1984.

［7］慧远. 大乘义章［M］//大正新修大藏经：第44册. 影印本. 台北：新文丰出版公司，1984.

［8］智顗. 金刚般若经疏［M］//大正新修大藏经：第33册. 影印本. 台北：新文丰出版公司，1984.

［9］吉藏. 胜鬘宝窟［M］//大正新修大藏经：第37册. 影印本. 台北：新文丰出版公司，1984.

［10］ 法琳. 辩证论［M］//大正新修大藏经：第 52 册. 影印本. 台北：新文丰出版公司，1984.

［11］ 阿毗达磨大毗婆沙论［M］. 玄奘，译//大正新修大藏经：第 27 册. 影印本. 台北：新文丰出版公司，1984.

［12］ 阿毗达磨法蕴足论［M］. 玄奘，译//大正新修大藏经：第 26 册. 影印本. 台北：新文丰出版公司，1984.

［13］ 阿毗达磨俱舍论［M］. 玄奘，译//大正新修大藏经：第 29 册. 影印本. 台北：新文丰出版公司，1984.

［14］ 阿毗达磨瑜伽师地论［M］. 玄奘，译//大正新修大藏经：第 30 册. 影印本. 台北：新文丰出版公司，1984.

［15］ 成唯识论［M］. 玄奘，译//大正新修大藏经：第 30 册. 影印本. 台北：新文丰出版公司，1984.

［16］ 玄嶷. 甄正论［M］//大正新修大藏经：第 52 册. 影印本. 台北：新文丰出版公司，1984.

［17］ 释复礼. 十门辩惑论［M］//大正新修大藏经：第 52 册. 影印本. 台北：新文丰出版公司，1984.

［18］ 智升. 续古今译经图纪［M］//大正新修大藏经：第 55 册. 影印本. 台北：新文丰出版公司，1984.

［19］ 宗密. 大方广圆觉修多罗了义经略疏［M］//大正新修大藏经：第 39 册. 影印本. 台北：新文丰出版公司，1984.

［20］ 徐灵府. 天台山记［M］//大正新修大藏经：第 51 册. 影印本. 台北：新文丰出版公司，1984.

［21］ 曹山本寂. 抚州曹山元证禅师语录［M］. 慧印，校订//大正新修大藏经：第 47 册. 影印本. 台北：新文丰出版公司，1984.

［22］ 集成. 宏智禅师广录［M］//大正新修大藏经：第 48 册. 影印本. 台北：新文丰出版公司，1984.

［23］ 妙源. 虚堂和尚语录［M］//大正新修大藏经：第 47 册. 影印本. 台北：新文丰出版公司，1984.

研究著作类

[1] 冯友兰. 中国哲学史论文二集 [M]. 上海：上海人民出版社，1962.

[2] 冯友兰. 中国哲学史新编 [M]. 北京：人民出版社，1998.

[3] 冯友兰. 中国哲学史 [M]. 上海：华东师范大学出版社，2011.

[4] 严灵峰. 道家四子新编 [M]. 台北：台湾商务印书馆，1968.

[5] 张恒寿. 庄子新探 [M]. 武汉：湖北人民出版社，1983.

[6] 王孝鱼. 庄子内篇新解 [M]. 长沙：岳麓书社，1983.

[7] 卿希泰. 中国道教思想史纲：第二卷 [M]. 成都：四川人民出版社，1985.

[8] 蒙文通. 古学甄微 [M]. 成都：巴蜀书社，1987.

[9] 蒙文通. 道书辑校十种 [M]. 成都：巴蜀书社，1987.

[10] 吴怡. 禅与老庄 [M]. 台北：三民书局，1987.

[11] 崔大华. 庄子歧解 [M]. 郑州：中州古籍出版社，1988.

[12] 崔大华. 庄学研究 [M]. 北京：人民出版社，1992.

[13] 陈垣. 道家金石略 [M]. 陈智超，曾庆瑛，校补. 北京：文物出版社，1988.

[14] 张永儁. 二程学管见 [M]. 台北：东大图书公司，1988.

[15] 陈来. 宋明理学 [M]. 沈阳：辽宁教育出版社，1991.

[16] 洪修平. 禅宗思想的形成与发展 [M]. 南京：江苏古籍出版社，1992.

[17] 卢国龙. 中国重玄学 [M]. 北京：中国人民出版社，1993.

[18] 高大伦. 张家山汉简《引书》研究 [M]. 成都：巴蜀书社，1995.

[19] 钱穆. 中国文化史导论 [M]. 北京：商务印书馆，1996.

[20] 钱穆. 庄老通辨 [M]. 北京：九州出版社，2011.

[21] 卿希泰. 中国道教史 [M]. 成都：四川人民出版社，1996.

[22] 朱越利. 道教考信集 [M]. 济南：齐鲁书社，2014.

[23] 崔宜明. 生存与智慧 [M]. 上海：上海人民出版社，1996.

[24] 何建明. 道家思想的历史转折 [M]. 武汉：华中师范大学出版社，1997.

[25] 方广锠. 印度禅 [M]. 杭州：浙江人民出版社，1998.

[26] 胡适. 胡适文集 [M]. 欧阳哲生，编. 北京：北京大学出版社，1998.

[27] 丁四新. 郭店楚墓竹简思想研究 [M]. 北京：东方出版社，2000.

［28］钱钟书. 管锥编：第二册［M］. 北京：三联书店，2001.

［29］钱钟书. 七缀集［M］. 北京：三联书店，2002.

［30］任继愈. 中国道教史［M］. 增订本. 北京：中国社会科学出版社，2001.

［31］张广保. 唐宋内丹道教［M］. 上海：上海文艺出版社，2001.

［32］王宗昱. 《道教义枢》研究［M］. 上海：上海文艺出版社，2001.

［33］艾兰. 水之道与德之端——中国早期哲学思想的本喻［M］. 张海晏，译. 上海：上海人民出版社，2002.

［34］强昱. 从魏晋玄学到初唐重玄学［M］. 上海：上海文化出版社，2002.

［35］谢扬举. 道家哲学之研究［M］. 西安：陕西人民出版社，2003.

［36］谢阳举. 老庄道家与环境哲学的会通研究［M］. 北京：科学出版社，2014.

［37］李大华，李刚，何建明. 隋唐道家与道教［M］. 广州：广东人民出版社，2011.

［38］陈少明. 《齐物论》及其影响［M］. 北京：北京大学出版社，2004.

［39］徐复观. 中国人性论史［M］. 上海：华东师范大学出版社，2005.

［40］徐复观. 中国艺术精神·石涛之一研究［M］. 北京：九州出版社，2014.

［41］朱伯崑. 易学哲学史［M］. 北京：昆仑出版社，2005.

［42］刘笑敢. 老子古今：五种对勘与析评引论［M］. 北京：中国社会科学出版社，2006.

［43］刘笑敢. 庄子哲学及其演变［M］. 北京：中国人民大学出版社，2010.

［44］李零. 中国方术正考［M］. 北京：中华书局，2006.

［45］李零. 兰台万卷［M］. 上海：上海三联书店，2011.

［46］杨国荣. 庄子的思想世界［M］. 北京：北京大学出版社，2006.

［47］王晓毅. 郭象评传［M］. 南京：南京大学出版社，2006.

［48］孔令宏. 宋代理学与道家、道教［M］. 北京：中华书局，2006.

［49］李宝红，康庆. 二十世纪中国庄学［M］. 长沙：湖南人民出版社，2006.

［50］王叔岷. 庄学管窥［M］. 北京：中华书局，2007.

［51］潘雨廷. 易学史论丛［M］. 上海：上海古籍出版社，2007.

［52］潘雨廷. 道教史发微［M］. 上海：复旦大学出版社，2012.

［53］张松辉. 庄子疑义考辨［M］. 北京：中华书局，2007.

［54］张松辉. 庄子译注与解析［M］. 北京：中华书局，2011.

［55］麻天祥. 中国禅宗思想发展史［M］. 武汉：武汉大学出版社，2007.

［56］葛兆光. 中国禅思想史［M］. 上海：上海古籍出版社，2008.

［57］赖锡三. 庄子灵光的当代诠释［M］. 新竹：清大出版社，2008.

［58］余嘉锡. 四库提要辨证［M］. 北京：中华书局，2008.

［59］陈鼓应. 老庄新论［M］. 北京：商务印书馆，2008.

［60］杜继文，魏道儒. 中国禅宗通史［M］. 南京：江苏人民出版社，2008.

［61］毕来德. 庄子四讲［M］. 宋刚，译. 北京：中华书局，2009.

［62］张松辉. 庄子研究［M］. 北京：人民出版社，2009.

［63］汤用彤. 魏晋玄学论稿及其他［M］. 北京：北京大学出版社，2010.

［64］秦嘉懿. 朱熹的宗教思想［M］. 曹剑波，译. 厦门：厦门大学出版社，
2010.

［65］姜生，汤伟侠. 中国道教科学技术史：南北朝隋唐五代卷［M］. 北京：
科学出版社，2010.

［66］邓联合. "逍遥游"释论［M］. 北京：北京大学出版社，2010.

［67］杨立华. 郭象《庄子注》研究［M］. 北京：北京大学出版社，2010.

［68］杨联陞. 东汉的豪族［M］. 北京：商务印书馆，2011.

［69］中嶋隆藏. 静坐［M］. 陈玮芬，译. 新竹：清大出版社，2011.

［70］张文江.《庄子》内七篇析义［M］. 上海：上海人民出版社，2012.

［71］杨儒宾. 东亚的静坐传统［M］. 台北：台湾大学出版社，2012.

［72］杨儒宾. 儒门内的庄子［M］. 台北：联经出版社，2016.

［73］马晓乐. 魏晋南北朝庄学史论［M］. 北京：中华书局，2012.

［74］熊铁基. 中国庄学史［M］. 北京：人民出版社，2013.

［75］康中乾. 从庄子到郭象——《庄子》与《庄子注》比较研究［M］. 北
京：人民出版社，2013.

［76］王博. 庄子哲学［M］. 2版. 北京：北京大学出版社，2013.

［77］汤一介. 郭象与魏晋玄学［M］//汤一介集：第二卷. 北京：中国人民大学出版社，2014.

［78］侯外庐. 中国思想通史：第四卷 下一［M］//张岂之. 侯外庐著作与思想研究：第十五卷. 长春：长春出版社，2016.

［79］郑开. 庄子哲学讲记［M］. 南宁：广西人民出版社，2016.

［80］何乏笔. 若庄子说法语［M］. 台北：台大人社高研院东亚儒学研究中心，2017.

［81］何乏笔. 跨文化旋涡中的庄子［M］. 台北：台大人社高研院东亚儒学研究中心，2017.

［82］郑开. 道家形而上学研究［M］. 北京：中国人民大学出版社，2018.

［83］陈引驰. 庄子精读［M］. 上海：复旦大学出版社，2016.

［84］张岱. 中国哲学大纲［M］. 北京：中华书局，2017.

［85］方勇. 庄子学史［M］. 增补版. 北京：人民出版社，2017.

［86］刘屹. 六朝道教古灵宝经的历史学研究［M］. 上海：上海古籍出版社，2018.

［87］李凯. 庄子齐物思想研究［M］. 北京：中国社会科学出版社，2018.

［88］张阳. 《道枢》研究［M］. 成都：巴蜀书社，2018.

［89］李智福. 内圣外王：郭子玄王船山章太炎三家庄子学勘会［M］. 北京：中国社会科学出版社，2019.

［90］LIVIA KOHN. Seven steps to the Tao：Sima Chengzhen's Zuowanglun［M］. Nettetal：Steyler Verlag，1987.

［91］LIVIA KOHN. Sitting in Oblivion：The Heart of Daoist Meditation［M］. Dunedin：Three Pines Press，2010.

［92］神塚淑子. 道教経典の形成と仏教［M］. 名古屋：名古屋大学出版会，2017.

［93］JINHUA JIA. Gender，Power，and Talent—The Journey of Daoist Priestesses in Tang China［M］. New York：Columbia University Press，2018.

研究论文

［1］潘允中. 批判胡适的"吾我篇"和"尔汝篇"［J］. 中山大学学报，

1955 (1).

[2] 中医研究院医史文献研究室. 马王堆三号汉墓帛画导引图的初步研究 [J].
文物, 1975 (6).

[3] 沈寿. 西汉帛画《导引图》解析 [J]. 文物, 1980 (9).

[4] 马晓宏. 吕洞宾神仙信仰溯源 [J]. 世界宗教研究, 1986 (3).

[5] 丁培仁. 道史小考二则 [J]. 宗教学研究, 1989 (Z2).

[6] 丁培仁. 华阳子施肩吾的丹道思想 [J]. 宗教学研究, 1990 (4).

[7] 丁培仁.《灵宝毕法》功法四题 [J]. 中国道教, 2003 (5).

[8] 丁培仁.《洞玄灵宝定观经》等经与司马承祯的"坐忘"修炼法 [C] //
求实集. 成都：巴蜀书社, 2006.

[9] 丁培仁.《灵宝毕法》再研究 [J]. 宗教学研究, 2007 (3).

[10] 李裕民. 吕洞宾考辨——揭示道教史上的谎言 [J]. 山西大学学报,
1990 (1).

[11] 彭浩. 张家山汉简《引书》初探 [J]. 文物, 1990 (10).

[12] 郑宗义. 明儒陈白沙学思探微——兼释心学言觉悟与自然之义 [J].
中国文哲研究集刊, 1990 (15).

[13] 中野达.《庄子》郭象注中的坐忘 [J]. 牛中奇, 译. 宗教学研究, 1991
(Z1).

[14] 中嶋隆藏.《坐忘论》的"安心"思想研究 [C]. 乔清举译. //道家
文化研究：第7辑. 上海：上海古籍出版社, 1995.

[15] 中嶋隆藏.《道枢》卷二所收《坐忘篇》下和王屋山唐碑文《坐忘
论》——《道枢》卷二所收《坐忘篇》上、中、下小考订补 [C].
刘韶军译. //熊铁基. 第三届全真道与老庄学国际学术研讨会论文集.
武汉：华中师范大学出版社, 2017.

[16] 邓春源. 张家山汉简《引书》译释：续编 [J]. 中医药文化, 1993 (1).

[17] 郭良鋆. 佛教涅槃论 [J]. 南亚研究, 1994 (4).

[18] 姜伯勤. 论敦煌本《本际经》的道性论 [C] //道家文化研究：第7
辑. 上海：上海古籍出版社, 1995.

[19] 简明. "道家重玄学"刍议 [J]. 世界宗教研究, 1996 (4).

［20］何建明. 道教"坐忘"论略——《天隐子》与《坐忘论》关系考
　　　［C］//宗教研究（2003）. 北京：中国人民大学出版社，2004.

［21］巫白慧. 印度早期禅法初探——奥义书的禅理［J］. 世界宗教研究，
　　　1996（4）.

［22］李养正. 试论支遁、僧肇与道家（道教）重玄思想的关系［J］. 宗教
　　　学研究，1997（2）.

［23］赵化成. 周代多重棺椁制度研究［C］//国学研究：第5卷，北京：北
　　　京大学出版社，1998.

［24］彭运生. 论《天隐子》与司马承祯《坐忘论》的关系［J］. 中国哲学
　　　史，1998（4）.

［25］陈静. "吾丧我"——《庄子·齐物论》解读［J］. 哲学研究，2001
　　　（5）.

［26］郭晓东.《定性书》研究二题［J］. 哲学与文化，2001（9）.

［27］牟宗三. 庄子《齐物论》讲演录（一）［J］. 鹅湖月刊，2002（1）.

［28］吴承学. 汉魏六朝挽歌考论［J］. 文学评论，2002（3）.

［29］罗祥道. 诠释的偏移与义理的变形——庄子的"小大之辩"及"逍遥"
　　　义理迁变之省思［J］. 孔子研究，2002（2）.

［30］姚卫群. 佛教的"涅槃"观念［J］. 北京大学学报，2002（3）.

［31］姚卫群. 奥义书中的"解脱"与佛教的"涅槃"［J］. 华东师范大学
　　　学报，2012（1）.

［32］强昱. 成玄英李荣著述行年考［C］//道家文化研究：第19辑. 上海：
　　　三联书店，2002.

［33］董恩林. 试论重玄学的内涵与源流［J］. 华中师范大学学报，2002（3）.

［34］王桂平. 道教涂炭斋法初探［J］. 世界宗教研究，2002（4）.

［35］卿希泰. 司马承祯的生平及其修道思想［J］. 宗教学研究，2003
　　　（1）.

［36］吕利平，周毅. 从《导引图》等文物看中华养生文化［J］. 安庆师范
　　　学院学报，2003（2）.

［37］黄永峰. 曾慥生平考辨［J］. 宗教学研究，2004（1）.

［38］谢扬举. 逍遥与自由——以西方概念阐释中国哲学的个案分析［J］. 哲学研究，2004（2）.

［39］商戈令. "道通为一"新解［J］. 哲学研究，2004（7）.

［40］康中乾. 玄学"言意之辨"中的"忘"［J］. 哲学研究，2004（9）.

［41］李远国. 论钟离权、吕洞宾的内丹学说［J］. 宗教学研究，2005（2）.

［42］李道文. 论王玄览的修道观［J］. 宗教学研究，2006（2）.

［43］闫孟祥. 论大慧宗杲批评默照禅的真相［J］. 河北大学学报，2006（5）.

［44］赵菲. 略论"苦行"［J］. 法音，2007（9）.

［45］李兰芬. "体无"何以成"圣"——王弼"圣人体无"再解［J］. 中山大学学报，2008（4）.

［46］单正齐. 佛教涅槃思想之演变［J］. 青海社会科学，2004（1）.

［47］陈鼓应. 《庄子》内篇的心学（下）——开放的心灵与审美的心境［J］. 哲学研究，2009（3）.

［48］惟善. 论古印度主流禅修与佛教禅修的相互影响［J］. 世界宗教研究，2011（3）.

［49］惟善. 梵文"Dhyāna"之汉译与"禅"字读音演变考［C］//宗教研究：2010. 北京：宗教文化出版社，2012.

［50］王卡. 王玄览著作的一点考察［J］. 中国哲学史，2011（3）.

［51］汪登伟. 唐施肩吾《三住铭》小考［J］. 中国道教，2011（1）.

［52］邓联合. 巫与《庄子》中的畸人、巧匠及特异功能者［J］. 中国哲学史，2011（2）.

［53］柯锐思. 唐代道教的多维度审视：20 世纪末该领域的研究现状（节选）［J］. 中国道教，2012（2）.

［54］刘震. "菩萨苦行"文献与苦行观念在印度佛教史中的演变［J］. 历史研究，2012（2）.

［55］陈赟. 从"是非之知"到"莫若以明"：认识过程由"知"到"德"的升进——以《庄子·齐物论》为中心［J］. 天津社会科学，2012（3）.

［56］陈霞. "相忘"与"自适"——论庄子之"忘"［J］. 哲学研究，2012（8）.

［57］冯达文. 庄子与郭象——从《逍遥游》《齐物论》及郭注谈起［J］. 中山大学学报，2013（1）.

［58］甘详满. 经典：诠释转换与意义生长——以《论语》"回也其庶乎屡空"之注疏为例［C］//儒家典籍与思想研究：第5辑. 北京：北京大学出版社，2013.

［59］李晨阳. 庄子"道通为一"新探［J］. 哲学研究，2013（2）.

［60］李承贵. 宋儒误读佛教的情形及其原因［J］. 湖南大学学报，2013（5）.

［61］吴根友. 庄子《齐物论》"莫若以明"合解［J］. 哲学研究，2013（5）.

［62］吴根友，黄燕强.《庄子》"坐忘"非"端坐而忘"［J］. 哲学研究，2017（6）.

［63］罗安宪. 庄子"吾丧我"义解［J］. 哲学研究，2013（6）.

［64］谢牧夫. 王玄览思想研究［J］. 剑南文学，2013（10）.

［65］贾晋华. 神明释义［J］. 深圳大学学报，2014（3）.

［66］张闻捷. 从墓葬考古看楚汉文化的传承［J］. 厦门大学学报，2015（2）.

［67］任博克. 作为哲学家的庄子［J］. 商丘师范学院学报，2015（4）.

［68］任博克，何乏笔，赖锡三. 有关气与理的超越、吊诡、反讽——从庄子延伸至理学与佛学的讨论［J］. 商丘师范学院学报，2020（4）.

［69］郑开. 道家著作中的"视觉语词"例释［J］. 思想与文化，2016（1）.

［70］郑开. 新考证方法发凡——交互于思想史与语文学之间的几个例证［J］. 同济大学学报，2020（1）.

［71］郑灿山. 唐代初中期道教的"坐忘论"［C］//陈鼓应. 道家文化研究：第30辑. 北京：中华书局，2016.

［72］王光松. 陈白沙的"坐法""观法"与儒家静坐传统［J］. 中山大学学报，2016（4）.

［73］杨海文. "庄生传颜氏之儒"：章太炎与"庄子即儒家"议题［J］. 文史哲，2017（2）.

［74］张永义. "真宰"与"成心"：基于庄学史的考察［C］//《齐物论》学术研讨会暨第二届两岸《庄子》哲学工作坊会议论文集. 上海：华东师范大学，2019.

［75］李雯雯. 释迦牟尼成佛前的苦行像［J］. 收藏家，2016（8）.

［76］黄海德. 20世纪道教重玄学研究之学术检讨［C］//诸子学刊：第15辑. 上海：上海古籍出版社，2017.

［77］李锐，王晋卿. 据古文字读《庄子·在宥》 "云将东游章"札记［C］//古文字研究：第32辑. 北京：中华书局，2018.

［78］赖锡三.《庄子》的关系性自由与吊诡性修养——疏解《逍遥游》的"小大之辩"与"三无智慧"［J］. 商丘师范学院学报，2018（2）.

［79］李芙馥. "应物而无累"与王弼圣人观［J］. 周易研究，2018（2）.

［80］辜天平. 庄子又名"南华"考［J］. 中国道教，2018（6）.

［81］张荣明. 当代中国哲学史研究批判［J］. 管子学刊，2019（1）.

［82］陈徽. 庄子的"不得已"之说及其思想的入世性［J］. 复旦学报（社会科学版），2019（3）.

［83］钱光胜. 敦煌写卷P. 3810补说［J］. 中国道教，2019（3）.

［84］于赓哲. 论伯希和敦煌汉文文书的"后期混入"——P. 3810文书及其他［J］. 中国史研究，2019（4）.

［85］谢阳举，朱韬. 论侯外庐先生对道教思想史研究的贡献［J］. 宗教学研究，2019（4）.

［86］张茂泽. 论德性之知［J］. 孔子研究，2019（6）.

［87］神塚淑子.《坐忘論》成立前史——六朝隋唐道教における心齋坐忘とその周邊［J］. 东方学，2019（138）.

［88］叶树勋. 从"自""然"到"自然"——语文学视野下"自然"意义和特性的来源探寻［J］. 人文杂志，2020（2）.

［89］杜泽逊. 释《周易·系辞》韩康伯注之"况"字［J］. 周易研究，2020（3）.

［90］黄圣平. 郭象"坐忘"论思想析微［J］. 武陵学刊，2020（3）.

［91］丁涛. 二程与周敦颐师承关系考辨［J］. 广西社会科学，2020（8）.

［92］朱韬. 王屋山石刻《坐忘论》源流、作者及价值［J］. 宗教学研究，
　　　2021（2）.

学位论文

［1］吴受琚. 司马承祯集辑校［D］. 北京：中国社会科学院研究生院，1981.

［2］李宏峰. 汉代丧仪音乐中礼、俗关系的演变与发展［D］. 北京：中国艺
　　　术研究院，2004.

［3］沈丽娟. 庄子修养工夫论研究［D］. 衡阳：南华大学，2008.

［4］张祥云. 北宋西京河南府研究［D］. 开封：河南大学，2010.

［5］林东毅. 唐代重玄思想研究——从道论到心性论［D］. 台中：台湾中兴
　　　大学，2017.

工具书

［1］郭锡良. 汉字古音手册［M］. 北京：北京大学出版社，1986.

［2］徐中舒. 甲骨文字典［M］. 成都：四川辞书出版社，1989.

［3］任继愈. 道藏提要［M］. 北京：中国社会科学院出版社，1995.

［4］朱越利. 道藏分类题解［M］. 北京：华夏出版社，1996.

［5］胡孚琛. 中华道教大辞典［M］. 北京：中国社会科学出版社，1996.

［6］何琳仪. 战国古文字典［M］. 北京：中华书局，1998.

［7］汉语大词典编纂处. 汉语大词典［M］. 上海：上海辞书出版社，2007.

［8］董莲池. 新金文编［M］. 北京：中华书局，2011.

［9］李宗焜. 甲骨文字编［M］. 北京：中华书局，2012.

［10］丁福保. 佛学大辞典［M］. 上海：上海书店出版社，2015.

［11］曹先擢. 汉字源流精解字典［M］. 北京：人民教育出版社，2015.